SolidWorks 项目应用教程

主　编　孟超莹　吴中纬
副主编　韩蕾蕾　张浩浩

合肥工业大学出版社

前　言

　　随着科技的发展,尤其当信息技术广泛地渗透各行各业后,不仅使原有的行业技术发生了变革,更重要的是改变了人们的思维方式。熟练掌握三维软件已经成为了机械设计从业人员的基本技能之一。Solidworks 软件功能强大,容易上手,并配有很多模块,使得Solidworks 成为机械设计行业中主流的三维设计软件之一。

　　近年来,Solidworks 软件的教材有很多,大多分为两类,一类主要讲解各个模块的使用,一类主要讲解大量实例的建模方法。两类教材各有利弊,第一类教材比较枯燥,但是讲解比较详细;而第二类教材主要讲解具体实例的应用,能提起学生的学习兴趣,但是所讲到的知识点有限,只是针对具体例子用到的内容进行讲解,不够全面。而本书主要是针对应用型人才培养为目标所编写的,采用项目式教学,通过典型项目将三维软件的主要功能穿插其中,借助一个完整项目来说明三维建模的主要思路和相关建模工具的使用方法。通过具体项目的实施,将软件功能与工程实践有机联系起来,同时在讲授过程中穿插其他工具的使用方法。

　　本书具有以下特点:以项目为引领,项目案例基本上采用典型机械零件,将软件功能与工程实践有机联系起来,案例丰富;图文并茂,步骤详细,语言通俗易懂,适合学生自主学习;每个项目配有标准的工程图,巩固学生的看图能力;每个项目后配备有大量的项目拓展练习,方便学生巩固学习。

　　本书共分为 5 篇 20 个项目,涉及二维草图模块、零件设计模块、装配体模块、工程图模块和曲面设计。每个项目包含学习目标、项目分析、项目实施、项目总结以及项目拓展等内容,全面介绍了各个项目的建模方法与技巧,项目设计由浅入深,从易到难。

　　本书由孟超莹、吴中纬任主编,韩蕾蕾、张浩浩任副主编,其中孟超莹编写了第 0 章,第 4章~第 18 章,第 21 章~第 23 章,吴中纬编写了第 19 章~第 20 章并负责全书 CAD 图样的绘制,张浩浩编写了第 1 章至第 3 章,韩蕾蕾编写了第 24 章~第 25 章。

　　由于时间仓促、水平有限,书中难免有疏漏和不足之处,望广大读者批评指正。

编　者

2019 年 8 月

目　　录

0 SolidWorks 软件基础介绍

一、启动 SolidWorks 软件

双击 SolidWorks 软件图标![SW]，进入开始界面，如图 0-1 所示。可以选择新建![新建]或者打开![打开]一个文件。

图 0-1 SolidWorks 开始界面

单击"新建"按钮![新建]，弹出"新建 SolidWorks 文件"对话框，如图 0-2 所示。该对话框中有 3 个图标，分别为"零件""装配体""工程图"，文件的后缀分别为 .slprt、.sldasm、.slddrw。双击任意一个图标进入相应的操作界面，即可新建一个文件。

单击"打开"按钮![打开]，在"打开"对话框的"查找范围"下拉列表中选择需要打开的文件，若在对话框中不显示文件名，则在文件名后面的类型中选择"所有文件"，如图 0-3 所示，然后单击![打开]按钮。

图 0-2 "新建
SolidWorks 文件"对话框

图 0-3 "文件类型"
下拉列表

二、SolidWorks 软件工作界面

零件建模的操作界面如图 0-4 所示。该界面主要由工具栏、标题栏、状态栏、设计树、绘图区等组成。具体位置见图 0-4。

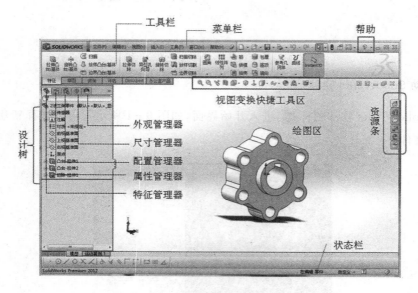

图 0-4　建模操作界面

1. 菜单栏

菜单栏一般是隐藏的,将鼠标指针移到软件图片旁边的黑色三角◢上,即可弹出菜单栏,如图 0-5 所示。鼠标移开,菜单栏会自动隐藏。若希望一直显示菜单栏,则单击菜单栏最右边的 按钮即可,此时按钮变成 ,菜单栏则不会自动隐藏。

图 0-5　菜单栏

菜单栏包含了"文件""编辑""视图""插入""工具""窗口"等菜单。"文件"菜单主要完成新建、打开、保存文件等操作。"编辑"菜单主要完成对文件中相关素材的复制、粘贴、删除等操作。"视图"菜单主要设置绘图区模型的外观效果、显示状态等操作。"插入"菜单主要建立各种实体模型的操作命令。"工具"菜单主要是绘制草图的相关命令以及模型的检查、分析命令。"窗口"菜单主要是设置对单个零件文件或多个文件在软件窗口中如何显示。"帮助"菜单提供了该软件的相关培训课程、相关帮助文档等。各个命令可以在下拉列表中找到。

2. 工具栏

工具栏在建模工作中最常用到。这些建模工具已经按照类别分别放在了各自的选项卡下。如图 0-6 为"特征"工具栏,主要有拉伸、旋转等工具。若需要绘制草图,则可以单击"草图"选项卡,这样工具栏显示的就都是草图绘制工具,如图 0-7 所示。

图 0-6 "特征"工具栏

图 0-7 "草图"工具栏

　　工具栏可以根据工作的需要增减选项卡。只需在任意一个选项卡上右击鼠标,即可弹出快捷菜单,如图 0-8 所示。如果需要使用曲面工具,只要勾选菜单中的"曲面"即可,工具栏中就会多出一个"曲面"选项卡,相应的常用曲面建模工具显示在工具栏中如图 0-9 所示。

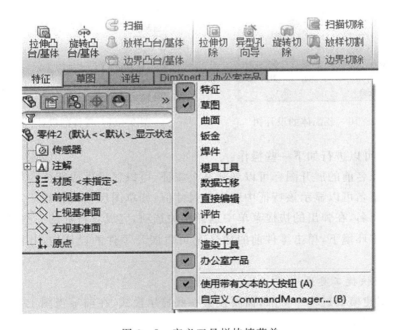

图 0-8 定义工具栏快捷菜单

图 0-9 "曲面"工具栏

3. 设计树

设计树也称为特征管理器,列出了当前文件中所有零件、特征,以及基准面坐标系、材质属性等,通过属性结果可以便捷地管理这些内容。装配体的设计树如图 0 - 10 所示,零件的设计树如图 0 - 11 所示。

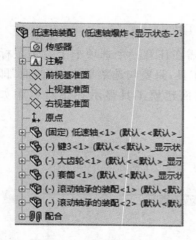

图 0 - 10 装配体的设计树

图 0 - 11 零件的设计树

在设计树中可以进行如下一些操作:

(1)单击特征名前的展开图标可以展开某个特征,可以显示生成特征的草图名。

(2)单击特征名可以显示该特征中所有的尺寸值,如草图尺寸值和特征定义尺寸值。

(3)右击特征名,在弹出的快捷菜单中选择相关选项,完成对特征的一些操作。

(4)在装配体环境下,单击零件前的加号 ⊞ 可以展开零件的设计树,并能对其进行相关操作。

4. 视图变换快捷工具区

在三维模型建模的过程中,经常需要设置一些显示模式,在前导视图工具栏中就提供了这些工具。前导视图工具栏如图 0 - 12 所示。

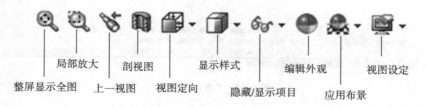

图 0 - 12 前导视图工具栏

　　"整屏显示全图"能将模型整体完整、尽可能大地显示在屏幕中,这种显示方法方便查看模型的整体情况。"局部放大"由用户通过鼠标拖动的操作方法指定一个区域,然后软件按照用户指定的区域在屏幕上全屏显示出来,这种显示方式便于观察模型细节。"上一视图"用于恢复当前视图操作前的状态。"剖视图"能够根据用户指定的平面,显示剖切的效果,这种显示便于检查模型的内部细节。"视图定向"可以按照用户指定的视角方向来显示模型,SolidWorks 软件提供的各种视图如图 0-13 所示。"显示样式"可以按照不同的样式来显示模型。各种显示样式如图 0-14 所示。"隐藏/显示项目"主要控制 20 多种类型对象的显示或隐藏,如图 0-15 所示。"编辑外观"可以编辑模型的颜色、材质、光学属性和背景,一般是在建模完成后,用于模型的美好处理,如图 0-16 所示。"应用布景"主要选择软件操作的背景。"视图设定"能提供两种特殊视图:一种是在模型上添加阴影,一种是透视图,即根据透视原理显示模型效果,如图 0-17 所示。其中"环境封闭"是一种球形光源方法,通过控制由于封闭区域导致的环境光衰减,使模型更加逼真。

　　前导视图工具栏可以根据工作的需要增减选项卡。单击工具栏中的"选项" [图标] 下拉列表中的"自定义",弹出"自定义"对话框,单击"命令"栏,单击"标准视图"选中"标准视图"下的"正视于"的图标 [图标],如图 0-18 所示,按下鼠标左键将其拖到前导视图区。则前导视图区就会多一个"正视于"图标。如图 0-19 所示。

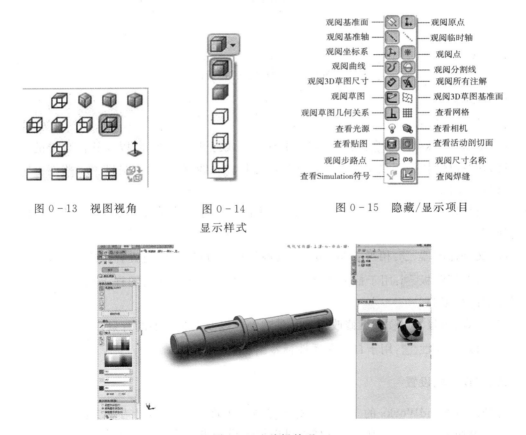

图 0-13　视图视角　　　　图 0-14　　　　图 0-15　隐藏/显示项目
　　　　　　　　　　　　显示样式

图 0-16　编辑外观

图 0-17 视图设定

图 0-19 添加"正视于"图标

图 0-18 "自定义"对话框

5. 资源条

包含以下内容：

(1)SolidWorks 资源 ：在"开始"栏中有新建或打开一个文件，以及软件自带的一些课程链接；在"社区"栏中提供了相关学习网址的链接；"在线资源"栏中提供了一些网上资源的链接及搜索功能。

(2)设计库 ：提供了一些标准零件库，并且可以将自建零件添加到零件库中，以方便重复使用。

(3)文件探测器 ：相当于 Windows 资源管理器，可以方便地查看和打开模型。

(4)视图调色板 ：用于插入工程视图，包括要拖动到工程图图样上的标准视图、注解视图和剖面视图等。

(5)外观、布景和贴图 ：修改模型是外观颜色以及调整模型的背景。

(6)自定义属性 ：用于自定义属性标签编制程序。

三、工作环境设置

合理设置 SolidWorks 的工作环境对于提高工作效率、缓解设计者疲劳感有很重要的意义。SolidWorks 软件和其他软件一样也可以根据设计者的需要对工具栏、命令按钮、键盘、绘图区的背景等进行自行定义。利用软件的下拉菜单"工具"中的"自定义"或"选项"命令来设置工作环境。

　　1. 系统选项的设置

　　单击"工具"中的"选项"按钮，系统弹出"系统选项(S)－普通"对话框，利用该对话框可以设置工程图、草图、颜色、装配体等参数，在该对话框左侧单击"工程图"，此时可以设置工程图的相关选项，如图 0-20 所示。在对话框左侧选择"颜色"，在"颜色方案设置"区域可以设置环境中的颜色，单击"系统选项(S)－颜色"对话框中的"另存为方案(S)"按钮，可以将设置的颜色方案保存，如图 0-21 所示。在对话框左侧选择"草图"，可以设置草图的相关选项，如图 0-22 所示。还可以设置"装配体""文件位置"等，读者可以自己查看相关选项。

图 0-20　"系统选项(S)－工程图"对话框

图 0-21　"系统选项(S)－颜色"对话框

图 0-22 "系统选项(S)-草图"对话框

2. 文档属性的设置

单击"工具"中的"选项"按钮![icon]，系统弹出"系统选项(S)-普通"对话框,单击"文档属性"选项卡,系统弹出"文档属性(D)-绘图标准"对话框,此对话框可以设置有关工程图及草图的一些参数,在进行工程图创建时需要在文档属性中将各种尺寸、表格、视图中的样式及字体大小格式等设置好,如在左侧选择"尺寸"则显示尺寸的一些设置选项,如图 0-23 所示。在左侧选择"单位"则显示单位的一些设置选项,在"单位系统"中选择所需的单位,单击"确定"按钮即可,如图 0-24 所示。

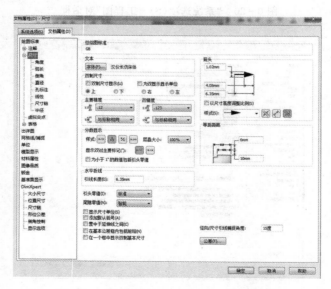

图 0-23 "文档属性(D)-尺寸"对话框

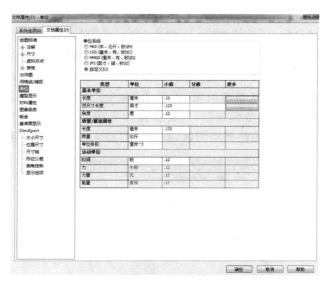

图 0-24　"文档属性(D)－单位"对话框

3. 设置工具栏

(1)单击"工具"中的"自定义"按钮 自定义...，弹出"自定义"对话框，选择"工具栏"选项卡，即可进行开始菜单的自定义，如图 0-25 所示。根据需要勾选相应的工具栏，若要隐藏对应的工具栏，则将对应的勾选去掉即可。然后单击"确定"完成工具栏的自定义。

(2)也可通过鼠标右键完成工具栏的设置，具体操作为：在操作界面的工具栏中单击鼠标右键，弹出设置工具栏的快捷菜单，如图 0-26 所示。单击需要的工具栏，前面的复选框的颜色会加深，则操作界面上会显示选择的工具栏。若单击已经显示的工具栏，则颜色会变浅，操作界面会隐藏选择的工具栏。

图 0-25　"工具栏"选项卡

图 0-26　工具栏快捷菜单

4. 设置命令按钮

单击"工具"中的"自定义"按钮 **自定义...**，弹出"自定义"对话框，选择"命令"选项卡，则可以对命令按钮进行设置，如图 0 - 27 所示。如在"类别"中选择"标准视图"，将显示标准视图的全部命令，选中需要增加的命令按钮，然后按住鼠标左键拖动该按钮到要放置的工具栏上，松开左键，即添加成功（可以参考前面"正视于"命令的添加）。单击"确定"退出该对话框。若要删除工具栏中无用的命令按钮，只要在操作界面上的工具栏中选择对应的命令按钮，然后按住鼠标左键拖动该按钮到绘图区，就可以删除无用的命令按钮。

图 0 - 27 "命令"选项卡

5. 设置键盘

单击"工具"中的"自定义"按钮 **自定义...**，弹出"自定义"对话框，选择"键盘"选项卡，即可设置执行命令的快捷键，如图 0 - 28 所示，这样能快速方便地执行命令，提高效率。

图 0 - 28 "键盘"选项卡

四、鼠标的基本操作

1. 鼠标的基本操作

SolidWorks 的鼠标操作与其他 CAD 软件类似,主要有单击、双击、右击等,可以实现执行命令、选择对象、平移、旋转、缩放等。

单击鼠标左键,选取单个对象;按住 Ctrl 键,用鼠标左键单击多个对象可选择。

单击鼠标右键,可弹出相关操作的一些快捷菜单。

在视图空白处按住鼠标中键拖动,可旋转视图。

按住 Ctrl 键,然后按住鼠标中键,移动鼠标,可平移视图。

滚动鼠标中间滚轮,向前滚动可缩小图形,向后滚动可放大图形。

2. 鼠标笔势

鼠标笔势就是按住右键拖动,即可显示出快捷工具的一种操作方式,是 SolidWorks 软件特有的。

单击"工具"中的"自定义"按钮 **自定义…** ,弹出"自定义"对话框,选择"鼠标笔势"选项卡,即可设置鼠标笔势,如图 0-29 所示,选中"启用鼠标笔势"复选框,然后可以选择"4 笔势"和"8 笔势"。鼠标笔势在不同的环境下自动显示相应的快捷工具,图 0-30 为草绘环境中的鼠标笔势,图 0-31 为特征操作中的鼠标笔势。具体用法为鼠标右键拖动显示出鼠标笔势,不要松开鼠标,需要哪个快捷命令将鼠标拖动到哪个鼠标下即可。

图 0-29 "鼠标笔势"选项卡

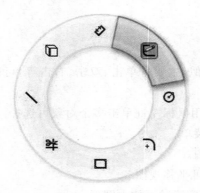 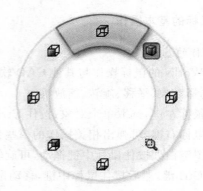

图 0 - 30   草绘环境中的鼠标笔势   图 0 - 31   特征操作中的鼠标笔势

第一篇

二维草绘设计

第1章　二维草绘基础知识

二维草图是创建许多特征的基础,例如创建拉伸、旋转和扫描等特征时,往往需要先绘制横断面草图,其中扫描体还需要绘制草图以定义扫描轨迹和轮廓。

一、进入与退出草图设计

1. 进入草图绘制

绘制二维草图,必须进入草图绘制状态。草图必须在平面上绘制,这个平面可以是基准面,也可以是三维模型上的平面。由于开始进入草图绘制状态时,没有三维模型,因此必须指定基准面。

(1)直接进入草图绘制状态

① 单击“草图”工具栏上的“草图绘制”  按钮,此时弹出“编辑草图”对话框,提示选择一基准面为实体生成草图,如图 1-1 所示,绘图区域出现系统默认基准面如图 1-2 所示。

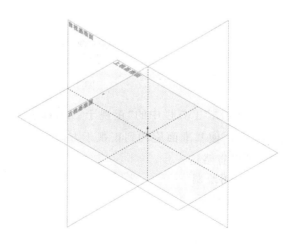

图 1-1　“编辑草图”对话框　　　　图 1-2　系统默认基准面

② 旋转基准面。用鼠标左键选择绘图区域中 3 个基准面之一,确定要在哪个面上绘制草图实体。

③ 设置基准面方向。单击视图工具栏中的“正视于” ⬍ ,使基准面旋转到正视于方向,方便绘图。

进入草绘绘制的界面如图 1－3 所示。

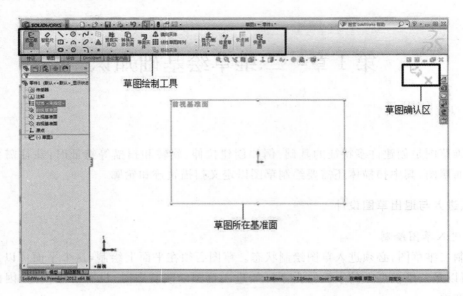

图 1－3　草图绘制状态的界面

（2）先选择草图绘制基准面

① 选择基准面。先在设计树中选择要绘制的基准面，即前视基准面、右视基准面和上视基准面中的一个。单击选择的基准面，弹出快捷菜单，如图 1－4 所示，选择"草图绘制"

按钮。

图 1－4　快捷菜单

② 单击"视图"工具栏中的"正视于"，或者再次单击基准面，在弹出的快捷菜单中单击"正视于"。使基准面旋转到正视于方向，方便绘图。（注意：第一次选择基准面时，软件自动正视，可以省略这一步。）

2．退出草图绘制

草图绘制完毕后，可立即建立特征，也可以退出草图绘制再建立特征。有些特征的建立，需要多个草图，比如扫描实体和放样实体等。因此需要了解退出草图绘制的方法。

（1）使用菜单方式

选择菜单栏中的"插入"－"退出草绘"命令，退出草图绘制状态。

（2）利用快捷菜单方式

在绘图区域单击鼠标右键，系统弹出快捷菜单，在其中左键选择"退出草图"选项，退出草图绘制状态。

（3）利用绘图区域确认角落的按钮

在绘制草图的过程中，如图 1－3 所示绘图区域右上角的草图确认区会出现提示按钮。

单击🖳完成草绘的绘制退出草图绘制状态。单击✖取消草绘的绘制退出草绘。

二、草图绘制工具

要绘制草图,应首先从草图设计环境中的工具条按钮区如图 1-5 或者"工具"—"草图绘制实体"下拉菜单中选择一个绘图命令,如图 1-6 所示,可通过在图形区中选取点来绘制草图。

在绘制草图的过程中,当移动鼠标指针时,系统会自动确定可添加的约束并将其显示。

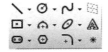

图 1-5　绘图工具条　　　　　　　图 1-6　草图绘制实体工具

1. 绘制直线

(1)单击"草图"工具栏中的"直线"＼按钮,即弹出"插入线条"属性对话框,如图 1-7 所示,此时的鼠标变成🖊。对话框中的"信息"区域显示提示信息;"方向"控制直线的方向,默认为"按绘制原样"即用鼠标控制;"选项"中的"作为构造线"若勾选,则绘制的为一条构造线(中心线),若勾选"无限长度"则绘制的是一条可裁剪的无限长度直线。

(2)选取直线起始点。在绘图区中的任意位置单击左键,确定直线的起始点,此时可以看到一条线附着在鼠标指针上,拖动鼠标出现一条直线,旁边的数字表示直线的长度,当鼠标移动到原点处,然后再次移动鼠标可以看到一条虚线,此时默认添加终点与原点在一条竖直线上,旁边有一个数值符号▮,如图 1-8 所示。

(3)选取直线终点。在图形区再次单击鼠标左键,来确定此直线的终点,系统便在两点之间绘制一条直线。此时命令没有退出,仍然是直线命令,以此终点为下一段直线的起点继续绘制直线。此时有两条垂直的黄色直线,为捕捉线,这两条线一条与刚刚绘制的直线共线,一条与其垂直,方便绘制相关直线,如图 1-9 所示。

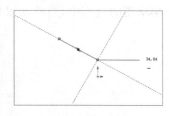

图 1-7　"插入线条"　　　图 1-8　绘制起点　　　　图 1-9　绘制终点
　　　　　 对话框

(4)若绘制直线结束,按 Esc 键结束"直线"命令;若继续绘制直线,重复步骤(3)继续绘制,可创建一系列连续的直线。

2. 绘制中心线

单击"草图"工具栏中的"中心线" 按钮,弹出"插入线条"属性对话框,如图 1-10 所示。对比图 1-7 发现,区别在于中心线的"选项"中勾选了"作为构造线",其他与直线相同,操作方法也与直线相同。

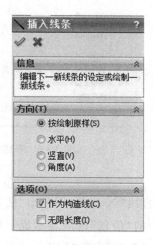

图 1-10　"插入线条"属性对话框

3. 绘制圆

绘制圆的类型有两种:中心圆 和周边圆 。

(1)绘制中心圆。单击"草图"工具栏中的"圆" 按钮,弹出"圆"属性对话框,如图 1-11 所示,在对话框中的圆类型选中中心圆,此时的鼠标变成 。需要确定圆心和半径,在图形区中单击鼠标左键放置圆心,然后拖动鼠标来确定圆的半径,如图 1-12 所示。

图 1-11　"圆"属性对话框

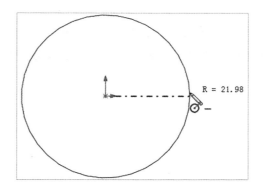

图 1-12　绘制中心圆

（2）绘制周边圆。单击"草图"工具栏中的"周边圆" ⊕ 按钮，弹出"圆"对话框，此时在对话框中圆的类型选中周边圆。需要通过 3 点绘制圆，在图形区中以此单击鼠标左键，单击 3 次确定一个圆，如图 1-13 所示。

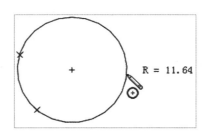

图 1-13　绘制周边圆

4. 绘制矩形

矩形绘制方式有 5 种：边角矩形，中心矩形，3 点边角矩形，3 点中心矩形和平行四边形。单击"草图"工具栏中的 ▢ 按钮右侧的黑色三角符号，显示如图 1-14 的 5 种矩形类型，或者单击 ▢ 按钮，弹出"矩形"属性对话框，在矩形类型中选择矩形的类型，对话框如图 1-15 所示。

图 1-14　5 种矩形类型

图 1-15　"矩形"对话框

（1）绘制边角矩形。以两个对角点绘制矩形。单击"边角矩形" ▢ 按钮，图形区鼠标变成 ，单击鼠标左键确定第一个角点，然后拖动鼠标单击左键确定第二个角点，如图 1-16

所示。

（2）绘制中心矩形。以中心点和一个顶点绘制矩形。单击"中心矩形" ▣ 按钮，单击鼠标左键确定中心点，然后拖动鼠标单击左键确定一个角点，如图 1-17 所示。

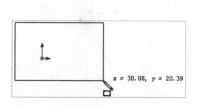

图 1-16　绘制边角矩形

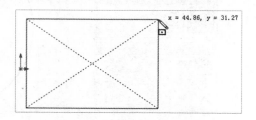

图 1-17　绘制中心矩形

（3）绘制 3 点边角矩形。以 3 个顶点绘制矩形。单击"3 点边角矩形" ◈ 按钮，单击鼠标左键确定一个角点，拖动鼠标单击左键确定矩形的一条边，再点击左键确定矩形的大小，如图 1-18 所示。

（4）绘制 3 点中心矩形。以中心点和两个顶点绘制矩形。单击"3 点中心矩形" ◈ 按钮，单击鼠标左键确定中心点，拖动鼠标单击左键确定一条边的长度，最后单击左键确定矩形的大小，如图 1-19 所示。

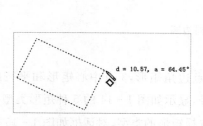

图 1-18　绘制 3 点边角矩形

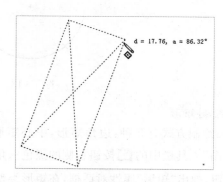

图 1-19　绘制 3 点中心矩形

（4）绘制平行四边形。以 3 个顶点绘制平行四边形。单击"平行四边形" ▱ 按钮，单击鼠标左键确定一个角点，拖动鼠标单击左键确定一条边的另一个角点，再次拖动鼠标单击左键确定第三个角点，如图 1-20 所示。

5. 绘制圆弧

绘制圆弧的方式有 3 种：圆心/起/终点画弧、切线弧和 3 点圆弧。单击"草图"工具栏中的 ⌒ 按钮右侧的黑色三角符号，显示如图 1-21 的 3 种圆弧类型，或者单击 ⌒ 按钮，弹出"圆弧"属性对话框，在"圆弧类型"中选择圆弧的类型，对话框如图 1-22 所示。

（1）圆心/起/终点画弧。单击"草图"工具栏中的"圆心/起/终点画弧" ⌒ 按钮，鼠标变成 ⌒。单击鼠标左键确定圆心，然后拖动鼠标单击左键放置起点和终点即可，如图 1-23 所示。

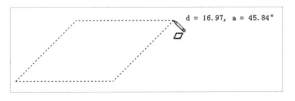

图 1-20 绘制平行四边形

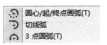

图 1-21 3 种圆弧类型

图 1-22 "圆弧"属性对话框

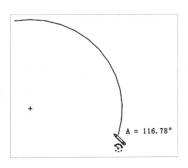

图 1-23 圆心/起/终点画弧

（2）切线弧。绘制相切弧可以生成一条与草图实体相切的圆弧，单击"草图"工具栏中的
"切线弧" 按钮，此时鼠标变成 单击草图实体的端点作为起始点，然后单击另一草图实体
的端点作为圆弧终点，即可完成。如图 1-24 中的圆弧，此时绘制的圆弧与起始点处的直线
相切，如图中有相切的标志。

（3）3 点圆弧。单击"草图"工具栏中的"3 点圆弧" 按钮，此时鼠标标变成 。通过指
定起点、终点和圆弧上的一点来绘制圆弧。分别单击鼠标左键来确定起点、终点和圆弧上一
点的放置位置，如图 1-25 所示。

6. 绘制椭圆。

绘制椭圆的方式有 3 种：椭圆、部分椭圆和抛物线。单击"草图"工具栏中的 按钮右
侧的黑色三角符号，显示如图 1-26 的 3 种椭圆类型。

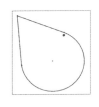

图 1-24 切线弧

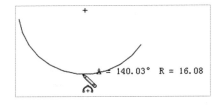

图 1-25 3 点圆弧

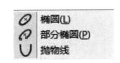

图 1-26 3 种椭圆类型

（1）绘制椭圆。以椭圆的中心、长轴和短轴来绘制椭圆。单击"草图"工具栏中的"椭圆"
 按钮，此时鼠标变成 。单击鼠标左键确定中心，然后拖动鼠标单击左键放置第一点，如
图 1-27 所示再次拖动鼠标单击左键放置第二点，如图 1-28 所示。

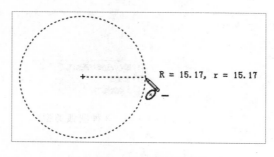

图1-27 确定椭圆第一点

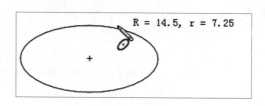

图1-28 确定椭圆第二点

(2)部分椭圆。以椭圆的中心、长轴或短轴、椭圆弧的起点和终点绘制椭圆。单击"草图"工具栏中的"部分椭圆" 按钮,此时鼠标变成。单击鼠标左键确定中心,然后拖动鼠标单击左键放置短轴/长轴,如图1-29所示,拖动鼠标单击左键放置椭圆弧的起点,再次拖动鼠标单击左键放置椭圆弧的终点,如图1-30所示。

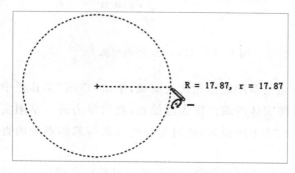

图1-29 确定椭圆的长轴/短轴

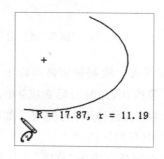

图1-30 确定椭圆弧的起点和终点

(3)抛物线。以抛物线的焦点、顶点、起点和终点绘制抛物线。单击"草图"工具栏中的"抛物线" 按钮,此时鼠标变成。单击鼠标左键确定抛物线的焦点,然后拖动鼠标确定顶点,如图1-31所示,继续拖动鼠标单击确定起点和终点,如图1-32所示。

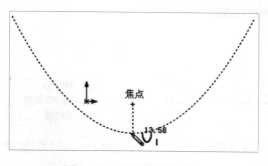

图1-31 确定焦点和顶点

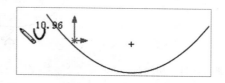

图1-32 确定起点和终点

7. 绘制槽口

绘制槽口的方式有4种:直槽口,中心点直槽口,三点圆弧槽口和中心点圆弧槽口。单击"草图"工具栏中的 按钮右侧的黑色三角符号,显示如图 1-33 的 4 种槽口类型,或者单击 按钮,弹出"槽口"属性对话框,在"槽口类型"中选择槽口的类型,对话框如图 1-34所示。

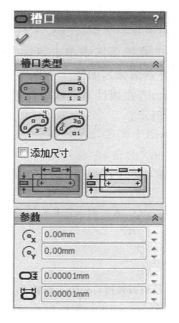

图 1-33　槽口绘制类型　　　　图 1-34　"槽口"属性对话框

(1)绘制直槽口。单击"草图"工具栏中的"直槽口" 按钮,此时鼠标变成直线的图标 ,单击图形区中两点来放置直槽口左半圆圆心和右半圆圆心,移动鼠标并单击左键来确定直槽口的宽度,如图 1-35 所示,若在属性栏中选中"添加尺寸"复选框,则在图形区绘制的直槽口直接显示基本尺寸,如图 1-36 所示。

图 1-35　不带尺寸的直槽口

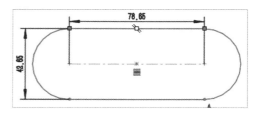

图 1-36　带尺寸的直槽口

(2)中心点直槽口。单击"草图"工具栏中的"中心点直槽口" 按钮,单击图形区中两点来放置直槽口中心和右半圆圆心,移动鼠标并单击来确定直槽口的宽度,与(1)中的步骤相同,若在属性对话框中的"添加尺寸"的复选框选中,则在图形区绘制的直槽口显示基本尺寸如图 1-36 所示。

(3)三点圆弧槽口。单击"草图"工具栏中的"三点圆弧槽口" 按钮,此时的鼠标变成

绘制圆弧的标志 ✎。在图形区中单击三点来放置圆弧槽口左半圆圆心和右半圆圆心,然后拖动鼠标确定圆弧半径(步骤同三点绘制圆弧),如图 1−37 所示,然后移动鼠标并单击来确定圆弧槽口的宽度,如图 1−38 所示,若在属性对话框中勾选"添加尺寸"则在图形区绘制的圆弧槽口显示基本尺寸如图 1−39 所示。

(4)中心点圆弧槽口。单击"草图"工具栏中的"中心点圆弧槽口" 按钮,此时的鼠标变成圆弧的标志 ✎。在图形区中单击鼠标左键依次确定圆弧槽口的圆心和两个半圆圆心(步骤同圆心/起/终点圆弧),如图 1−40 所示。然后移动鼠标并单击来确定圆弧槽口的宽度,如图 1−38 所示,若在属性对话框中勾选"添加尺寸"则在图形区绘制的圆弧槽口显示基本尺寸如图 1−39 所示。

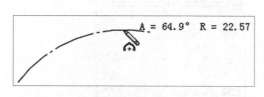

图 1−37　绘制圆弧槽口的中心圆弧

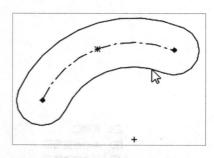

图 1−38　不带尺寸的圆弧槽口

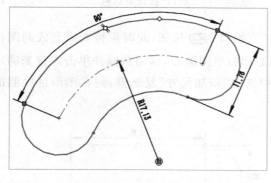

图 1−39　带尺寸的圆弧槽口

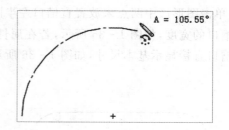

图 1−40　绘制圆弧槽口的中心圆弧

8. 多边形

多边形由至少 3 条长度相等的边组成封闭多边形,绘制多边形的方式是指定多边形的中心和对应的内切圆或外接圆的直径。

单击"草图"工具栏中的"多边形" 按钮,弹出"多边形"属性对话框,如图 1−41 所示,此时鼠标变成 ✎。在"参数"中设置多边形的属性,如"参数"区域中是内接圆还是外接圆。设定好后在绘图区中单击鼠标左键确定多边形的中心,然后拖动鼠标到一定位置,调整好多边形的方向和外接圆或内切圆的半径,再单击鼠标左键确定多边形,如图 1−42 所示。

图1-41 "多边形"属性对话框

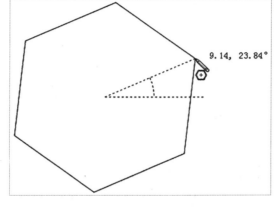

图1-42 绘制多边形

9. 绘制点

单击"草图"工具栏中的"点" 按钮,此时鼠标变成 ,在图形区的某一位置单击放置该点,按 Esc 键,结束点的绘制。

10. 绘制样条曲线

(1)绘制样条曲线

单击"草图"工具栏中的"样条曲线" 按钮,此时鼠标变成 ,在图形区单击以放置第一个点并将第一段线拖出,拖动鼠标,单击下一个点并将第二个线段拖出,然后依次将其他线段拖出,然后在样条曲线完成时双击,如图1-43所示,同时在左侧弹出"样条曲线"属性对话框。

图1-43 绘制样条曲线

(2)方程式驱动的曲线

通过定义曲线的方程来生成曲线,在生成曲线时,使用的数值必须是弧度。单击"草图"工具栏中的"方程式驱动的曲线" 按钮,弹出"方程式驱动的曲线"属性对话框如图1-44所示。

在"方程式类型"中有"显性"和"参数性"两种。若选中"显性",$y_x = \mathrm{sqrt}(4-x^2)$,$x_1 = -2$,$x_2 = 2$,如图1-44所示,也可得到如图1-45所示图形。

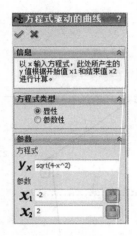

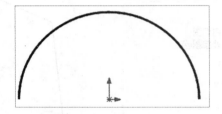

图 1-44 "显性"属性对话框　　　图 1-45 "显性"方程式图形

若选中"参数化方程"，$x_t = 50 * \cos(t)$，$y_t = 50 * \sin(t)$，$t_1 = 0$，$t_2 = \mathrm{pi}$，如图 1-46 所示，得到如图 1-45 的图形。（注意输入方程式的时候必须是英文输入法）

11. 在草图设计环境中创建文本

单击"草图"工具栏中的"文字"  按钮，系统弹出如图 1-47 所示对话框。在图形的任意位置单击来放置文本的位置，然后在属性对话框"文字"图框中输入文本"草图文本"，在图形区中出现文字。可以在属性对话框中设置文字属性，如字体样式、大小、单位等，即完成文本的创建。

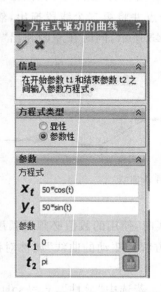

图 1-46 "参数性"属性对话框　　　图 1-47 "草图文字"对话框

三、编辑草图

1. 绘制圆角倒角

(1)圆角

"绘制圆角"工具在两个草图实体的交叉处剪裁掉角部分,从而生成一个切线弧。

单击"草图"工具栏中的"绘制圆角" 按钮,弹出"绘制圆角"属性对话框,如图1-48所示。在"半径" 文本框中输入半径值,激活"要圆角化的实体"列表框,在图形区中选择要圆角化的草图实体,单击"确定" 按钮,绘制的圆角如图1-49所示。

图1-48 "绘制圆角"
属性对话框

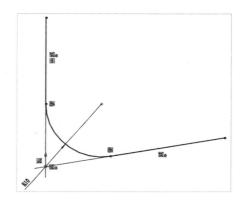

图1-49 绘制圆角

(2)倒角

"绘制倒角"工具在两个草图实体的交叉处剪裁掉角部分,从而生成一个直线倒角。

单击"草图"工具栏中的"绘制倒角" 按钮,弹出"绘制倒角"属性对话框,如图1-50所示。在"倒角参数"中输入倒角的参数,有"角度距离"和"距离-距离"两种类型,默认选中"距离-距离",勾选"相等距离",所以只需要输入一个距离值就可以。然后在图形区中选择要倒角的草图实体,单击"确定" 按钮,绘制的倒角如图1-51所示。

图1-50 "绘制倒角"
属性对话框

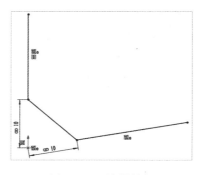

图1-51 绘制倒角

2. 裁剪实体

裁剪实体共有 5 种方式：强劲裁剪、边角、在内剪除、在外剪除、剪裁到最近端。单击"草图"工具栏中的"裁剪实体" 按钮，弹出"裁剪"属性对话框，如图 1-52 所示。

（1）强劲裁剪

单击"裁剪"属性管理器中的"强劲裁剪" 按钮，在图形区的草图中，按下鼠标左键并拖动出现一条轨迹线，穿越要剪裁的草图实体，只要是该轨迹穿越过的线段都可被删除，如图 1-53 所示。

图 1-52 "剪裁"对话框

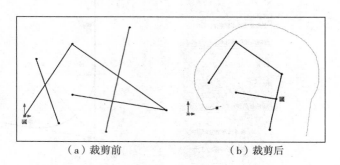

（a）裁剪前 （b）裁剪后

图 1-53 强劲裁剪过程

（2）边角

单击"裁剪"属性管理器中的"边角" 按钮，延伸或剪裁两个草图实体，直到他们在虚拟边角处相交，如图 1-54 所示。

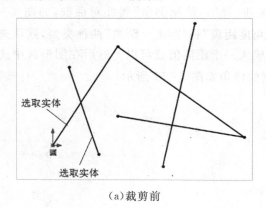

（a）裁剪前 （b）裁剪后

图 1-54 边角裁剪过程

（3）在内剪除

单击"裁剪"属性管理器中的"在内剪除" 按钮，剪除位于两个所选边界实体之间的开环的草图实体。先选择两条边界实体，然后选择要剪除的部分，如图 1-55 所示。

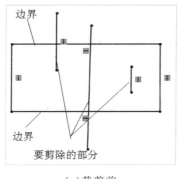

（a）裁剪前

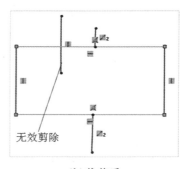

（b）裁剪后

图 1-55　在内剪除实体

（4）在外剪除

单击"裁剪"属性管理器中的"在外剪除" ⌷ 按钮，用于剪除与两个所选边界之外的部分。先在图形区选择两条边界实体，然后在图形区选择要保留的部分，如图 1-56 所示。

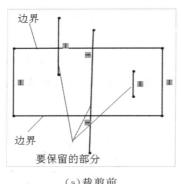

（a）裁剪前

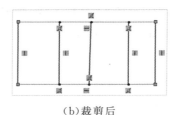

（b）裁剪后

图 1-56　在外剪除实体

（5）剪裁到最近端

单击"裁剪"属性管理器中的"剪裁到最近端" ┼ 按钮，用于将在图形区所选的实体剪裁到最近交点，如图 1-57 所示。

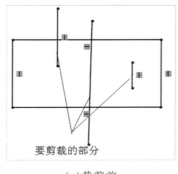

（a）裁剪前

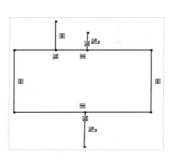

（b）裁剪后

图 1-57　剪裁到最近端

3. 延伸实体

延伸实体可增加草图实体的长度,使用延伸实体将草图实体延伸与另一草图实体相交。

单击"草图"工具栏中的"延伸实体" T 按钮,将鼠标移动到草图实体,所选实体以浅蓝色出现,预览按延伸实体的方向以粉色出现,单击草图实体接受预览,如图 1-58 所示。

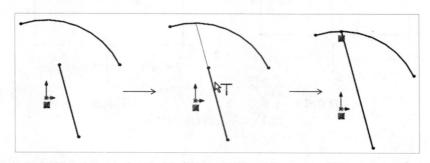

图 1-58　延伸实体

4. 转换实体引用

转换实体引用是将边线、环、面、曲线或外部草图轮廓线、一组边线或一组草图曲线投影到草图基准面上,从而在该绘图面上生成一条或多条曲线。

如图 1-59(a)所示,首先选中投影草图的基准面 1,单击"草图绘制"按钮,开始绘制一幅新的草图,单击"草图"工具栏上"转换实体引用" ▢ 按钮,选取表面,则表面边线被转换成新草图边线,如图 1-59(b)所示。

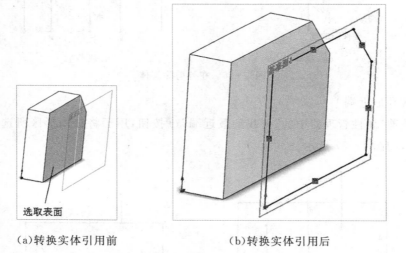

　　(a)转换实体引用前　　　　　　　　　　(b)转换实体引用后

图 1-59　转换实体引用

5. 等距实体

等距草图实体就是绘制被选择草图实体的等距线。选取如图 1-60(a)所示的 3 条直线,然后单击"草图"工具栏中的"等距实体" ⌐ 按钮,弹出"等距实体"属性对话框,在对话框中定义"等距距离",如图 1-61 所示,然后在图形区移动鼠标来确定等距方向,如图 1-

60(b)中箭头表示等距方向,得到的图形如图 1-60(c)所示。

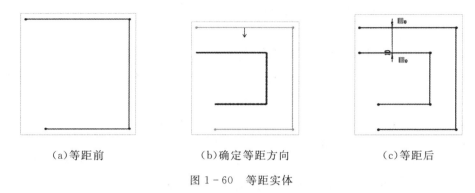

(a)等距前　　　　　　(b)确定等距方向　　　　　　(c)等距后

图 1-60　等距实体

6. 镜向实体

"镜向实体"是用来镜向已经存在的某些或所有的草图实体,镜向可以绕任何类型直线来镜像,可以是中心线也可以是直线。单击"草图"工具栏中的"镜向实体" ⚠ 按钮,弹出"镜向"属性对话框,如图 1-62 所示,激活"要镜向的实体"列表框,在图形区中选取要镜向的草图实体,图 1-63(a)中的草图实体,然后激活"镜向点"列表框,在图形区中选择镜向线,选取图 1-63(a)中的中心线,单击确定 ✔ 按钮,得到如图 1-63(b)中的图形。若镜向后删除原镜向实体,则可以取消属性对话框中的"复制"勾选。

图 1-61　"等距实体"　　　　图 1-62　"镜向实体"

属性对话框　　　　　　　属性对话框

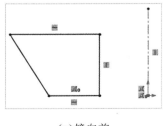
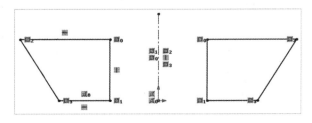

(a)镜向前　　　　　　　　　(b)镜向后

图 1-63　镜向实体

7. 草图阵列

草图阵列有两种:线性草图阵列和圆周草图阵列。

(1)线性草图阵列

单击"草图"工具栏中的"线性草图阵列"▦按钮,弹出"线性草图阵列"属性对话框,如图1-64所示。例如阵列图1-65中的圆,激活"要阵列的实体",在图形区中选择草图实体圆。在"方向1"中设置参数,在"阵列方向"⚡文本框中,选择要阵列的方向,一般为直线,选择矩形水平线。单击⚡按钮控制方向。在"间距"⚡文本框中输入阵列实体的间距20 mm,在"数量"文本框中输入阵列实体的总数5,包括阵列原实体。在"角度"⚡中输入阵列的旋转角度0度。若想以两个方向生成阵列,则重复"方向1"的步骤。具体参数见图1-64。得到图1-66所示图形。激活"可跳过的实例"列表框,可以选择删除的实例,此时在阵列的图形上出现很多原点,单击需要删除的图形的圆点即可删除阵列的图形,如图1-67所示,单击确定✓按钮,得到如图1-68所示图形。

图1-64 "线性阵列"属性对话框

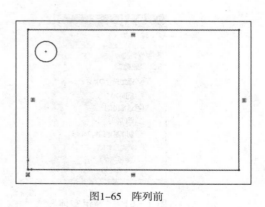

图1-65 阵列前

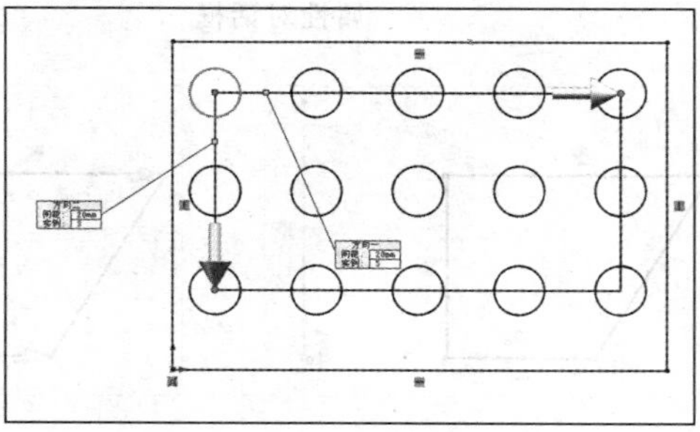

图1-66 阵列两个方向图形

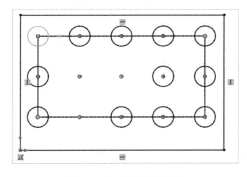

图 1-67 跳过的实体

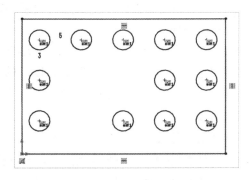

图 1-68 阵列后的图形

(2)圆周草图阵列

单击"草图"工具栏中的"圆周草图阵列" 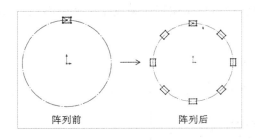按钮,弹出"圆周草图阵列"属性对话框,如图 1-69 所示。例如阵列图 1-70 中的矩形,在"参数"中设置参数,在文本框中,选择圆周阵列的中心点,可以选点或者圆弧,这里选择原点;在"间距"中输入角度"360 度",勾选"等间距",在"实例数"中设置阵列个数 8;"半径"中的数值为测量从所选实体的中心到阵列中心点的夹角。在"圆弧角度"中输入阵列实例之间的角度。激活"要阵列的实体",在图形区中选择草图实体矩形。"可跳过的实例"列表框,可以选择删除的实例。单击确定按钮,得到如图 1-70 所示图形。

图 1-69 "圆周阵列"
属性对话框

图 1-70 圆周阵列

8. 编辑实体

在草图和工程图中可以对已有的草图实体进行移动、复制、旋转、缩放等操作。单击"草图"工具栏中的"移动实体"按钮右侧的黑色三角符号,显示草图操作的几种形式,如图 1-

71 所示。移动和复制操作不生成几何关系,若想生成几何关系需要手动添加。

(1)移动实体

单击"草图"工具栏中的"移动实体" 按钮,弹出"移动"属性对话框,如图 1-72 所示。激活"要移动的实体"列表框,选择要移动的草图实体;"参数"选项卡中有两种方式,选择"从/到",单击"起点"来设定基点,然后拖动鼠标将草图实体定位;选择"X/Y",然后为 **ΔX** 和 **ΔY** 设定数值以将草图实体定位。

(2)复制实体

单击"草图"工具栏中的"复制实体" 按钮,弹出"复制"属性对话框,如图 1-73 所示。操作方法与"移动实体"一样,在此不再赘述。

图 1-71 编辑实体　　　图 1-72 "移动"　　　图 1-73 "复制"

　　　　　　　　　　　属性对话框　　　　　属性对话框

(3)旋转实体

单击"草图"工具栏中的"旋转实体" 按钮,弹出"旋转"属性对话框,如图 1-74 所示。激活"要旋转的实体"列表框,选择要旋转的草图实体;"参数"选项卡中设置参数,激活"基点" 列表框,然后单击图形区来设定旋转中心;然后设置"旋转角度" 。旋转实体过程如图 1-75 所示。

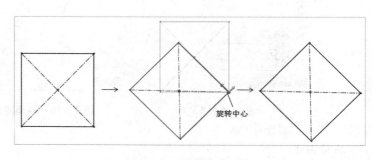

图 1-74 "旋转"　　　　　　图 1-75 旋转实体过程

　　属性对话框

（4）缩放实体比例

单击"草图"工具栏中的"缩放实体比例" 按钮，弹出"比例"属性对话框，如图 1-76 所示。激活"要缩放比例的实体"列表框，在图形区中选择需要缩放的实体，在"参数"中设置参数，激活"基点" 列表框，然后单击图形区来设定比例基点；在"比例因子" 中设置比例值。

（5）伸展实体

单击"草图"工具栏中的"伸展实体" 按钮，弹出"伸展"属性对话框，激活"要绘制的实体"列表框，在图形区中选择需要伸展的实体，在"参数"中设置参数，如图 1-77 所示。操作与移动实体的参数设置相同，在此不再赘述。伸展实体过程如图 1-78 所示。

图 1-76 "比例"属性对话框

图 1-77 "伸展"属性对话框

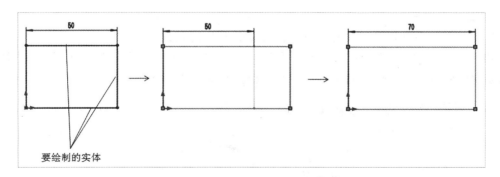

图 1-78 伸展实体过程

四、几何约束

在绘制草图实体时或绘制草图实体后，需要对绘制的草图增加一些几何约束来帮助定位，即各实体之间的相对位置关系。各种几何约束的显示符号见表 1-1。

表 1-1　常用几何关系用法

几何关系	要选择的实体	所产生的几何关系
水平 ⊟ 和竖直 ⊥	一条或多条直线,或两个或多个点	使直线或两点水平或竖直
共线 ⟋	两条或多条直线	使两条直线共线
垂直 ⊥	两条直线	使两条直线垂直
相等 =	两个或多个直线、圆弧等	使选取的实体尺寸相等
平行 ⫽	两条或多条直线	使直线平行
中点 ⟋	点与直线	使点与选取的直线的中点重合
重合 ⤭	一个点和一个直线、圆弧或椭圆	使点位于选取的图元上
全等 ◯	圆或圆弧	使选取的圆或圆弧的圆心重合并半径相等
相切 ⟋	一圆弧、椭圆、或样条曲线以及一条直线或圆弧	使选取的两个草图实体相切
同心 ◎	两个或多个圆弧或一个点和一个圆弧	使选取的两个圆的圆心位置重合
交叉点 ⊠	两条直线和一个点	使点位于两条直线的交叉处
固定 ⿴	任何实体	使选取的草图实体位置固定
对称 ⊡	一条中心线和两个点、直线、圆弧或椭圆	使选取的草图实体对称于中心线

1. 自动几何关系

自动几何关系是指在绘图过程中,系统会根据几何元素的相对位置,自动赋予几何关系,不需要另行添加几何关系。选择"工具"—"选项"命令,弹出"系统选项"对话框,选择"几何关系/捕捉"选项,并选中"自动几何关系"复选框,如图 1-79 所示。

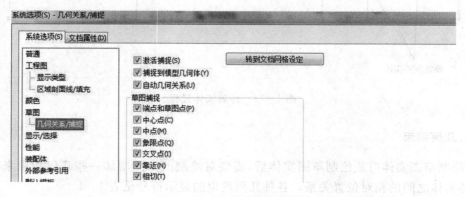

图 1-79　自动几何关系设置

2. 添加几何约束

添加几何约束关系用于为草图实体之间添加几何关系。单击"草图"工具栏上的"显示和删除几何关系" 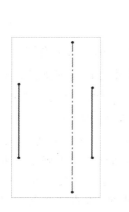按钮下黑色三角形符号，单击"添加几何关系" 按钮，弹出"添加几何关系"属性对话框，进行几何实体设定。操作步骤为：在图形区中单击选择所要添加几何关系的实体，在添加几何关系中单击要添加的几何关系，单击确定 。如图1－80所示添加对称约束关系。

  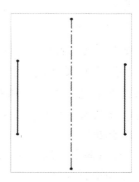

(a)加入约束关系前　　(b)"添加几何约束"　　(c)加入对称约束后
　　　　　　　　　　属性对话框

图1－80　添加几何关系过程

3. 显示/删除几何关系

单击"草图"工具栏上的"显示和删除几何关系" 按钮，则当前草图中根据选择的过滤器不同，对应的尺寸和几何约束关系会"显示/删除几何关系"属性管理器中列出来，如图1－81所示选中的几何关系粉红色显示，可以帮助我们检查多余的或有冲突的约束关系，从而删除。若要删除约束关系，单击要删除的约束关系单击删除即可。

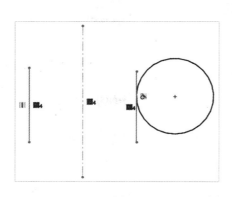 

图1－81　显示/删除几何关系

五、草图尺寸标注

草图标注就是确定草图中几何图形的尺寸,如长度、角度、半径等,它是一种以数值来确定草图实体精确尺寸的约束形式。

1. 智能尺寸

单击"草图"工具栏上的"智能尺寸" ◇ 按钮,可以给草图实体标注尺寸,此时鼠标变成 ◇。智能尺寸取决于所选定的实体项目。对于某些形式的智能尺寸,尺寸所放置的位置也会影响其形式。

(1)线性尺寸

单击"草图"工具栏上的"智能尺寸" ◇ 按钮,也可以在图形区单击鼠标右键,用鼠标笔势来选择 ◇ 按钮。定位智能尺寸项目,移动鼠标指针时,智能尺寸会自动捕捉到最近的方位,包括水平尺寸、垂直尺寸或平行尺寸。例如标注图 1-82 中的直线,当鼠标靠近直线附近时,此时系统在状态栏中有 选择一个或两个边线/顶点后再选择尺寸文字标注的位置。的提示,单击鼠标左键选中直线,系统弹出"线条属性"对话框,如图 1-83 所示。然后单击鼠标左键来确定尺寸的放置位置,弹出"修改"对话框如图 1-84 所示。在"修改"对话框中单击确定 ✔ 按钮,然后单击"尺寸"对话框中的确定 ✔ 按钮,完成线段长度的标注。(当选中直线后可以标注水平尺寸、垂直尺寸和平行尺寸,只要在选取直线后,移动鼠标拖动水平、垂直或平行尺寸,读者自行完成水平尺寸和垂直尺寸。)

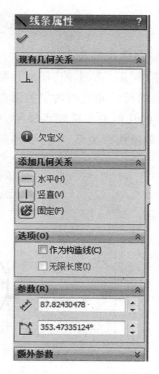

图 1-83 "线条属性"对话框

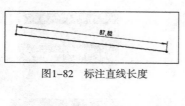

图1-82 标注直线长度

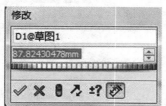

图 1-84 "修改"对话框

（2）标注直径

单击"草图"工具栏上的"智能尺寸" 按钮，选取圆，移动鼠标拖出尺寸即为圆的直径。在合适的位置单击鼠标左键确定尺寸的位置。在弹出的"修改"尺寸对话框中，输入尺寸数值，单击"确定" 按钮，完成圆的直径尺寸标注，如图 1-85 所示。

（3）标注半径

单击"草图"工具栏上的"智能尺寸" 按钮，选取圆弧，移动鼠标拖出，在合适的位置单击鼠标左键确定尺寸的位置。在弹出的"修改"尺寸对话框中，输入尺寸数值，单击"确定" 按钮，完成圆的半径尺寸标注，如图 1-86 所示。

（4）标注弧长

单击"草图"工具栏上的"智能尺寸" 按钮，然后单击圆弧的两个端点，再选取圆弧，移动鼠标拖出，在合适的位置单击鼠标左键确定尺寸的位置。在弹出的"修改"尺寸对话框中，输入尺寸数值，单击"确定" 按钮，完成圆的弧长尺寸标注，如图 1-86 所示。

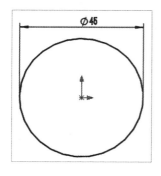
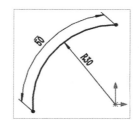

图 1-85 直径的尺寸标注　　　图 1-86 半径和弧长的尺寸标注

（5）标注角度

单击"草图"工具栏上的"智能尺寸" 按钮，选取两条直线，然后选择不同的位置，当预览显示出想要的位置时，单击鼠标左键来锁定尺寸。鼠标指针位置改变，要标注的角度尺寸数值也会随之改变，如图 1-87 所示。

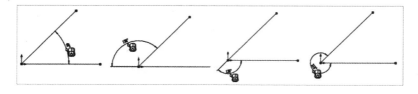

图 1-87 角度尺寸不同方位的尺寸标注

2. 修改尺寸

在要修改的尺寸上双击，系统弹出"尺寸"窗口和"修改"对话框，如要修改图 1-88 中"70"尺寸，双击该尺寸，在"修改"对话框中的文本框中输入新设置的尺寸"80"，单击"确定" 按钮，在"尺寸"对话框中单击"引线"，在"圆弧条件"中选中"最小"，则可以改变标注位置，如图 1-89 所示。然后单击"尺寸"对话框中的 按钮，完成尺寸的修改。如图 1-88 所示。

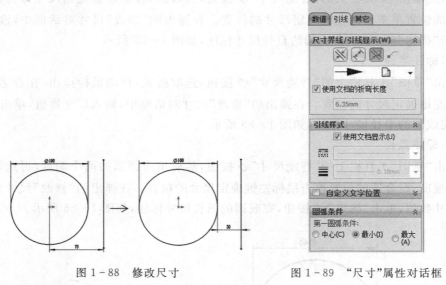

图 1-88　修改尺寸　　　　　　　　　　　　图 1-89　"尺寸"属性对话框

六、草图状态

SolidWorks 软件通过对草图尺寸的标注和几何关系来建立参数的关系,改变其中的一种图形元素的数值,将会改变整个与之相关联的草图的尺寸,所以要求草图处于完全定义的状态下。草图的状态主要有以下几种:

1. 完全定义

完整而正确地描述尺寸和几何关系。在图形区中以黑色出现(默认设置)。

2. 过定义

有些尺寸或几何关系在两者中冲突或存在多余尺寸。图形区中以红色出现(默认设置),此时需要删除多余的约束或尺寸。

3. 欠定义

草图中的一些尺寸或几何关系未定义,可以随意改变。可以拖动端点、直线或曲线。但这个草图仍可以用来创建特征。在图形区中以蓝色出现(默认设置)。欠定义是很有用的,因为在零件早起设计阶段的大部分时间里,并没有足够的信息来对草图进行完全的定义。随着设计的深入,会逐步得到更多的有用信息,可以随时为草图添加其他定义。

七、草图绘制原则与技巧

(1)零件的第一幅草图应该和原点定位,以确定特征在空间的位置。

(2)每个草图尽可能简单,可以将一个复杂草图分解为若干个简单草图。目的是便于约束便于修改。

(3)对于比较复杂的草图,最好避免"构造完所有的曲线,然后再加约束",这会增加全约束的难度。一般过程为:创建第一条主要曲线,然后施加约束,同时修改尺寸至设计值。

（4）自己要清楚草图平面的位置，一般情况下可以使用"正视于"命令，使草图平面与平面平行。

（5）施加约束的一般次序为：定位主要曲线至外部几何体，按设计意图、施加大量几何约束，施加少量尺寸约束。

（6）任何草图在绘制时只需要绘制大概形状以及位置关系，要利用几何关系和尺寸标注来确定几何体的大小和位置，这有利于提高工作效率。

（7）尽管 SolidWorks 不要求完全定义的草图，在绘制草图的过程最好使用完全定义的草图。合理标注尺寸以及添加几何关系，反映了设计者的思维方式以及机械设计的能力。

（8）绘制实体的时候要注意系统的反馈和推理线，可以在绘制的过程中确定实体间的关系。在特定的反馈状态下，系统会自动添加草图元素间的几何关系。

（9）先确定草图各元素间的几何关系，其次是位置关系和定位尺寸，最后标注草图的形状尺寸。

（10）中心线（构造线）不参与特征的生成，只是起到辅助作用。因此，必要的时候可以使用构造线定位或尺寸标注。

（11）小尺寸几何体使用夸张画法，标注完尺寸后改成正确的尺寸。

（12）一般情况下，圆角和斜角不在草图中生成，而用特征生成。

第 2 章　草图绘制

一、学习目标

掌握绘制草图命令：直线、圆、圆弧、槽口线、中心线等的操作方法；

掌握草图工具圆角、倒角等的使用方法；

掌握利用尺寸标注来确定几何图形大小和位置的方法；

掌握利用几何约束关系确定多个几何图形之间关系的方法。

二、主要内容

1. 项目分析

在 SolidWorks 中绘制图 2-1 所示草图。

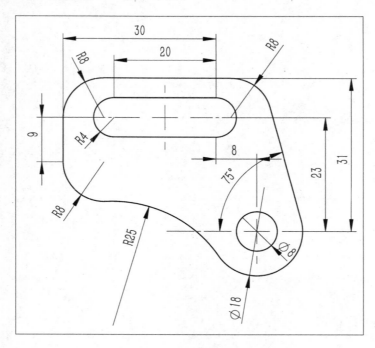

图 2-1　草图练习

通过分析图形尺寸标注可知，该图主要定位尺寸基准为其中的圆。由圆的位置可以先确定左上方的槽口线，进而可以绘制外围的线框。整个绘图过程可以分为三个步骤。

（1）确定草图最主要的定位几何元素，即圆和槽口线，并定义其位置关系。如图 2-2 中

（a）所示。

（2）绘制外围线框，并定义其位置关系，得到如图2-2中的（b）的图。

（3）完善细节，修剪多余线段，设置圆角等。如图2-2中的（c）所示。

具体流程如图2-2所示。

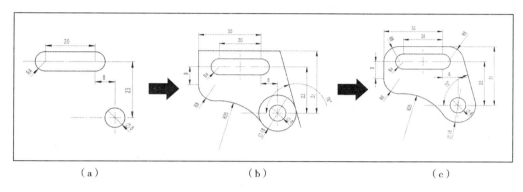

（a）   （b）   （c）

图2-2 草图绘制流程图

2. 项目实施

1）确定草图的基本基准

（1）新建一零件图。单击设计树中的"前视基准面"，在弹出的关联菜单中单击"草图绘制" 按钮，进入草图绘制界面，开始绘制草图。

（2）绘制圆。单击"草图"工具栏中的"圆" 命令，弹出"圆"属性对话框，如图2-3（a）所示，在图形区中单击坐标原点，再移开鼠标单击第二下，绘制一个以坐标原点为圆心的圆。单击对话框中的"确定" ，完成圆的绘制，如图2-3（b）所示。

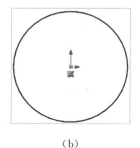

（a）   （b）

图2-3 绘制圆

(3)然后单击"草图"工具栏中的"直槽口" 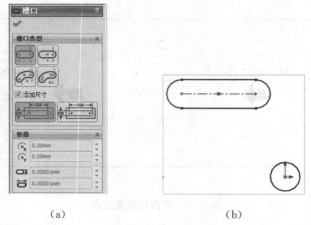 命令,弹出"槽口"属性对话框,如图 2-4 (a)所示。在圆的左上方位置依次单击两点,确定槽口的中心线,注意两点连线水平,再单击第三点确定槽口的宽度。单击对话框中的"确定" ,得到的图形如图 2-4(b)所示。

(a)   (b)

图 2-4　绘制直槽口

(4)单击"智能尺寸" 按钮进行标注尺寸。首先标注圆的尺寸,单击圆弹出尺寸修改对话框,在对话框中输入"8"。然后标注圆和槽口线的定位尺寸,标注竖直和水平两个方向的定位尺寸 23 和 8,最后标注形 20 和 R4 两个尺寸,最终得到的图形如图 2-5。

(注意:标注之前的图形是蓝色的,完全定位后图形变成黑色,这是 Solidworks 对用户的提示,蓝色表示缺乏约束,黑色表示草图完全约束。)

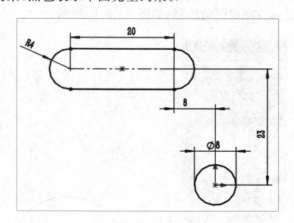

图 2-5　标注尺寸

2)绘制外围线框

(1)单击"直线" 命令,根据图形的要求,绘制草图上方的直线段,单击对话框中的"确定" 按钮,如图 2-6(a),并单击工具栏中的"智能尺寸" 进行必要的尺寸标注,单击"确定" 按钮,如图 2-6(b)。

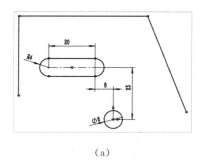 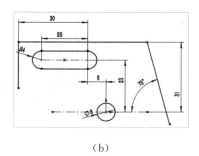

（a）　　　　　　　　　　　　（b）

图 2-6　绘制草图上方的直线段

（2）绘制相切圆。单击"圆" ⊘ 命令，鼠标放在 $\Phi8$ 的圆上，出现圆心，单击 $\Phi8$ 的圆心，绘制 $\Phi18$ 的同心圆，并标注直径尺寸为 18。

添加与斜直线的相切位置关系，按住＜Ctrl＞键，用鼠标单击 $\Phi18$ 的圆与斜直线，弹出如图 2-7 所示的快捷菜单，单击"相切"按钮 ⊙ 。

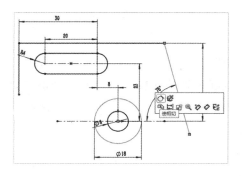

图 2-7　绘制相切圆弧

（3）绘制两段相切圆弧。单击"圆弧" 命令，单击圆心位置，然后点击起点和终点绘制第一段，不要结束命令继续绘制第二段，两段圆弧相切。如图 2-8（a）所示。接着添加尺寸约束如图 2-8（b），最后添加几何约束，圆弧与直径为 $\Phi18$ 的圆相切，如图 2-8（c）所示。

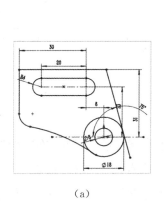 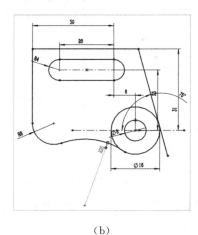

（a）　　　　　　　　　　　　（b）

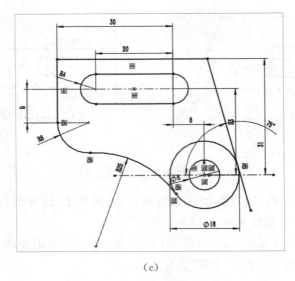

（c）

图 2-8　绘制两段相切圆弧

3)完善细节

（1）绘制圆角，单击"圆角" 命令，弹出"绘制圆角"对话框。激活"要圆角化的实体"列表框，在图形区中点击需要倒圆角处的线段交点绘制两个圆角，即图 2-9(a)中的"点 1"和"点 2"，在"绘制圆角"对话框中的"圆角半径" 文本框中输入圆弧半径"8"，如图 2-9(b)。得到图形如图 2-9(c)所示。

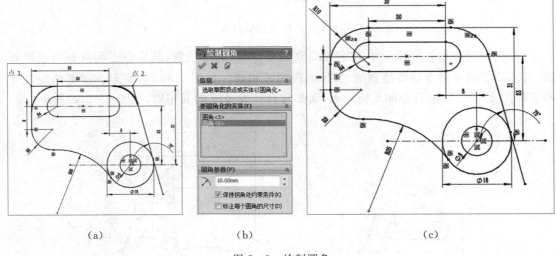

（a）　　　　　　　　（b）　　　　　　　　（c）

图 2-9　绘制圆角

（2）修剪多余线段。单击"剪裁实体" 命令，弹出"剪裁"对话框，在"选项"中选择"强劲剪裁"，用强劲剪切鼠标单击划线删掉多余线段，或者用"剪裁到最近端"，用鼠标单击修剪多余线段，如图 2-10(a)所示。完成修剪后的图形如图 2-10(b)所示。

（a）

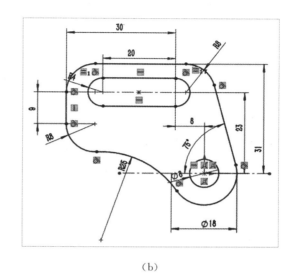

（b）

图 2 - 10　修剪多余线段

3. 项目总结

SolidWorks 草图绘制是建模的基础，要学好草图绘制，首先要掌握各种常用草图工具的使用方法。SolidWorks 草图绘制的基本思想是先绘制基本图形，然后通过添加约束的方法来确定各图形之间的位置关系，从而得到想要的图形。直线、圆、圆弧是二维平面图形的基本组成部分，SolidWorks 中添加了槽口线的功能，更加方便。本项目主要是围绕它们介绍了这些常用草图工具的用法，以及草图约束的两种类型：几何约束和尺寸约束。通过这个项目的操作实践，使用户初步掌握草图的绘制方法。

三、项目拓展

根据给定的图形尺寸，完成图 2 - 11～2 - 14 中的草图。

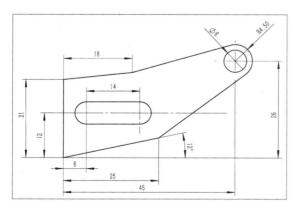

图 2 - 11　草图 1

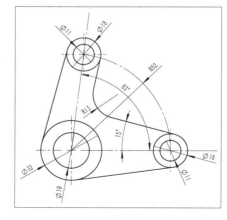

图 2 - 12　草图 2

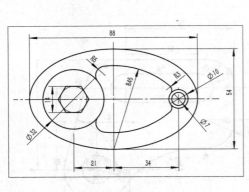

图 2 - 13　草图 3

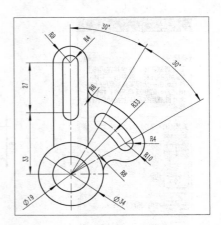

图 2 - 14　草图 4

第3章 复杂草绘图形

一、学习目标

掌握草图工具镜像、阵列等的使用方法；

掌握鼠标笔势的使用方法；

进一步熟悉剪裁工具的用法。

二、主要内容

1. 项目分析

在 SolidWorks 中绘制如图 3-1 所示法兰盘草图。

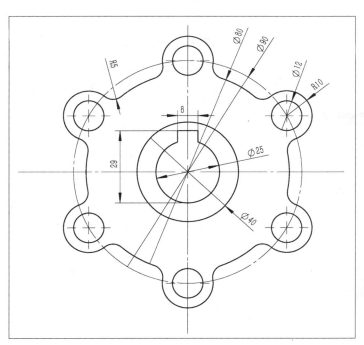

图 3-1 法兰盘草图

通过分析尺寸标注可知,图 3-1 主要是以圆心为基准来确定主要的几何线图的位置,同时该图形具有一个显著的特点,即对称性,六个边框绕圆心圆周阵列。该草图绘制的步骤如下:

(1)绘制同心圆,确定外线框圆,得到图 3-2(a)图形。

（2）绘制阵列同心圆，并圆周阵列图形，得到图 3-2(b)图形。

（3）完善细节，绘制键槽等其他图形，得到图 3-2(c)图形。

具体流程如图 3-2 所示。

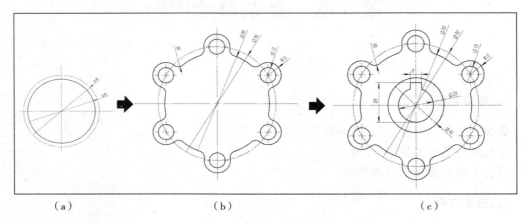

（a）　　　　　　　　（b）　　　　　　　　（c）

图 3-2　法兰盘绘制流程图

2. 项目实施

1）确定外框线图

（1）新建一零件图，单击"前视基准面"，在弹出的关联菜单中单击"草图绘制" 进入草绘环境。单击"草图"工具栏中的"圆" 命令，绘制两个同心圆，最大的圆为基准圆，在弹出的属性框中勾选"作为构造线"复选框，如图 3-3(a)所示，得到的图形如图 3-3(b)所示。

 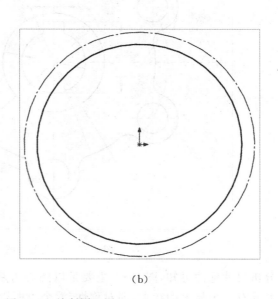

（a）　　　　　　　　　　　　　　　　　（b）

图 3-3　绘制同心圆

（2）单击"草图"工具栏中的"智能尺寸"按钮 标注几何尺寸如图 3-4 所示。

2）绘制阵列同心圆

（1）绘制中心线。单击"直线"命令旁的黑色三角符号 ▾，选择"中心线" 命令。绘制两条相交中心线，一条水平约束，一条竖直约束。如图3-5所示。

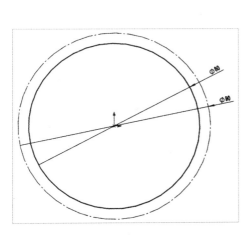

图3-4　标注几何尺寸

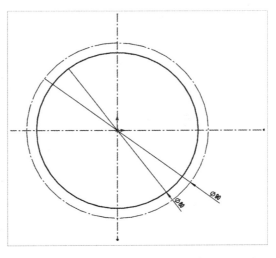

图3-5　绘制中心线

（2）绘制阵列同心圆。捕捉基准圆和中心线的交点为圆心，单击"圆" 命令，绘制同心圆并标注几何尺寸，如图3-6所示。

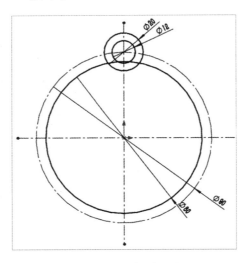

图3-6　绘制同心圆

（3）裁剪多余线段。单击"剪裁实体" 命令，弹出"剪裁"对话框，如图3-7（a），在"选项"中选择"强劲剪裁"，用强劲剪切鼠标单击划线删掉多余线段，对图形进行裁剪，修剪之后的同心圆与Φ90的圆之间的约束消失，需要手动添加Φ80圆心与Φ90的圆心重合。如图3-7（b）所示。

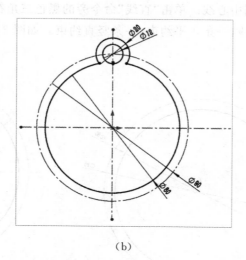

(a)   (b)

图 3 - 7   修剪多余线段

（4）倒圆角处理。单击"圆角" ⌐ 命令，弹出"绘制圆角"对话框，如图 3 - 8（a）所示。激活"要圆角化的实体"列表框，在图形区中选择图 3 - 8（b）中的"点 1"和"点 2"。在"绘制圆角"对话框中的"圆角半径" ⅄ 文本框中输入圆弧半径"5"，得到的效果如图 3 - 9 所示。

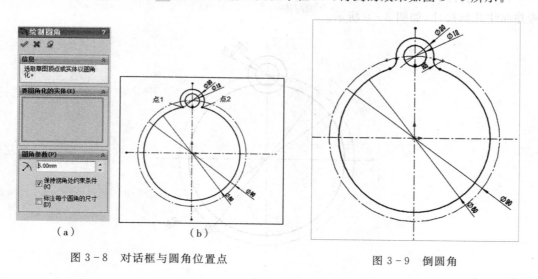

(a)   (b)

图 3 - 8   对话框与圆角位置点   图 3 - 9   倒圆角

（5）阵列图形。单击"线性阵列"旁边的黑色三角符号 ▾，在弹出的菜单中单击"圆周阵列" ❀ 命令。弹出"圆周阵列"属性对话框，激活 ↻ 列表框，在图形区中捕捉原点为旋转中心，勾选"等间距"复选框，"实例数" ❀ 文本框中输入"6"，激活"要阵列的实体"列表框，在图形区中选择小圆，外侧圆弧和倒圆弧，属性栏如图 3 - 10（a）所示。得到的效果如图 3 - 10（b）所示。

(a)

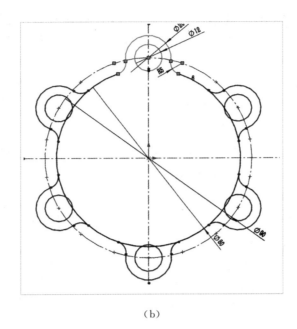

(b)

图 3-10　阵列图形

（6）将多余线段进行裁剪。单击"剪裁实体" ✂ 命令，弹出"剪裁"对话框，在"选项"中选择"强劲剪裁" ⊢，左键划线剪裁多余线段。得到的图形如图 3-11 所示。

3）完善图形

（1）绘制中间的同心圆并标注几何尺寸。单击"圆" ⊙ 命令，绘制两个同心圆，并标注直径尺寸。如图 3-12 所示。

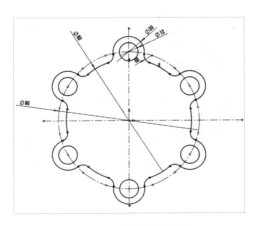

图 3-11　修剪多余线段

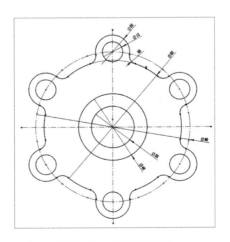

图 3-12　绘制同心圆

（2）绘制键槽。单击"直线" ＼ 命令，绘制三条直线，如图 3-13(a)，单击"剪裁实体" ✂ 按钮，弹出"剪裁"对话框，在"选项"中选择"强劲剪裁" ⊢，修剪多余圆弧，如图 3-13(b)所

示。按住<Ctrl>键单击两条竖直线,再选择竖直中心线,弹出的"属性"对话框,单击
对称(S)按钮,添加对称约束。单击"智能尺寸" ◇ 命令,标注尺寸约束,如图 3-13(d)所示。
标注 29 尺寸时,按住 shift 键选择直线与 Φ25 的圆弧即可,或者在"尺寸"属性栏如图 3-13
(c)中选择"引线"选项卡,"圆弧条件"区域"第一圆弧条件"中的"最大"即可。(键槽的创建
也可以先创建一半然后用镜像命令做出另外一半,读者自行练习)

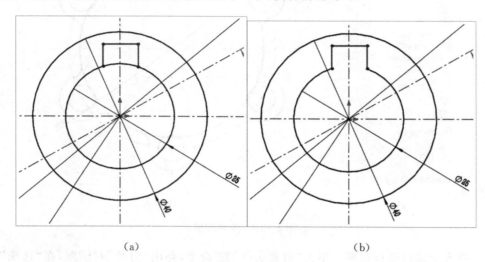

(a)   (b)

(c)

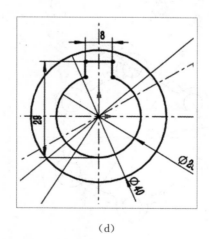

(d)

图 3-13 绘制键槽

最终得到的法兰盘的轮廓图如图 3-14 所示。

3. 项目总结

本项目主要介绍了阵列图形和镜像等工具的用法,通过本项目的学习可以发现,在建模

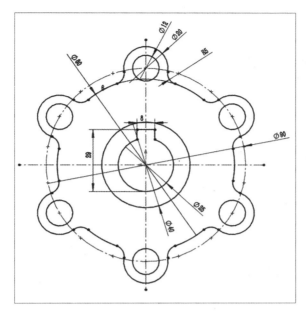

图 3-14 法兰盘轮廓图

过程中,灵活运用镜像、阵列等草图编辑功能,能大大简化草图的绘制过程,提高工作效率。同时进一步巩固剪裁、草图约束等内容,并且介绍如果出现尺寸过约束或者尺寸冲突时的解决方法。

三、项目拓展

根据给定的图形尺寸,完成图 3-15~3-18 中的草图。

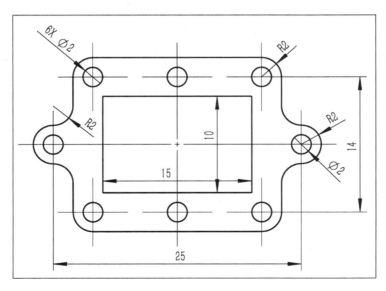

图 3-15 草图 1

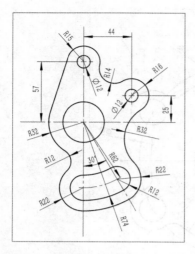

图 3-16 草图 2

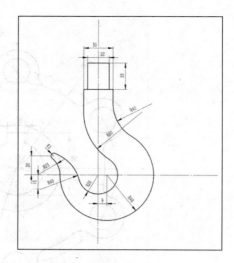

图 3-17 草图 3

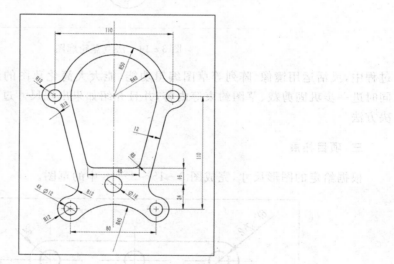

图 3-18 草图 4-心形

第二篇

零件设计基础建模

第4章　零件设计的基础知识

产品设计都是以零件建模为基础的,而零件模型则是建立在特征的运用之上,特征是构成零件的基本要素,复杂的零件是由多个特征叠加而成的。特征建模是零件建模的基础,特征建模就是将多个特征按一定位置关系叠加起来,生成一个三维零件。

在 SolidWorks 软件中,三维实体模型的绘制主要在零件环境中进行的,可以直接创建一个零件文件,该文件的后缀为".sldprt"。SolidWorks 软件提供了专门的"特征"工具栏,如图 4-1 所示。单击工具栏中对应的按钮就可以对草绘实体进行相应的操作,生成需要的特征模型。

图 4-1　"特征"工具栏

一、三维建模基础

1. 零件建模的一般过程

SolidWorks 软件中的建模过程就是依次将一个个特征按一定的空间位置关系组合起来,生成一个三维模型。如图 4-2 所示的图形,是在一个长方体上再叠加一个长方体而成。无论零件多么复杂,其建模过程都是与此相似,只是特征的多少不同。

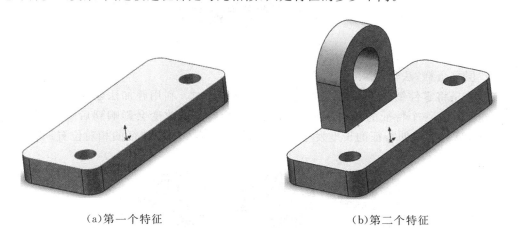

(a)第一个特征　　　　　　　　　　　(b)第二个特征

图 4-2　三维模型的创建过程

SolidWorks 建立零件的步骤包括:

（1）规划零件：分析零件的特征组成、特征之间的关系、特征的构造顺序及其构造方法、确定最佳的轮廓等。

（2）创建基础特征：基础特征是零件的第一个特征，它是构成零件基本形态的特征，是构造其他特征的基础，可以看作是零件模型的"毛坯"。

（3）创建其他特征：按照特征之间的关系以此创建剩余特征。可以参照零件的加工过程造型，即"如何加工就如何造型"。

2. 设计意图

1）定义

开始零件建模时，选择哪一个特征作为第一特征？选择哪个外形轮廓最好？确定了最佳的外形轮廓后，所选择的轮廓形状会对草图平面的选择造成影响？采用何种顺序来添加其他辅助特征？这些都要受制于设计意图。

关于模型被改变后如何表现的计划称为设计意图。设计意图决定模型如何建立与修改，特征之间的关联和特征建立的顺序会影响设计意图。

2）设计意图示例

根据零件实物模型或零件图纸建立模型的第一步就是要考虑如何将这个零件转换为特征。特征划分是否合理，不仅需要设计者对 SolidWorks 软件功能有所了解，更需要设计者对零件本身有一个整体把握。

如创建如图 4-3 中的阶梯轴可以有多种方法来完成创建。

图 4-3 阶梯轴零件

（1）"层叠蛋糕"法

该方法是将零件细分为不同的部分，一层一层地叠加。利用叠加法建立的零件，后面的特征是建立在前一个特征的基础上的，因此对前一个特征的改变会影响到后一个特征，如图 4-4 所示，第一个拉伸特征的长度发生变化，会影响到第 2、3 个特征的相对位置。

图 4-4 层叠法

（2）旋转法

该方法是利用旋转凸台特征或旋转切除特征,如图 4 - 5 所示。这种情况下,所有零件的信息都包含在一个旋转特征中,对零件的管理和特征的修改都会很不方便。

图 4 - 5 旋转法

（3）加工法

该方法是模拟机械加工过程的方法来建立零件模型,如该阶梯轴,按加工方法来说是"下料－车外圆 1－车外圆 2",对应于特征可以认为是"拉伸凸台－旋转切除 1－旋转切除 2",如图 4 - 6 所示。这是建立轴类零件最好的方法,体现了零件加工和零件建模的统一。

图 4 - 6 加工法

以上三种方法体现了不同的设计思想。"层叠蛋糕"法符合人们的习惯思维,层次清晰,后期修改方便,但是与机械加工过程恰好相反;旋转法强调了阶梯轴的整体性,零件的定义主要集中在草图中,设计过程简单,但草图较为复杂,不利于后期修改;加工法是模仿零件加工时的方法来建模,也就是"怎么加工就怎么建模",该方法不仅具有层叠蛋糕法的优点,而且在设计阶段就充分考虑了制造工艺的要求。

3. 零件建模原则

零件建模的过程都是通过大量的特征组合并修改特征的过程。具体零件要具体分析,在具体的规划特征的过程中,可以注意以下几个原则:

（1）基体特征反映零件的整体面貌。

（2）每个特征应尽量简单,这样便于特征的修改和管理。

（3）应明确特征间的关系,避免建模过程添加不必要的父子关系。

（4）在 SolidWorks 中提供了 3 个默认的参考基准面,在建模时应考虑从哪一个基准面开始,基准面的选择会影响零件的观察视角,也会降低建模方法的高效性。

（5）合理使用特征。特征的使用在很大程度上会影响零件后期的修改方法和修改的便利性,合理的特征建模应当充分考虑建模的加工方法和结构特点。

二、基础特征

基础特征是一个零件的主要结构特征,创建什么样的特征作为零件的基础特征比较重要,一般由设计者根据产品的设计意图和零件的特点灵活掌握。

1. 拉伸特征

"拉伸"就是把一个草图沿垂直方向伸长,伸长的方向可以是单向或双向的。拉伸特征主要分为"拉伸凸台/基体""拉伸薄壁"和"拉伸切除"三种类型。

建立拉伸特征的主要条件有:必须有一个草绘,必须制定拉伸的类型和相关的参数。

1)拉伸凸台/基体

单击"特征"工具栏上的"拉伸凸台/基体"按钮 ,或者单击下拉菜单"插入"—"凸台/基体"—"拉伸"命令,平面的图形区中显示如图4-7所示的三个相互垂直的默认基准平面。这三个基准平面在一般情况下处于隐藏状态,在创建第一个特征时就会显示出现,以供用户选择其作为草图基准面。同时弹出"拉伸"属性对话框,在对话框中提示"选择一个基准面来绘制特征横断面"。此时需要一个草绘图形。若已经有一个草绘图形,则选中该草绘图形,然后再单击"拉伸凸台/基体"按钮 ,则弹出如图4-8所示"凸台—拉伸"属性对话框。然后在属性对话框中设置拉伸参数,单击确定 即完成拉伸特征。

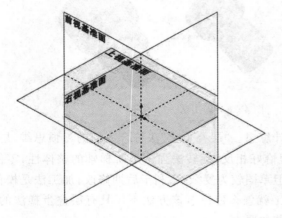

图4-7 三个默认基准平面

图4-8 "凸台—拉伸"
属性对话框

"凸台—拉伸"属性对话框中各个参数的意义分别是:

(1)开始条件

开始条件有四种,即草图基准面、曲面/面/基准面、顶点和等距,表示拉伸凸台特征的起点位置,如图4-9所示。选择不同的开始条件,得到的拉伸结果是不同的,"草图基准面"从草图所在的基准面开始拉伸;"曲面/面/基准面"从这些实体之一开始拉伸,选择有效的实体,实体可以是平面或非平面;"顶点"是选择一个实体

图4-9 开始条件

的顶点开始拉伸;"等距"是从当前草图基准面等距的基准面上开始拉伸,需要输入等距值来设定等距距离。如图4-10所示,开始条件不同,终止条件都是"拉伸20mm"得到的图形是

不同的。

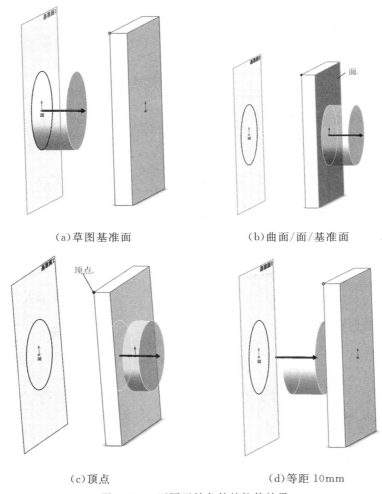

(a)草图基准面　　　　　　　　　(b)曲面/面/基准面

(c)顶点　　　　　　　　　(d)等距 10mm

图 4-10　不同开始条件的拉伸效果

(2)终止条件

在"方向 1"中提供了 8 种形式的终止条件,在"终止条件"下拉菜单中可以选择需要的终止条件,如图 4-11 所示。"方向 2"的设定与"方向 1"相同。"给定深度"即设定深度值;"完全贯穿"从草图的基准面拉伸特征直到贯穿所有现有的几何体;"成形到顶点"从图形的基准面拉伸到一个顶点,需要在图形区域中选择一个顶点;"成形到面"拉伸到某一平面,需要在图形区域中选择一个面或基准面;"到离指定面指定的距离"在图形区域中选择一个面或基准面作为

图 4-11　终止条件

面/基准面,然后输入等距距离值。"成形到实体"在图形区域选择要拉伸的实体作为实体/曲面实体;"两侧对称"拉伸长度沿草图的基准面对称,需要设定拉伸深度。如图 4-12 所示为不同终止条件的拉伸效果。

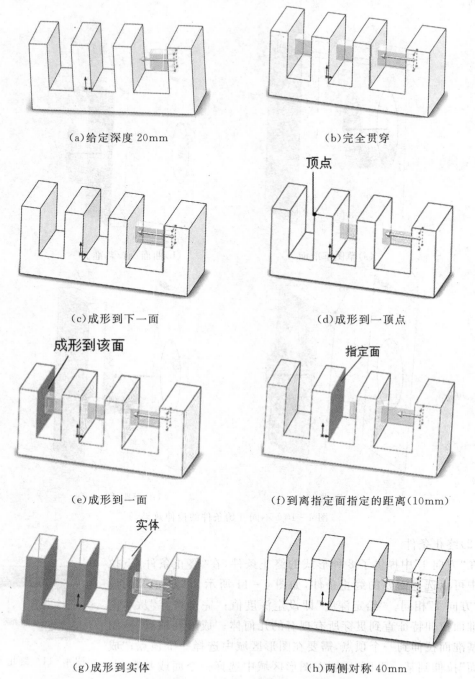

(a)给定深度 20mm

(b)完全贯穿

(c)成形到下一面

(d)成形到一顶点

(e)成形到一面

(f)到离指定面指定的距离(10mm)

(g)成形到实体

(h)两侧对称 40mm

图 4-12 不同终止条件的拉伸效果

(3)拔模拉伸

在拉伸形成特征时,软件提供了拔模拉伸特征。单击"拔模开关" 按钮,在"拔模角度"一栏中输入需要的拔模角度,还可以利用勾选"向外拔模"复选框选择是向外拔模还是向内拔模。

（4）薄壁拉伸

可以对闭环或开环草图进行薄壁拉伸。

闭环草图生成薄壁特征时必须勾选"薄壁特征"复选框，如图 4-13。薄壁类型有三种：单向、两侧对称和双向。拔模厚度可以在"厚度" ⟨⟩ 中进行设置，还可以勾选"顶端加盖"。

开环草图在拉伸凸台特征时，只能生成为薄壁特征，如图 4-14 所示。

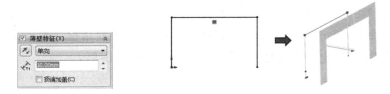

图 4-13 "薄壁特征"   图 4-14 开环草图及其拉伸特征
复选框

（5）所选轮廓

若草图中有多个闭环，可以在所选轮廓中选择其中一个闭环来生成一个拉伸特征，即选择草图中的一部分来拉伸。

2）拉伸切除

"拉伸切除"是指在指定的基体上，按照设计需要进行切除。"拉伸切除"特征的创建方法与"拉伸凸台/基体"特征的创建方法基本一致，只不过"拉伸凸台/基体"是增加实体，而"拉伸切除"则是减去实体。

单击"特征"工具栏上的"拉伸切除"按钮 ⊡，或者单击下拉菜单"插入"—"切除"—"拉伸"命令，弹出如图 4-15 所示"切除拉伸"属性对话框。"拉伸切除"属性管理器中的参数设置与"拉伸凸台/基体"属性管理器中的参数设置基本相同。不同之处在于增加了"反侧切除"复选框，该选项是指移除轮廓外的所有实体。

图 4-15 "切除—拉伸"   图 4-16 "旋转"
属性对话框   属性对话框

2. 旋转特征

旋转特征是由截面草图绕一条轴线旋转而成的实体特征,适用于构造回转体零件如轴类零件、轮毂类零件等。旋转轴和旋转的草图必须位于同一草图中,旋转轴一般为中心线,也可以是草图中的直线,旋转的截面草图必须是封闭的,而且不能穿过旋转轴,可以与旋转轴接触。若草图中有两条以上的中心线或其他直线,操作时应指定旋转轴。

1)旋转凸台/基体

首先绘制旋转轴和旋转轮廓,如图 4-17(a)所示草图,草图中要有旋转轴(图中的中心线)。单击"特征"工具栏上的"旋转凸台/基体"按钮 ,或者单击下拉菜单"插入"-"凸台/基体"-"旋转"命令,弹出如图 4-16 所示"凸台-旋转"属性对话框。然后在属性对话框中设置参数,单击"确定" 即完成旋转特征,如图 4-17(b)中图形。

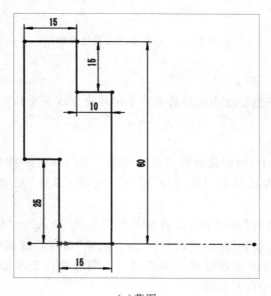

(a)草图   (b)旋转凸台特征

图 4-17 旋转凸台特征

"旋转"属性对话框中各个参数的意义分别是:

(1)旋转轴

旋转特征需要确定旋转轴,激活"旋转轴" 列表框,在图形区中选择草图中的直线或中心线作为旋转轴。

(2)旋转类型

在"方向 1"中提供了 5 种形式的旋转类型,在"旋转类型" 下拉菜单中可以选择需要的旋转类型,如图 4-18 所示。"方向 2"的设定与"方向 1"相同。不同旋转类型的旋转效果是不同的,各个旋转类型的意义与"拉伸"特征中的"终止条件"类似,只是这里的值为角度,这里不再赘述。

(3)薄壁旋转特征

在旋转形成特征时,软件为旋转提供了薄壁特征的功能。若勾选"旋转"属性管理器的

"薄壁特征"复选框,可以旋转为薄壁特征,否则旋转为实体特征。

如图 4-19 的设置后,单击确定按钮 ,得到如图 4-20 所示图形,但是这样无法观察薄壁现象。为了观察薄壁现象,需添加一个剖面视图,在"视图变换快捷工具区"单击"剖面视图" 按钮,弹出"剖面视图"属性对话框,选择"前视基准面"作为剖面,其他选择默认设置,单击"确定"按钮 ,即可观察内部现象,如图 4-21 所示。

图 4-18 旋转类型　　图 4-19 "薄壁特征"管理器

图 4-20 薄壁特征

图 4-21 剖面视图效果

2)旋转切除

旋转切除特征是在现有的基体上,按照设计需要进行旋转切除。旋转切除与旋转凸台特征基本参数、参数类型和参数含义完全相同,这里不再赘述。

首先绘制旋转轴和旋转轮廓,草图中要有旋转轴如图 4-23(a)中的草图。单击"特征"工具栏上的"旋转切除"按钮 ,或者单击下拉菜单"插入"—"切除"—"旋转"命令,弹出"切除-旋转"属性对话框,如图 4-22 所示。然后在属性对话框中设置参数,单击"确定" 即完成旋转切除特征,如图 4-23(b)中图形。

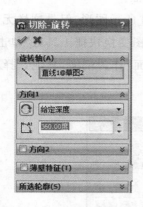

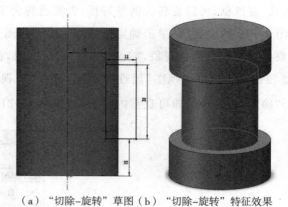

（a）"切除–旋转"草图 （b）"切除–旋转"特征效果

图 4 - 22 "切除—旋转" 图 4 - 23 "切除—旋转"特征
属性对话框

3. 扫描特征

扫描特征是将一轮廓沿着一路径移动来生成基体、凸台与曲面的特征。扫描特征包括三个基本要素：轮廓、路径和引导线。其中引导线并非是必需的参数。轮廓、路径和引导线这三个参数必须以三个不同的草图建立。同时路径的起点必须位于轮廓的基准面上，如需引导线，则引导线必须与轮廓或轮廓草图中的点重合。

1）扫描

扫描方式通常有不带引导线和带引导线的扫描方式和薄壁特征的扫描方式。

（1）不带引导线的扫描方式

首先绘制轮廓和路径两个草图，单击"前视基准面"在弹出的快捷菜单中单击"草图绘制" 按钮，绘制图 4 - 24 的草绘图形作为路径，单击"确定" ，完成路径草图绘制。

创建一个基准面，该基准面与样条曲线端点重合，同时与样条曲线垂直。

单击"基准面 1"在弹出的快捷菜单中单击"草图绘制" 按钮，绘制一半径为 2 的圆，然后添加约束关系，选择圆心和路径，弹出"属性"对话框选择"穿透" 。如图 4 - 25 所示。单击确定 ，完成轮廓草图绘制。

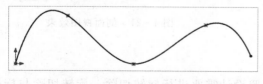

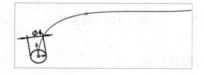

图 4 - 24 路径草图 图 4 - 25 轮廓草图

单击"特征"工具栏上的"扫描"按钮 ，或者单击下拉菜单"插入"—"凸台/基体"—"扫描"命令，弹出"扫描"属性对话框，如图 4 - 26 所示。在"轮廓和路径"一栏中选择刚刚绘制的路径和轮廓草图，设置如图 4 - 26，单击"确定" ，完成扫描特征，得到如图 4 - 27 中图形。

图4-26　"扫描"
属性对话框

图4-27　扫描特征

（2）带引导线的扫描方式

首先绘制路径草图，单击"前视基准面"，在弹出的快捷菜单中单击"草图绘制"按钮，绘制图4-28的草绘图形作为路径，单击"确定"，完成路径草图绘制。

绘制引导线草图。单击"前视基准面"，在弹出的快捷菜单中单击"草图绘制"按钮，绘制图4-29的样条曲线作为引导线，注意两端点与路径直线平齐，单击确定，完成草图绘制。

绘制轮廓草图。单击"上视基准面"，在弹出的快捷菜单中单击"草图绘制"按钮，绘制圆，圆心在原点，同时与引导线的端点重合，如图4-30，单击"确定"，完成草图绘制。

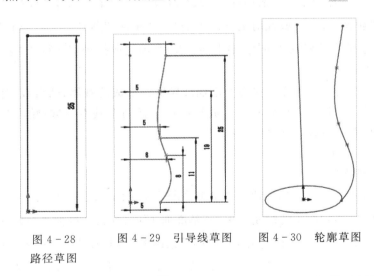

图4-28　　　　图4-29　引导线草图　　　图4-30　轮廓草图
路径草图

单击"特征"工具栏上的"扫描"按钮，弹出如图4-31所示"扫描"属性对话框。分别激活"轮廓和路径"下的"路径"和"轮廓草图"列表框，在图形区中分别选择刚刚绘制的路径和轮廓草图，激活"引导线"列表框在图形区中选择图4-29的图形，对话框设置如图4-31，单击"确定"即完成扫描特征，得到的图形如图4-32所示。

（3）薄壁特征的扫描方式

在上面的例子中，在属性对话框中，勾选"薄壁特征"复选框，将壁厚设定为2mm。单击

"确定" 💷即完成扫描薄壁特征,如图 4 – 33 中图形。

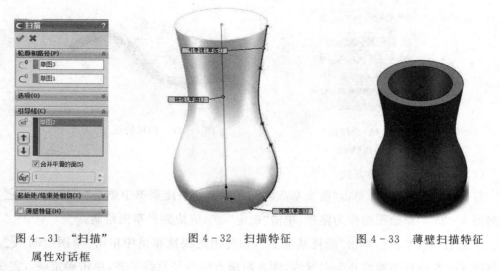

图 4 – 31 "扫描"　　　　　图 4 – 32　扫描特征　　　　　图 4 – 33　薄壁扫描特征

属性对话框

2)扫描切除

扫描切除特征利用扫描的方式在现有的实体上进行切除操作,其操作方式与扫描方式类似。

单击"特征"工具栏上的"扫描切除"按钮 💷,或者单击下拉菜单"插入"—"切除"—"扫描"命令,弹出"切除-扫描"属性对话框。分别激活"轮廓和路径"下的"路径" 💷和"轮廓草图" 💷列表框,选择路径和轮廓草图,单击"确定" 💷即完成扫描切除特征,这里不再赘述。

4. 放样特征

放样特征是指按一定顺序连接多个剖面或轮廓而形成的基体、凸台或切除的特征,放样特征也分为放样凸台和放样切割特征。放样特征包括两个基本参数:轮廓与引导线。其中引导线并非是必需的参数,而轮廓至少是两个。

1)放样凸台/基体

(1)凸台放样特征

单击"前视基准面",在弹出的快捷菜单中单击"草图绘制" 💷按钮,绘制图 4 – 34 的草绘图形,单击确定 💷,完成轮廓 1 的绘制。单击"基准面 1"(与前视基准面平行),在弹出的快捷菜单中单击"草图绘制" 💷按钮,绘制图 4 – 35 的草绘图形,单击确定 💷,完成轮廓 2 的绘制。

单击"特征"工具栏上的"放样"按钮 💷,弹出"放样"属性对话框,如图 4 – 36 所示。激活"轮廓"列表框,在图形区中依次选择草图 1 和草图 2,如图 4 – 36,在选草图时注意选取的位置,系统自动根据选择的位置来确定起始点,然后点对点放样,单击"确定" 💷即完成放样特征,如图 4 – 37 中图形。

(2)"起始/结束约束"参量意义

在属性对话框中,"起始/结束约束"是应用约束以控制开始和结束轮廓的相切,这些选项有默认、无、方向向量和垂直于轮廓。具体意义如下:

①"默认"(至少三个轮廓时使用)近似在第一个和最后一个轮廓之间刻画的抛物线。该抛物线中的相切约束驱动放样曲面,在未指定匹配条件时,所产生的放样曲线更具可预测性且更自然。

②"无"没有应用相切约束。

③"方向向量"根据需要为方向向量的所选实体而应用相切约束。选择一方向向量,然后设定拔模角度和起始或结束处相切长度。

④"垂直于轮廓"应用垂直于开始或结束轮廓的相切约束。设定拔模角度和起始或结束处相切长度。

(3)薄壁特征

操作与放样凸台操作基本一致,在属性对话框中勾选"薄壁特征"复选框,设置薄壁厚度即可,设置厚度为 2mm,得到如图 4 - 38 所示的图形。

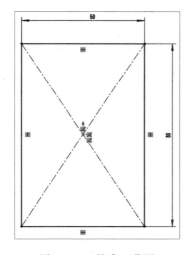
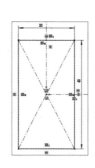

图 4 - 34 轮廓 1 草图 　　图 4 - 35 轮廓 2 草图 　　图 4 - 36 "放样"对话框

图 4 - 37 放样特征预览 　　图 4 - 38 薄壁特征

2)放样切割

切除放样特征就是利用放样的方式在现有的实体上进行切除操作的特征,其操作方式与放样凸台方式相似。

单击"特征"工具栏上的"放样切割"按钮🔳,弹出"切除－放样"属性对话框。激活"轮廓"列表框,在图形区中依次选择图 4-39 所示的两个草图,单击"确定"✅ 即完成放样切割特征,得到如图 4-40 中的图形。

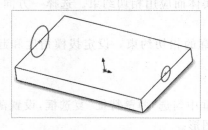
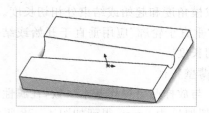

图 4-39　放样切割草图　　　　　　图 4-40　放样切割

5. 参考几何体

SolidWorks 软件提供了三个草图基准面:前视基准面、上视基准面和右视基准面。利用这三个基准面建立草图,可以完成大部分基础特征的建模,但是对于有些基础特征而言,这三个基准面不足以完成特征草图的建立。所以 SolidWorks 中提供了生成参考几何体的功能,参考几何体包括基准面、基准轴和点等基本几何元素,工具栏如图 4-41 所示。这些基本元素可作为其他几何体构建时的参照物,在创建零件的一般特征、曲面、零件的剖切面及装配中起着非常重要的作用。

1)基准面

在创建一般特征时,如果模型上没有合适的平面,用户可以创建基准面作为特征截面的草图平面及其参照平面。基准面的大小可以调整,以使其看起来适合零件、特征、曲面、边等。

单击"特征"工具栏中"参考几何体"旁的黑三角符号下的"基准面"◇ 按钮,将出现图4-42 所示"基准面"属性对话框。在"信息"栏中会提示基准面的生成状态,当提示"完全定义"时,才能生成基准面。"基准面"属性管理器提供了三个参考选择栏,可以选择点、线或面作为参考生成基准面。

图 4-41　"参考几何体"　　图 4-42　"基准面"
　　　　　工具栏　　　　　　　属性对话框

　　基准面的主要创建方法有通过直线/点、点和平行面、两面夹角、等距距离、垂直于曲线和曲面切平面 6 种,具体如下:

　　(1)通过直线/点

　　生成一个通过已有边线、基准轴、草图线及已有点的基准面,在"基准面"属性对话框中,激活"第一参考"列表框,在图形区中选择直线,激活"第二参考"列表框,在图形区中选择一点,如图 4-43 所示。

 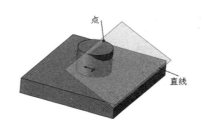

图 4-42　"基准面"　　　　　图 4-43　通过直线/点
　　　属性对话框　　　　　　　　　　生成基准面

　　(2)点和平行面

　　生成一个平行于已有基准面或实体面并通过某已知点的基准面,在"基准面"属性对话框中,激活"第一参考"列表框,在图形区中选择平面,位置关系为"平行",激活"第二参考"列表框,在图形区中选择一点,如图 4-44 所示。

 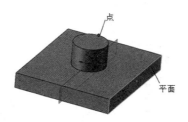

图 4-44　点和平行面的属性对话框和生成基准面

　　(3)两面夹角

　　生成一个与已有基准面或实体面成一定角度,并通过某已知直线的基准面,在"基准面"

属性对话框中,激活"第一参考"列表框,在图形区中选择平面,位置关系为"两面夹角" 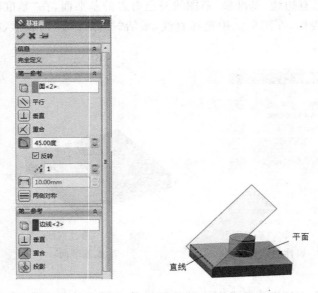,
设置角度为45度激活"第二参考"列表框,在图形区中选择一直线,位置关系为"重合" ,如
图4-45所示。

图4-45 两面夹角的属性对话框和生成基准面

(4)等距距离

生成一个与已有基准面或实体面成指定距离的基准面,在"基准面"属性对话框中,激活
"第一参考"列表框,在图形区中选择平面,位置关系为"偏移距离" 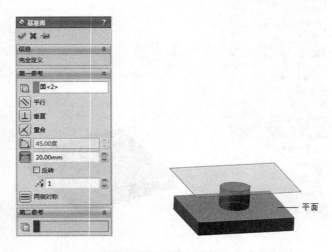,输入距离值,如图4-
46所示。

图4-46 等距距离的属性对话框和生成基准面

(5)垂直于曲线

生成一个通过某个已知点,并与已有曲线垂直的基准面,在"基准面"属性对话框中,激

活"第一参考"列表框,在图形区中选择一点,位置关系为"重合",激活"第二参考"列表框,在图形区中选择一曲线,位置关系为"垂直",如图4-47所示。

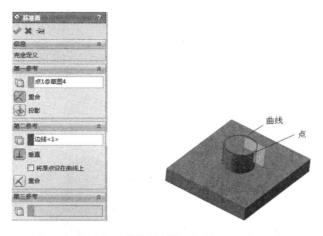

图4-47 垂直于曲线的属性对话框和生成基准面

（6）曲面切平面

生成一个通过某个已知点,并与已有曲面相切的基准面,在"基准面"属性对话框中,激活"第一参考"列表框,在图形区中选择一曲面,位置关系为"相切",激活"第二参考"列表框,在图形区中选择一点,位置关系为"重合",如图4-48所示。

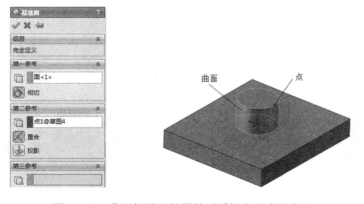

图4-48 曲面切平面的属性对话框和生成基准面

2）基准轴

基准轴是在零件设计过程中建立的轴线,基准轴可以用作特征创建时的参照,如圆周阵列、创建基准面、同轴装配等。在Solidworks中,圆柱、圆锥、圆台这些回转体自身的中轴线被默认为临时轴,临时轴是由模型中的圆锥和圆柱等隐含生成的,在需要显示时,可以单击"视图"—"观阅临时轴"按钮。

单击"特征"工具栏中"参考几何体"旁的黑三角符号下的"基准轴"按钮,将出现"基准轴"属性对话框,如图4-49所示。基准轴的创建方法有五种:一直线/边线/轴、两平面、两点/顶点、圆柱/圆锥面、点和面/基准面。

（1）一直线/边线/轴

通过选择一草图直线、实体边线或轴来生成基准轴。在"基准轴"属性对话框，激活"参考实体" 列表框，在图形区中选择一边线，创建方法选择"一直线/边线/轴" 。如图 4-50 所示。

图 4-49　"基准轴"　　　　图 4-50　一直线/边线/轴
属性对话框　　　　　　　　生成基准轴

（2）两平面

选择两个相交平面，两者的交线为基准轴。在"基准轴"属性对话框中，激活"参考实体" 列表框，在图形区中选择两个相交平面，创建方法选择"两平面" 。如图 4-51 所示。

（3）两点/顶点

选择两已知点（顶点、点或重点等）为基准轴。在"基准轴"属性对话框中，激活"参考实体" 列表框，在图形区中选择两个点，创建方法选择"两点/顶点" 。如图 4-52 所示。

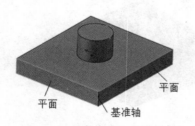

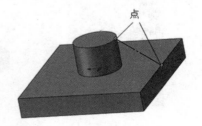

图 4-51　两平面生成基准轴　　　　图 4-52　两点/顶点生成基准轴

（4）圆柱/圆锥面

通过选择圆柱或圆锥表面生成基准轴。在"基准轴"属性对话框中，激活"参考实体" 列表框，在图形区中选择圆柱面，创建方法选择"圆柱/圆锥面" 。如图 4-53 所示。

（5）点和面/基准面

通过选择一个曲面（或基准面）和点，生成垂直于所选取面，并通过所选点的基准轴。在"基准轴"属性对话框中，激活"参考实体" 列表框，在图形区中选择一实体面和点，创建方法选择"点和面/基准面"。如图 4 - 54 所示。

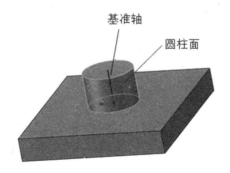

图 4 - 53　圆柱/圆锥面生成基准轴

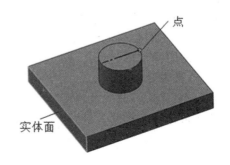

图 4 - 54　点和面/基准面生成基准轴

3）点

参考点主要用于空间定位,同时在创建曲面时较常用。单击"特征"工具栏中"参考几何体"旁的黑三角符号下的"点"按钮,将出现"点"属性对话框,如图 4 - 55 所示。点的创建方法有五种:圆弧中心、面中心、交叉点、投影、沿曲线距离等。

（1）圆弧中心

通过圆弧中心方式生成的参考点位于所选圆弧的圆心处。在"点"属性对话框中,激活"参考实体"列表框,在图形区中选择一圆弧,创建方法选择"圆弧中心"。如图 4 - 56 所示。

图 4 - 55　"点"属性对话框

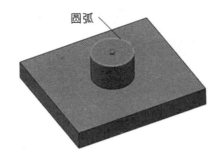

图 4 - 56　圆弧中心生成参考点

（2）投影

投影方式是指将所选的点投影到所选的面上生成参考点。在"点"属性对话框中,激活"参考实体"列表框,在图形区中选择一平面和一点,创建方法选择"投影"。如图 4 - 57所示。

(3)沿曲面距离或多个参考点

沿曲面距离或多个参考点是指沿边线、曲线或草图线段生成一组参考点的方式。选择曲线后,有三种选项来生成参考点:距离、百分比和均匀分布。

距离:按设定的距离生成参考点。第一个参考点并非在所选曲线的端点上生成,而是距端点按设定的距离生成。

百分比:按设定的百分比生成参考点。

均匀分布:在所选曲线上均匀分布参考点。

另外还可以设定参考点的"数量"。如在"点"属性对话框中,激活"参考实体"列表框,在图形区中选择一边线,创建方法选择"沿曲面距离或多个参考点",设定距离为10mm,数量为3,单击"确定",生成3个参考点,如图4-58所示。

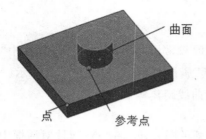

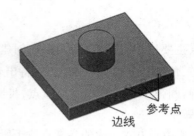

图 4-57　投影生成参考点　　　　　图 4-58　沿曲面距离或多个参考点

4)创建坐标系

坐标系主要是定义零件或装配体的坐标系,此坐标系通常与测量和质量属性工具一同使用。单击"特征"工具栏中"参考几何体"旁的黑三角符号下的"坐标系"按钮,将出现"坐标系"属性对话框,如图4-59所示。激活"原点"列表框,在图形区中选择顶点,激活"X轴"列表框,在图形区中选择边线1,激活"Y轴"列表框,在图形区中选择边线2,注意方向,单击"确定",生成一个新坐标系,如图4-60所示。

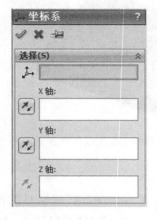

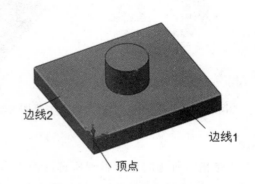

图 4-59　"坐标系"属性对话框　　　　图 4-60　创建坐标系

三、基本实体编辑

1. 孔特征

孔特征是在模型上生成各种类型的孔。在平面上放置孔并设置深度,可以通过标注尺寸的方法定义它的位置。SolidWorks 软件提供了两种生成孔特征的方法:简单直孔和异形孔向导。

1)简单直孔

单击下拉菜单"插入"—"特征"—"孔"—"简单直孔" 命令,提示"为孔中心选择平面上的一位置",单击顶面作为孔的放置平面,弹出"孔"属性对话框,如图 4-61 所示。在属性对话框中设定参数,"终止条件"选择"完全贯穿","孔直径" ⊘设定 15mm。单击"确定" ✓,生成孔特征。

然后需要对孔的位置进行定位,右键单击特征管理器中新添加的孔特征选项,在系统弹出的快捷菜单中,选择"编辑草图" 选项,选择"正视于" ↥,进入草绘环境,对孔的位置进行如图 4-62 所示的设置,单击"确定" ✓,生成孔特征。如图 4-63 所示。

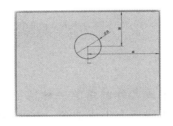

图 4-61	图 4-62　孔草图编辑	图 4-63　简单孔特征
"孔"对话框		

2)异形孔向导

异形孔向导生成具有复杂轮廓的孔,它是按照相关工业标准定义的,主要包括柱形沉头孔、锥形沉头孔、直螺纹孔、锥形螺纹孔和旧制孔等五种类型的孔。异形孔的类型和定位都是在"孔规格"属性管理器中完成的。

单击"特征"工具栏上的"异形孔向导"按钮 ,或者单击下拉菜单"插入"—"特征"—"孔"—"异形孔向导"命令,弹出"孔规格"属性对话框,如图 4-64。

首先设置孔规格的属性定义,在"孔类型"中选择"柱形沉头孔" ,"标准"选择"GB","类型"中选择"六角头螺栓 C 级","孔规格"中"大小"选择"M16","配合"为"正常"。若需要单独设定大小,勾选"显示自定义大小"复选框。"终止条件"选择"完全贯穿"。"选项"中设定沉头尺寸。如图 4-64 所示。

单击"孔规格"属性对话框中的"位置"选项卡,提示选择一个平面来放置孔,选择顶面作为放置平面。此时光标处于"绘制点"状态,在顶面上添加 1 个点,并对该点进行标注尺寸,如图 4-65 所示。单击"确定" ✓,生成异形孔特征。如图 4-66 所示。

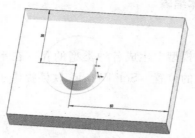

图4-65 孔草图编辑

图 4-64
"孔规格"对话框

图 4-66 柱形沉头孔特征

2. 圆角特征

圆角特征是在零件上生成内圆角或者外圆角的一种特征,可以在一个面的所有边线上、所选的多组面上、所选的边线或边线环上生成圆角。在生成圆角特征时应该注意以下几点:

a. 在添加小圆角之前添加较大圆角。当有多个圆角汇集在一个顶点时,先生成较大的圆角。

b. 在生成圆角前先添加拔模特征。如果要生成具有多个圆角边线及拔模面的注模零件,在大多数情况下,应在添加圆角之前添加拔模特征。

c. 最后添加装饰用的圆角。在大多数其他几何体定位后尝试添加装饰圆角,添加时间越早,系统重建零件需要花费的时间越长。

d. 如果要加快零件重建的速度,使用一次生成一个圆角的方法处理需要相同半径圆角的多条边线。

单击"特征"工具栏上的"圆角"按钮 🍥,或者单击下拉菜单"插入"—"特征"—"圆角"命令,弹出"圆角"属性对话框。在"手工"模式下,"圆角类型"选项如图 4-67。

1)等半径

等半径圆角特征在整个边线上生成具有相同半径的圆角。在系统弹出的"圆角"属性对话框中,系统默认状态位于"手工"选项卡,在"圆角类型"下选择"等半径";在"圆角项目"下的"半径" 📐 文本框中输入半径值"5mm",激活"边线、面、特征和环" 🔲 列表框,在图形区中选择要圆角的面,最后单击"确定" ✅ 按钮,生成圆角特征,如图 4-68 所示。

图 4-67　"圆角"
属性对话框

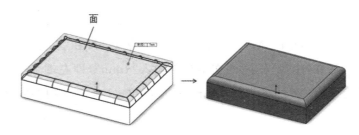

图 4-68　等半径圆角特征

FilletXpert 选项卡可帮助设计者管理、组织和重新排序等半径圆角。

当选择多条边线生成圆角,且边线的圆角半径各不相同时,可以在"等半径"圆角类型中,使用"多半径圆角"选项生成不同半径值的圆角。进行多半径操作时,必须勾选"圆角选项"中的"多半径圆角"复选框。如图 4-69 所示。在绘图区选择"边线 1",在"半径" 文本框中输入"3mm",按回车键确认;用相同的方法定义"边线 2"半径为"5mm","边线 3"半径为"6mm",最后单击"确定" 按钮,生成圆角特征,如图 4-70 所示。

图 4-69　"圆角"
属性对话框

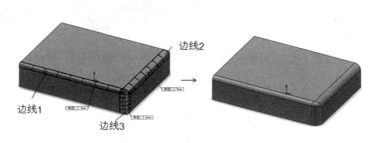

图 4-70　多半径圆角特征

2) 变半径圆角

变半径圆角用于在同一条边线上生成变半径数值的圆角,通过使用控制点来定义变半径圆角。

在系统弹出的"圆角"属性对话框中,"圆角类型"选择"变半径"。激活"圆角项目"下的"边线、面、特征和环" 📄 列表框,在图形区中选择边线,在"变半径参数"下,设置实例数、控制点的半径等参数。如图 4-71 所示。

实例数是所选边线上控制点的数目,不包含起点和终点。在"实例数" 🧩 中输入"2"。在"附加半径" 🎲 列表中选择"V1"然后在"半径"栏 🗡 的文本框中输入 6mm(即左端点半径),按回车键确认;在 🎲 列表中选择"V2"然后在"半径"栏 🗡 的文本框中输入"2mm"(即右端点半径),按回车键确认。在绘图区选择"点 1"(即在 🎲 列表中加入点 1),在 🎲 列表中选择"P1"然后在"半径"栏 🗡 的文本框中输入"4mm"(即左端点半径),按回车键确认,按同样的方法定义"点 2"的半径为"3mm"。最后单击"确定" ✅ 按钮,生成圆角特征,如图 4-72 所示。

图 4-71 "圆角"对话框

图 4-72 变半径圆角特征

3)面圆角

面圆角用于对非相邻或非连续的两组面进行倒圆角操作。

在系统弹出的"圆角"属性对话框中,"圆角类型"栏选择"面圆角"。激活"面组 1" 📄 列表框,在图形区中选择"面 1",激活"面组 2" 📄 列表框,在图形区中选择"面 2",点开"圆角选项",激活"包络控制线"列表框,在图形区中选择"边线 1",如图 4-73 所示。最后单击"确定" ✅ 按钮,生成圆角特征,如图 4-74 所示。

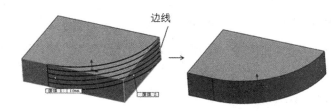

图 4-73　　　　　　　　　　图 4-74　面圆角特征
"圆角"对话框

4)完整圆角

完整圆角用于生成切于 3 个相邻面组成的圆角,中央面将被圆角替代,中央面圆角的半径取决于两个侧边的距离。

在系统弹出的"圆角"属性对话框中,"圆角类型"选择"完整圆角"。激活"面组 1" ◻ 列表框,在图形区中选择"面 1",激活"中央面组" ◻ 列表框,在图形区中选择"面 2",激活"面组 2" ◻ 列表框,在图形区中选择"面 3",如图 4-75 所示。最后单击"确定" ✅ 按钮,生成圆角特征,如图 4-76 所示。

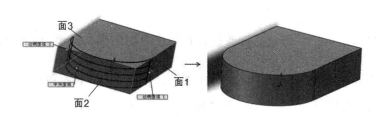

图 4-75　"圆角"　　　　　图 4-76　完整圆角特征
属性对话框

3. 倒角特征

倒角特征是在所选边线、面或顶点上生成倾斜的特征。在零件设计中，倒角的目的是去除锐边。单击"特征"工具栏上的"倒角"按钮 ，或者单击下拉菜单"插入"－"特征"－"倒角"命令，弹出"倒角"属性对话框。如图 4 - 77 所示。

1) 角度距离

"角度距离"倒角是通过设置倒角一边的距离和角度来对所选边线或面进行倒角。在绘制倒角过程中，箭头所指的方向为倒角的距离边，可通过勾选"反转方向"项，改变倒角的距离边。

在系统弹出的"倒角"属性对话框中，"倒角参数"下选择"角度距离"，激活"边线或顶点"□列表框，在图形区中选择倒角边线，在"距离" 文本框中输入"5mm"，"夹角" 文本框中输入 45 度，如图 4 - 77 所示，最后单击"确定" 按钮，生成倒角特征，如图 4 - 78 所示。

图 4 - 77　"倒角"
　　　　　属性对话框

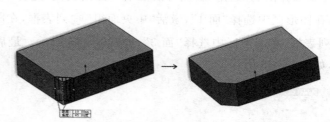

图 4 - 78　"角度距离"倒角特征

2) 距离－距离

"距离－距离"倒角是指通过设置倒角两侧距离的长度，或者通过"相等距离"复选框指定一个距离值进行倒角的方式。

在系统弹出的"倒角"属性对话框中，"倒角参数"下选择"距离－距离"，激活"边线或顶点"□列表框，在图形区中选择倒角边线，在"距离 1" 文本框中输入"10mm"，"距离 2" 文本框中输入"20mm"，如图 4 - 79 所示，最后单击"确定" 按钮，生成倒角特征，如图 4 - 80 所示。

当倒角两侧距离相等时，可以勾选"相等距离"，此时只用设定一个距离即可。

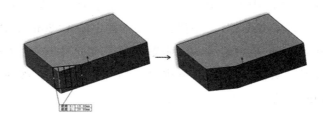

图 4-79　"倒角"属性对话框　　　　　图 4-80　"角度距离"倒角特征

2)"顶点"

"顶点"倒角是指通过设置每侧的三个距离值,或者通过"相等距离"复选框指定一个距离值进行倒角的方式。

在系统弹出的"倒角"属性对话框中,"倒角参数"下选择"顶点",激活"边线或顶点" 🗂 列表框,在图形区中选择一个顶点,在"距离 1" 🔧 文本框中输入"10mm","距离 2" 🔺 文本框中输入"20mm",在"距离 3" 🔧 文本框中输入"15mm",如图 4-81 所示,最后单击"确定" ✔ 按钮,生成倒角特征,如图 4-82 所示。

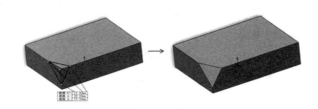

图 4-81　"倒角"对话框　　　　　图 4-82　"角度距离"倒角特征

4．阵列特征

阵列特征功能就是按照一定的方式复制源特征。阵列方式分为线性阵列、圆周阵列、曲线驱动的阵列、草图驱动的阵列、表格驱动的阵列和填充阵列等。

1)线性阵列

线性阵列是将特征沿一条或两条直线路径阵列。

单击"特征"工具栏上的"线性阵列"按钮 ，或者单击下拉菜单"插入"—"阵列/镜向"—"线性阵列"命令，弹出"线性阵列"属性对话框。如图 4 - 83 所示。激活"要阵列的特征"列表框，在图形区中选择图 4 - 84 中的孔特征；激活"方向 1"的"阵列边线"列表框，在图形区中选择"边线 1"，在"间距"文本框中输入"20mm"，"实例数"文本框中输入"5"；激活"方向 2"的"阵列边线"列表框，在图形区中选择"边线 2"，在"间距"文本框中输入"30mm"，"实例数"文本框中输入"3"；单击"反向"按钮调节预览效果。最后单击"确定"按钮，结果如图 4 - 84 所示。

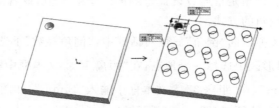

图 4 - 83 "线性阵列"   图 4 - 84 线性阵列特征
　　　　属性对话框

如果有些实例不需要，可以通过"可跳过的实例"进行选择，点开"可跳过的实体"，在阵列图形中出现几个红色点，选择中间的三个孔，单击"确定"，结果如图 4 - 85 所示。

若在方向 2 中勾选只阵列源，则在方向 2 中只阵列源特征，结果如图 4 - 86 所示。

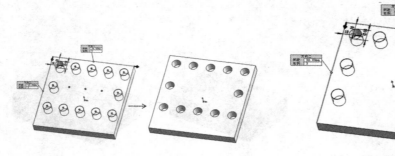

图 4 - 85 可跳过的实例特征阵列　　　　　　图 4 - 86 只阵列源

2）圆周阵列

圆周阵列是将源特征围绕指定的轴线复制多个特征。旋转轴线可以是实体边线、基准轴和临时轴。被阵列的实体可以是一个或多个实体。

单击"特征"工具栏上的"圆周阵列"按钮 ，或者单击下拉菜单"插入"—"阵列/镜向"—"圆周阵列"命令，弹出"圆周阵列"属性对话框。如图 4 - 87 所示。激活"要阵列的特征"列表框，在图形区中选择图 4 - 88 中的孔特征；激活"阵列轴线"列表框，在图形区中选择圆柱面（默认圆柱面的轴线），在"总角度"文本框中输入"360 度"，"实例数"文本框中输入"10"；勾选"等间距"复选框，最后单击"确定"按钮，结果如图 4 - 88 所示。

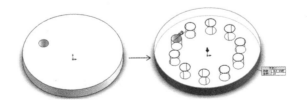

图 4 - 87　"圆周阵列"
属性对话框

图 4 - 88　圆周阵列特征

3）曲线驱动的阵列

曲线驱动的阵列是指沿平面曲线或空间曲线生成的阵列实体。

单击"特征"工具栏上的"曲线驱动的阵列"按钮 ，或者单击下拉菜单"插入"—"阵列/镜向"—"曲线驱动的阵列"命令，弹出"曲线驱动的阵列"属性对话框，如图 4 - 89 所示。激活"阵列方向"列表框，在图形区中选择曲线边线，在"实例数"文本框中输入"20"，勾选"等间距"复选框，"曲线方法"选择"等距曲线"，"对齐方法"选择"与曲线相切"，激活"要阵列的特征"列表框，在图形区中选择"六角孔"，单击"确定"按钮，结果如图 4 - 90 所示。

图 4 - 89 "曲线驱动的
阵列"属性对话框

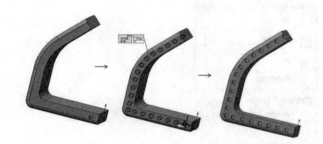

图 4 - 90　曲线驱动的阵列特征

4)草图驱动的阵列

草图驱动的阵列是指将源特征按照草图中的草图点进行阵列操作。

在图 4 - 91 中的面 1 中绘制图 4 - 92 的点作为驱动草图,然后退出草绘环境。单击"特征"工具栏上的"草图驱动的阵列"按钮 🎯,或者单击下拉菜单"插入"—"阵列/镜向"—"草图驱动的阵列"命令,弹出"曲线驱动的阵列"属性对话框,如图 4 - 93 所示。激活"参考草图" 🎯 列表框,在图形区中选择刚刚的驱动草图,"参考点"为"重心",激活"要阵列的特征"列表框,在图形区中选择图 4 - 91 中的圆孔。单击"确定" ✅ 按钮,结果如图 4 - 94 所示。

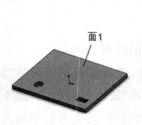

图 4 - 91　原始模型

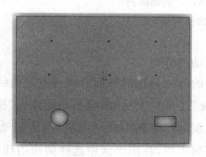

图 4 - 92　驱动草图

图 4-93 "草图驱动的
阵列"属性对话框

图 4-94 阵列结果

5) 表格驱动的阵列

表格驱动的阵列是指使用 $X-Y$ 坐标对源特征进行阵列操作。

首先需要新建坐标系,单击"插入"—"参考几何体"—"坐标系"命令,建立如图 4-95 所示的坐标系。然后单击"特征"工具栏上的"表格驱动的阵列"按钮 ,或者单击下拉菜单"插入"—"阵列/镜向"—"表格驱动的阵列"命令,弹出"表格驱动的阵列"属性对话框,如图 4-96 所示。激活"坐标系"列表框,选择刚创建的"坐标系 1";激活"要复制的特征"列表框,在图形区中选择图 4-95 中的阵列源方形孔;在"参考点"中选择"所选点",激活列表框,选择方形的一个顶点作为参考点;观察点 0 的坐标,为阵列源的坐标值,双击点 1 的 X 和 Y 的文本框,输入阵列的坐标值,重复步骤,输入点 2 和点 3 的坐标值,具体数值见图 4-96,单击"确定",结果如图 4-97 所示。

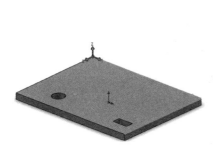

图 4-95 创建坐标系

图 4-96 "表格驱动的
阵列"属性对话框

图 4-97 阵列结果

6）填充阵列

填充阵列就是将源特征复制到指定的区域，一般为草图区域，并在指定的区域内形成多个副本的特征。

首先需要绘制填充草图，单击图 4 - 98 中的面，在弹出的快捷菜单中单击"草图绘制"，进入草绘环境，绘制如图 4 - 99 的草绘图形，退出草绘。然后单击"特征"工具栏上的"填充阵列"按钮，或者单击下拉菜单"插入"—"阵列/镜向"—"填充阵列"命令，弹出"填充阵列"属性对话框，如图 4 - 100 所示。激活"填充边界"列表框，在图形区中选择刚绘制的草图，在"阵列布局"中选择；在"实例间距"文本框中输入"20mm"；在"交错断续角度"文本框中输入"30 度"；在"边距"文本框中输入"0mm"；激活"阵列方向"列表框，在图形区中选择图 4 - 98 中的"边线 1"；激活"要阵列的特征"列表框，在图形区中选择图 4 - 98 中的小圆孔。单击"确定"按钮，结果如图 4 - 101 所示。

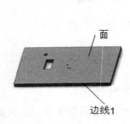
图 4 - 98 原始模型

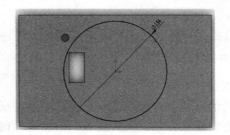
图 4 - 99 驱动草图

图 4 - 100
"填充阵列"对话框

图 4 - 101 填充阵列结果

5. 筋特征

零件设计时，为了增加零件的强度而使用加强筋的设计。筋特征是从绘制的开环轮廓所生成的特殊类型的拉伸特征，在草图轮廓和现有零件之间添加指定方向和厚度的材料。

首先绘制筋特征草图，在图 4 - 102 中的"基准面 1"中绘制图 4 - 103 草图，退出草绘环境。然后单击"特征"工具栏上的"筋"按钮 🔧，或者单击下拉菜单"插入"—"特征"—"筋"命令，单击刚刚绘制的草图，弹出"筋"属性对话框，如图 4－104 所示。在"厚度"中选择"两侧"
≡；在"筋厚度" 🔧 文本框中输入"1mm"；调整"拉伸方向"调整观察筋的生成情况；类型为"线性"；单击"确定" ✅ 按钮，结果如图 4－105 所示。

图 4－102　原始模型

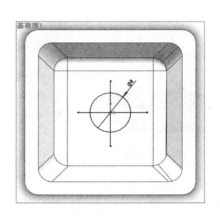

图 4－103　驱动草图

图 4－104　"筋"属性对话框

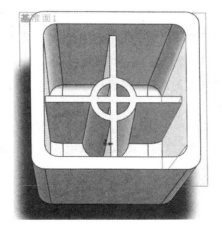

图 4－105　筋特征效果

6. 拔模特征

注塑件和铸件通常需要一个拔模斜度才能顺利脱模。拔模特征就是在现有的零件上插入拔模斜度，也可在拉伸特征时设定拔模斜度。

拔模主要有三种类型：中性面拔模、分型面拔模和阶梯拔模。

单击"特征"工具栏上的"拔模"按钮 🔲，或者单击下拉菜单"插入"—"特征"—"拔模"命令，弹出"拔模"属性对话框，如图 4－107 所示。在"拔模类型"中选择"中性面"；在"拔模角度" 🔲 文本框中输入"10 度"，激活"中性面"列表框，在图形区中选择图 4－106 中的"面 1"，单击 🔲 控制方向，激活"拔模面"列表框，在图形区中选择图 4－106 中的圆柱面，单击"确定"

按钮,结果如图 4 – 108 所示。

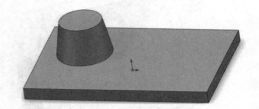

图 4 – 106　原始模型　　　　图 4 – 107　"拔模"　　　　图 4 – 108　拔模特征
　　　　　　　　　　　　　　　属性对话框

7. 抽壳特征

抽壳特征是通过一些表面指定壁厚并删除其余部分来使实体"掏空"的操作,即抽壳工具会使所选的面敞开,并在剩余的面上生成薄壁特征。用户可以选择被删除的面,如果没有选择模型上的任何面,可抽壳一实体零件,生成一个闭合的空腔。所形成的空心实体可分为等厚度和不等厚度两种。

单击"特征"工具栏上的"抽壳"按钮 ,或者单击下拉菜单"插入"–"特征"–"抽壳"命令,弹出"抽壳"属性对话框,如图 4 – 110 所示。在"参数"中的"厚度" 文本框中输入"1mm",激活"移出的面" 列表框,在图形区中选择底面。单击"确定" 按钮,结果如图 4 – 111 所示。

在刚刚的属性栏中,激活"多厚度设定"的"多厚度的面"列表框,在图形区中选择图 4 – 109 中的"面 1",在"厚度" 文本框中输入"3mm",单击"确定" 按钮,效果如图 4 – 112 所示。

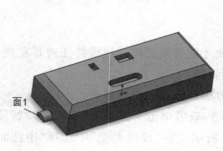

图 4 – 109　原始模型　　　　　　图 4 – 110　"抽壳"
　　　　　　　　　　　　　　　　　属性对话框

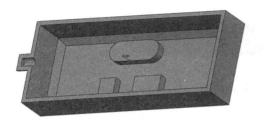

图 4-111 抽壳特征

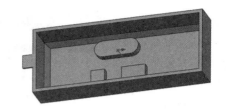

图 4-112 多厚臂抽壳

8. 镜向特征

镜向特征就是将源特征相对于一个平面进行对称复制的特征。镜向可以分为镜向特征和镜向实体。

1) 镜向特征

单击"特征"工具栏上的"镜向"按钮，或者单击下拉菜单"插入"—"阵列/镜向"—"镜向"命令，弹出"镜向"属性对话框，如图 4-113 所示。激活"镜向面/基准面"列表框，在设计树中选择"右视基准面"，激活"要镜像的特征"列表框，在图形区中选择图 4-114 中的孔特征。单击"确定"按钮，结果如图 4-114 所示。

图 4-113 "镜向"属性对话框

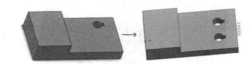

图 4-114 镜向特征

2) 镜向实体

在"镜向"属性对话框中定义参数，激活"镜向面/基准面"列表框，在设计中选择"上视基准面"，激活"要镜像的实体"列表框，在图形区中单击实体上一点。单击"确定"按钮，结果如图 4-115 所示。

图 4 - 115　镜向实体

9. 圆顶特征

圆顶特征是对模型的一个面进行变形操作,生成圆顶型凸起特征。

单击"特征"工具栏上的"圆顶"按钮 🛢 ,或者单击下拉菜单"插入"—"特征"—"圆顶"命令,弹出"圆顶"属性对话框,如图 4 - 116 所示。激活"到圆顶的面" 🗔 列表框,在图形区中选择六棱柱的顶面,在"距离" 🖍 文本框中输入"20mm",单击"确定" ✅ 按钮,结果如图 4 - 117 所示。若在管理器中不选"连续圆顶"复选框,则生成的圆顶图形如图 4 - 118 所示。

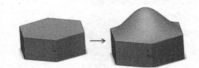

图 4 - 116　"圆顶"属性对话框　　　　　　图 4 - 117　圆顶特征

图 4 - 118　非连续圆顶特征　　　　图 4 - 119　"包覆"属性对话框

10. 包覆特征

包覆特征是将草图包裹到平面或非平面。该特征支持轮廓选择和草图再用,也可以将包覆特征投影至多个面上。包覆特征类型有三种:浮雕、蚀雕和刻划。浮雕是在面上生成一突起特征;蚀雕在面上生成一缩进特征;刻划在面上生成一草图轮廓的压印。

单击"特征"工具栏上的"包覆"按钮 📦,或者单击下拉菜单"插入"—"特征"—"包覆"命令,提示绘制或旋转一闭合轮廓的基准面,单击要投影的草图,弹出"包覆"属性对话框,如图4-119所示。在"包覆参数"下选择"浮雕",激活"包覆草图的面"列表框,在图形区中选择图4-120中的圆柱面,在"厚度" 🔏 文本框中输入"5mm"。单击"确定" ✅ 按钮,结果如图4-120所示。

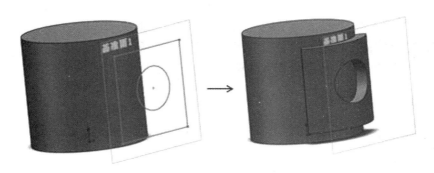

图4-120 浮雕效果

若在"包覆参数"下选择"蚀雕",结果如图4-121所示。若在"包覆参数"下选择"刻划",结果如图4-122所示。

图4-121 蚀雕效果

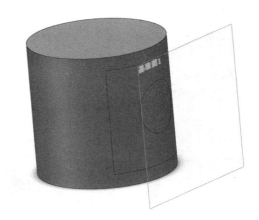

图4-122 刻划效果

四、其他功能

1. 设计树

SolidWorks的设计树一般出现在窗口左侧,它的功能是以树的形式显示当前活动模型中的所有特征或零件,在树的顶部显示主对象,并将从属对象(零件或特征)置于其下。在零件模型中,设计树列表的顶部是零部件名称,下方是每个特征的名称;在装配体模型中,设计树列表的顶部是总装配,总装配下是各子装配和零件,每个子装配下方则是该子装配中每个零件的名称,每个零件名下方是零件各个特征的名称。

可以在设计树中选取对象、更改项目名称、使用快捷命令、确认和更改特征的生成顺序,以及添加自定义文件夹以插入特征。

1)退回特征

退回特征可以查看某一特征生成前后模型的状态,可以临时退回到零件模型的早期状态。

在设计树的最低端有一条粗实线,该线为"退回控制棒",如图 4-123 所示。当鼠标移动至"退回控制棒"上时,光标变为手形，利用鼠标左键拖动"退回控制棒"往上移,观察零件实体,发现零件实体上的键槽效果没有了,如图 4-124 所示;相反,拖动"退回控制棒"往下移,零件实体上的全部特征都会显示出来,如图 4-125 所示。

图 4-123　设计树中的
"退回控制棒"

图 4-124　退回特征效果

图 4-125　完整模型效果

也可采用快捷菜单来退回,右键单击某一特征,在快捷菜单中选择"退回" 或者"退回到前""向前推进""退回到尾"选项。读者自行操作。

2)插入特征

插入特征是在前面某个已经建好的特征之前插入一个新特征,是零件设计中一项非常实用的操作。

在设计树中的"退回控制棒"拖到需要插入特征的位置,然后根据设计需要生成新的特征,再将"退回控制棒"拖动到设计树的最后位置,完成特征的插入。

3)压缩和解除压缩特征

(1)压缩特征

当压缩某一特征时,该特征从模型中移除(但并未删除),即该特征从模型视图上消失,并且在设计树中显示灰色。如果该特征有子特征,则子特征也将被压缩。

选择需要压缩的特征,右键单击,在快捷菜单中选择"压缩"选项。或者在快捷菜单中选择"特征属性",在弹出的"特征属性"对话框中勾选"压缩"复选框,然后单击"确定"。压缩后的设计树与零件状态如图 4-126 所示。

(a)压缩后的设计树　　　　　　(b)压缩后的零件图

图 4-126　压缩后的设计树与零件状态

(2)解除压缩

由于被压缩特征已在视图中消失,所以解除压缩的特征必须从模型树中选择需要压缩的特征,而无法从视图中选择该特征的一个面。

操作与解除压缩方法类似。选择需要解除压缩的特征,右键单击,在快捷菜单中选择"解除压缩"选项。或者在快捷菜单中选择"特征属性",在弹出的"特征属性"对话框中取消"压缩"复选框的选择,然后单击"确定",则回到正常模式显示。

2. 特征的编辑

当特征创建完毕,若发现特征并非理想状态,则需要对特征进行重新定义。出现特征并非理想所得的原因可能是特征生成时的参数有误,也可能是生成特征的截面草图有误,所以特征的重新定义分为两个方面,重新定义特征的属性和重新定义特征的截面草图。

1)重新定义特征的属性

在模型树中右键单击"凸台-拉伸 2",在弹出的快捷键中选择"编辑特征",系统弹出该特征的属性管理器,如图 4-127 所示,将"深度"文本框中改为"50mm",单击"确定"按钮,结果如图 4 - 128 所示。

图 4 - 127 "凸台一拉伸 2"
属性对话框

图 4 - 128 重新定义的特征属性

2)重新定义特征的截面草图

在设计树中右键单击"拉伸一凸台 2"在弹出的快捷菜单中选择"编辑草图" ，此时，系统进入特征"拉伸一凸台 2"的草图编辑状态，在此状态下可以对草图尺寸进行重新标注。在草图编辑状态下，将圆的直径改为 70，单击退出草图，则相应的特征也会随之改变，如图 4 - 129 所示。

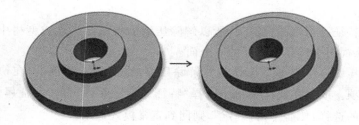

图 4 - 129 编辑草图

3)快速修改草图尺寸、特征定义尺寸

在设计树中双击特征"凸台一拉伸 1"(或在绘图区单击对应的特征)，此时该特征的所有尺寸都显示出来，如图 4 - 130 所示，包括草图尺寸和特征定义尺寸。在绘图区单击尺寸"10"，在出现的窗口中输入"30"，然后在绘图区的空白区单击，则该特征尺寸修改完毕；单击工具栏"重建模型" ，其效果如图 4 - 131 所示。

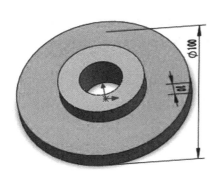
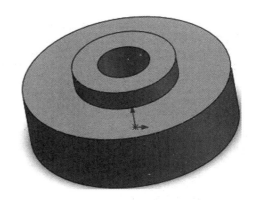

图 4-130　显示特征的所有尺寸　　　　图 4-131　尺寸修改后的效果

3. 删除特征

当生成的特征并非理想所得时,可将该特征删除。

在特征管理器中,右键单击"切除—拉伸 1",在快捷菜单中选择"删除"选项,如图 4-132 所示,此时系统弹出"确认删除"对话框,如图 4-133 所示,若勾选"同时删除内含的特征"项,则连同特征的草图一同删除,单击"是"完成删除特征操作。

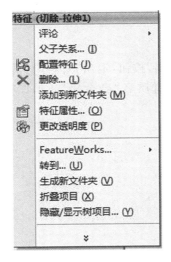
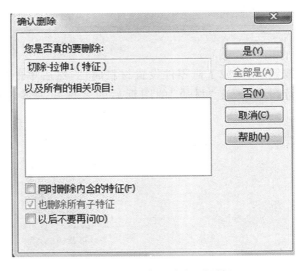

图 4-132　快捷菜单　　　　图 4-133　"确认删除"对话框

4. 零件模型材料属性的定义

当零件设计完成后,对其添加材料属性,以便于计算零件的质量及对零件进行强度校核等操作。

选择下拉菜单"编辑"—"外观"—"材质"菜单命令,或者在左侧的设计树中右键单击"材质"图标 ,在系统弹出的快捷菜单中选择"编辑材料",系统弹出"材料"对话框,如图 4-134 所示。

在"材料"对话框左侧,选择"Solidworks materials"—"钢"—"合金钢"材料,然后点击

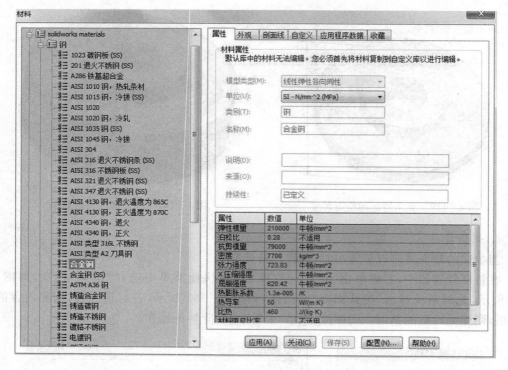

图 4-134 "材料"对话框

"应用"按钮,则完成了对零件设置材料属性,然后单击"关闭"按钮,退出"材料"对话框。此时在设计树中,原来"材质"的图标后的名称变为零件的材质名"合金钢"。如图 4-135 所示。

图 4-135 设计树

第5章 轴承座

一、学习目标

掌握拉伸成形的建模方法；

掌握拉伸与拉伸切除特征的用法，如给定深度，两侧拉伸，拉伸到指定平面等拉伸方法；

掌握筋特征的操作方法。

二、主要内容

1. 项目分析

在 Solidworks 软件中建立轴承座三维模型，其工程图如图 5-1 所示。

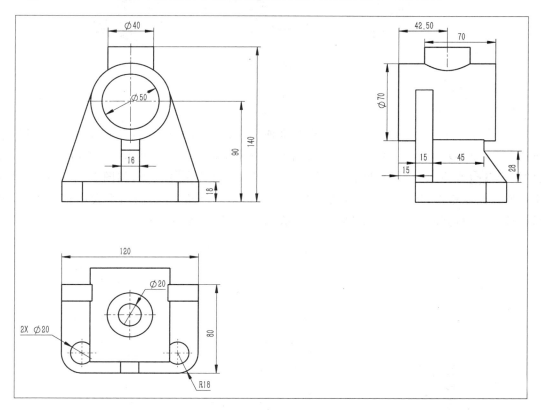

图 5-1　轴承座工程图

该零件由三大部分组成：下底板、同心圆柱和中间部分。在同心圆柱上面有一个凸台，而在同心圆柱和底板之间还有一个肋板。在上面凸台上有一个垂直圆柱通孔钻透到水平圆柱通孔。每个基体都可以通过拉伸创建。建模过程为：

（1）通过拉伸命令创建下底板、同心圆柱然后绘制中间部分。

（2）通过拉伸命令创建上面凸台和中间肋板。

（3）最后利用拉伸切除命令钻出竖直孔。

建模整体思路见图 5-2。

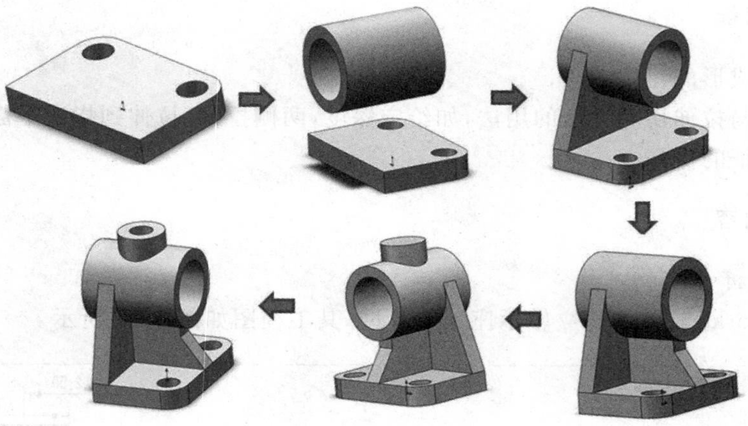

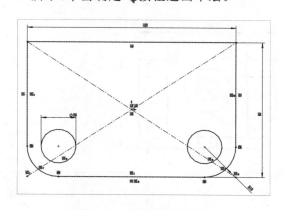

图 5-2　轴承座建模流程图

2. 项目实施

1）创建下底板

（1）新建一个"零件"图。单击"上视基准面"，在弹出的关联菜单中单击"草图绘制" 按钮，进入草绘环境，绘制下底板的草绘图形。首先绘制 120 * 80 的矩形，单击"草图"工具栏"矩形" 命令按钮旁的黑色三角符号，单击""中心矩形 命令，如图 5-3 所示。单击坐标原点绘制矩形，将矩形中心放置在坐标原点。然后倒角，并绘制两个大小相等的圆，最后标注尺寸，得到的草绘图形如图 5-4 所示，单击确定 按钮退出草绘。

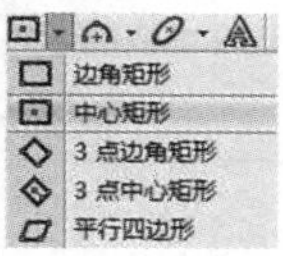

图 5-3　中心矩形命令　　　　　　图 5-4　绘制下底板草图

(2)单击"特征"工具栏中的"拉伸凸台/基体"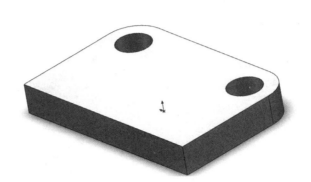_命令拉伸草图,在弹出的"凸台－拉伸"对话框中设置参数,如图5-5所示。在"方向1"中"终止条件"选择"给定深度","深度"文本框中输入"18mm",单击"确定"按钮生成下底板,如图5-6所示。

图5-5　"凸台－拉伸"
对话框

图5-6　下底板模型

2)创建同心圆柱

(1)选中下底板的侧面作为草绘平面,单击侧面弹出关联菜单中的"草图绘制"按钮,如图5-7所示。进入草绘环境,单击"正视于"按钮,绘制同心圆,标注尺寸,如图5-8所示。单击确定按钮退出草绘。

图5-7　选中底板的侧面绘制草图

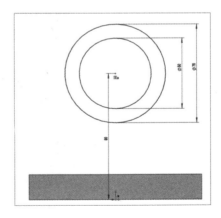

图5-8　绘制同心圆草图

(2)在模型树中选中刚刚绘制的草图,单击"特征"工具栏中的"拉伸凸台/基体"命令,弹出"凸台－拉伸"对话框,设置参数如图5-9所示。在"方向1"中"终止条件"选择"给定深度","深度"文本框中输入"15mm"。勾选方向2激活另外一个方向,"终止条件"选择"给定深度","距离"文本框中输入为"70",预览图如图5-10所示。单击"确定"按钮生成同心圆柱的绘制,如图5-11所示。

图 5-9 "凸台一拉伸"对话框

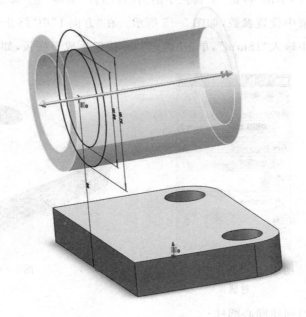

图 5-10 拉伸预览图

图 5-11 拉伸同心圆柱

3)创建中间部分特征

(1)仍然选择下底板的侧面作为草绘平面,单击侧面,在弹出的关联菜单中单击"草图绘制" 按钮,如图 5-12 所示。进入草绘环境,然后单击"正视于" 按钮,绘制草绘图形。首先单击"转换实体引用" 按钮,选择 Φ70 的圆和下底板的上表面,将其投影到草绘平面上。即图 5-13 中标出的"1"和"2",转换实体后的图形出现 绿色图标。

图 5-12　选中底板侧面绘制草图

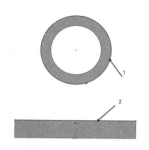

图 5-13　转换实体

然后绘制两条直线与 Φ70 的圆相切。单击"裁剪实体"✂ 命令,弹出"剪裁"对话框,在"选项"中选择"强劲剪裁"匡,将多余图形裁剪,得到的草绘图形如图 5-14所示。按确定 ↪ 按钮退出草绘。

图 5-14　中间部分草绘图形

(2)在模型树中选择刚刚绘制的草图,单击"特征"工具栏中的"拉伸凸台/基体"⬚ 命令,弹出"凸台－拉伸"对话框,设置参数如图 5-15 所示。在"方向1"中"终止条件"选择"给定深度","深度"⬚ 文本框中输入为"15mm",单击⬚ 按钮,设置方向反向。预览图如图 5-16 所示。单击"确定"✔ 按钮完成实体建模,如图 5-17所示。

图 5-15
"凸台－拉伸"对话框

图 5-16　预览图

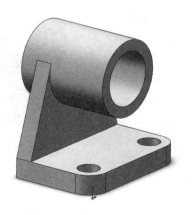

图 5-17　拉伸成形模型

4）创建肋板

（1）单击"右视基准面"，在关联菜单中单击"草图绘制" 按钮，单击"正视于" 按钮，绘制草绘图形。绘制如图 5-18 中两条直线，并标注尺寸，注意筋特征中的草绘图形必须是开放图形。单击确定 按钮退出草绘。

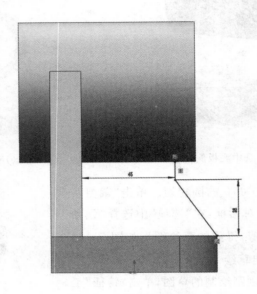

图 5-18　肋板草绘图形

（2）选中模型树中刚刚绘制的草绘图形，单击"特征"工具栏中"筋" 按钮，弹出"筋"对话框，如图 5-19 所示。"厚度"选择两侧 ，"筋厚度" 文本框中输入"16mm"，预览图如图 5-20 所示，注意预览图中的箭头要向下，与已有图形形成封闭区域否则不能完成筋。最终的效果图如图 5-21 所示。

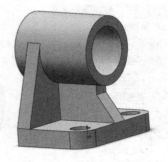

图 5-19
"筋"对话框

图 5-20　预览图

图 5-21　筋成形效果图

5）创建上面凸台

（1）创建基准面。由于上面圆柱面为曲面，不能进行草图绘制，需要创建一个基准面。

单击"特征"工具栏中的"参考几何体" ✖ 中的"基准面" ◈ 命令,弹出基准面对话框,进行参数设置,如图 5 - 22 所示。激活"第一参考"列表框,在图形区中选择图 5 - 21 中的底面,"距离" ⬛ 文本框中输入"140mm",勾选"反转"复选框,得到的预览图如图 5 - 23 所示。

图 5 - 22
基准面对话框

图 5 - 23 预览图

(2)在模型树中单击刚刚创建的基准面,在弹出的关联菜单中单击"草图绘制" ◩ 按钮,单击正视于 ↥ 按钮,绘制草绘图形。绘制 Φ40 的圆,并标注尺寸,如图 5 - 24 所示。按确定 ◩ 按钮退出草绘。

(3)在模型树中选择刚刚绘制的草图,单击"特征"工具栏中的"拉伸凸台/基体" ◪ 按钮,弹出"凸台-拉伸"对话框,设置参数如图 5 - 25 所示。在"方向 1"的"终止条件"选择"成形到一面",激活"面/平面" ◪ 列表框,在图形区中选择圆柱上表面。预览图如图 5 - 26 所示。单击"确定" ✔ 按钮完成实体建模,如图 5 - 27 所示。

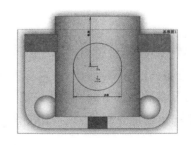

图 5 - 24 凸台草绘图形

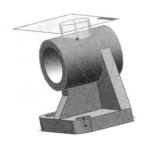

图 5 - 25
凸台-拉伸对话框

图 5 - 26 预览图

图 5 - 27 效果图

6）创建凸台上的垂直孔

（1）单击凸台圆柱上表面弹出关联菜单，单击"草图绘制" 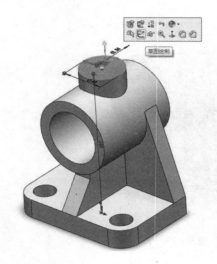 按钮，如图 5 - 28 所示，单击"正视于" 按钮，绘制草绘图形。绘制 Φ20 的圆，与 Φ40 的圆同心。如图 5 - 29 所示。按确定 按钮退出草绘。

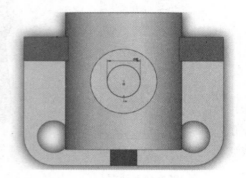

图 5 - 28　选择凸台上
表面为草绘平面

图 5 - 29　绘制
通孔草绘图形

（2）在模型树中选择刚刚绘制的草图，单击"特征"工具栏中的"拉伸切除" 按钮，弹出"切除－拉伸"对话框，设置参数如图 5 - 30 所示。在"方向 1"的"终止条件"选择"成形到一面"，激活"面/平面" 列表框，在图形区中选择水平同心圆柱水平孔的内表面，如图 5 - 31 中标出的面。单击 按钮完成实体建模，最终效果图如图 5 - 32 所示。

图 5 - 30　切除－拉伸对话框

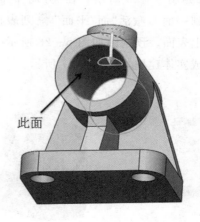

此面

图 5 - 31　成形到圆柱内表面

图 5-32 轴承座最终效果图

3. 项目总结

本项目主要用到了拉伸、拉伸去除和筋三个特征。在建模过程中，一般将特征建模和草图绘制结合起来，注意在使用拉伸特征拉伸实体时，草绘图形一定是封闭的图形，否则不能拉伸成实体，而在用筋特征时注意草绘图形必须时开放的图形，且与已有图形能形成封闭的区域，并且注意方向。

三、项目拓展

根据给定的实体工程图，绘制图 5-33～5-36 所示实体模型。

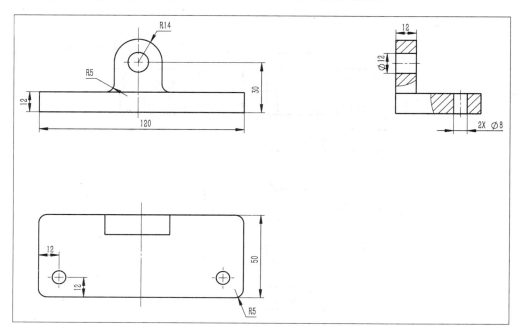

图 5-33 简单组合体工程图

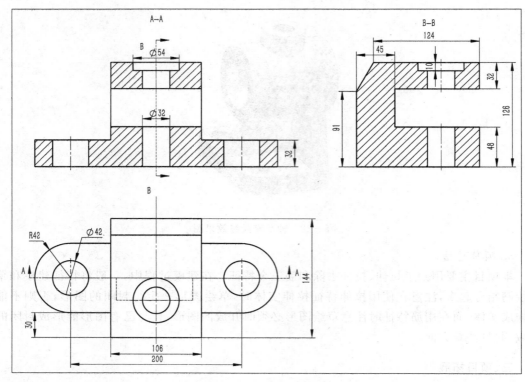

图 5-34 零件工程图

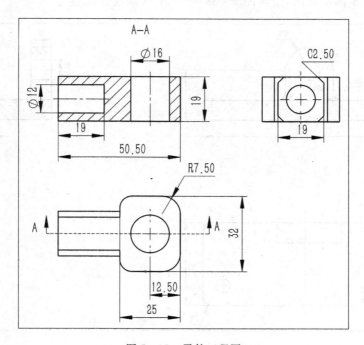

图 5-35 零件工程图

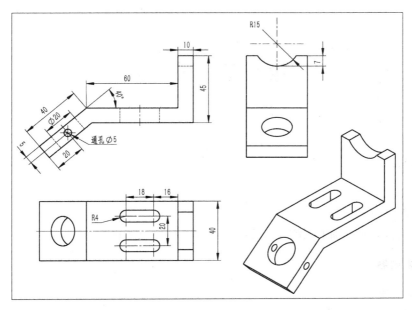

图 5 - 36 定位块工程图

第6章 法兰盘

一、学习目标

掌握利用已有草绘图形进行拉伸的方法；

掌握草图共享的方法；

进一步巩固拉伸特征的用法，以及给定深度等拉伸成形操作方法。

二、主要内容

1. 项目分析

在 Solidworks 软件中建立模型，其工程图如图 6-1 所示。

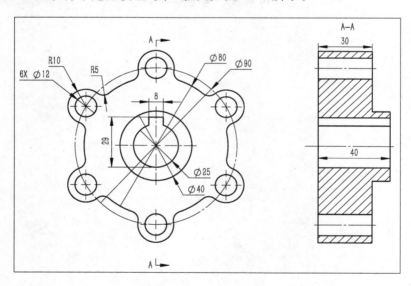

图 6-1 法兰盘工程图

该零件的草图已经在项目 2 中完成，直接调用前面所绘制的草绘图形，进行拉伸处理，由于外围图形和中间键槽的拉伸深度不同，所以应两次拉伸才能得到。建模过程为：

（1）打开项目二中已经绘制好的草绘图形，将此草绘图形作为拉伸草绘。如图 6-2 中（a）所示。

（2）拉伸外围图形，得到基本图元。得到如图 6-2 中的（b）的图。

（3）再选择中间的键槽部分的图形完成第二次拉伸。如图 6-2 中的（c）所示。即可得到最终模型。

法兰盘建模整体思路见图6-2。

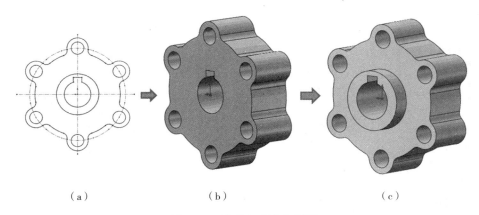

（a）　　　　　　　　（b）　　　　　　　　（c）

图6-2　法兰盘建模流程图

2. 项目实施

1）打开项目2中已经绘制好的草绘图形。找到项目2的文件，单击 退出草绘环境，得到的图形如图6-3所示。

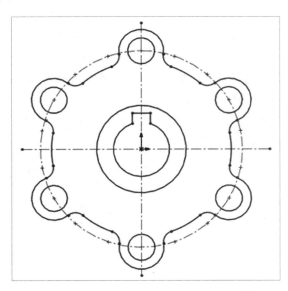

图6-3　草绘图形

2）绘制外围图形

选中模型树中的"草绘1"，然后单击"特征"工具栏中的"拉伸凸台/基体" 命令，弹出"凸台－拉伸"属性框，如图6-4所示。由于草绘图形比较复杂，不能自动拾取图形，需要自己添加所要拉伸的图形，于是激活"所选轮廓"列表框，在图形区中选择需要拉伸的草绘图形。这里选择外围图形，注意一定要是封闭的图形。即选择图6-5中的"1区"和"2区"两个区域。在"方向1"中"终止条件"选择"给定深度"，"深度" 文本框中输入"30mm"。单击属性栏中的"确定" ✔ ,得到的图形如图 6-6 所示。

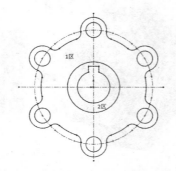

图 6-4
"凸台—拉伸"对话框   图 6-5　选择草图区域   图 6-6　拉伸外围图形

3)绘制中间凸起部分。

(1)设置草图共享。拉伸结束后设计树中"草绘 1"自动合并到"凸台—拉伸 1"下面。凸起部分的草绘仍然要借助"草绘 1"中的图形,所以需要共享草绘 1。打开"凸台—拉伸 1"下级菜单,找到草图 1。如图 6-7 所示。

(2)选中"草绘 1",单击"特征"工具栏中的"拉伸凸台/基体" 按钮,弹出"凸台—拉伸"属性对话框,如图 6-8 所示。在"方向 1"中"终止条件"选择"给定深度","深度" 文本框中输入"10mm",激活"所选轮廓"列表框,在图形区中选择图 6-5 中的"2 区",得到的图形如图 6-9 所示,即可得到法兰盘的图形。

(3)此时打开模型树中的草图,发现两次拉伸的草图都是"草图 1","草图 1"前面有个手的标志,如图 6-10 所示,表示草图共享。

图 6-7　草图 1   图 6-8
"凸台—拉伸"对话框

图 6-9 法兰盘模型

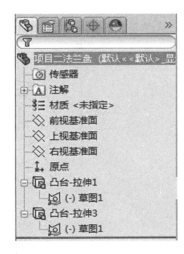

图 6-10 模型树

3. 项目总结

本项目主要用到了利用已有的草绘图形来进行拉伸操作的方法,用到了拉伸属性中的所选轮廓。若草绘图形没有提前画好,可以利用项目三中的方法进行建模,及先绘制外围图形轮廓进行拉伸,得到外围轮廓图形,再在中间添加凸台,最后用拉伸切除去除中间键槽来得到最终的图形,具体的操作流程如图 6-11 所示,读者自己独立完成。

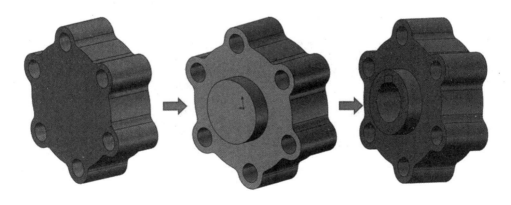

图 6-11 建模流程图

三、项目拓展

根据给定的实体图纸,绘制图 6-12~6-13 所示实体模型。

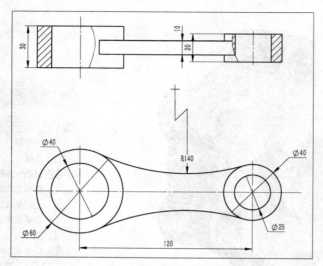

图 6-12 支架工程图

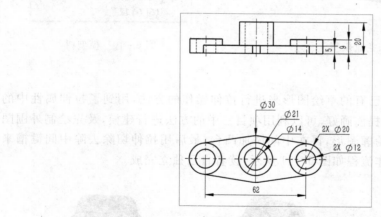

图 6-13 零件 2 工程图

第7章 低速轴

一、学习目标

掌握旋转成型的建模方法；

掌握拉伸切除的建模方法；

掌握典型机械零件轴的建模方法。

二、主要内容

1. 项目分析

在 Solidworks 软件中建立低速轴的三维模型，其工程图如图 7 - 1 所示。

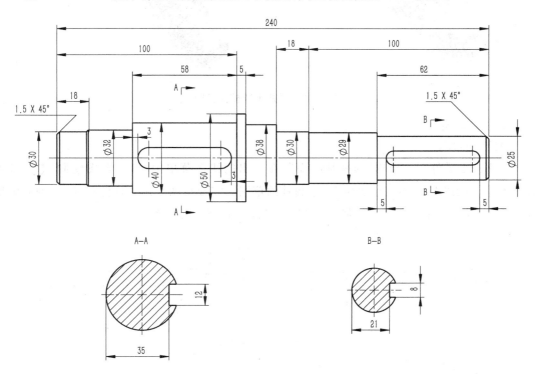

图 7 - 1 低速轴工程图

该零件为轴类零件，特点是主体形状为同轴回转体，主要结构以其轴线对称，各轴段直径有一定差异，呈阶梯状。一般起支撑转动零件，传递动力的作用，因此常常带有键槽，轴

肩,螺纹和退刀槽等结构。建模过程为:

(1)利用旋转特征生成低速轴的基体。

(2)利用拉伸切除制作键槽

建模整体思路如图 7-2 所示。

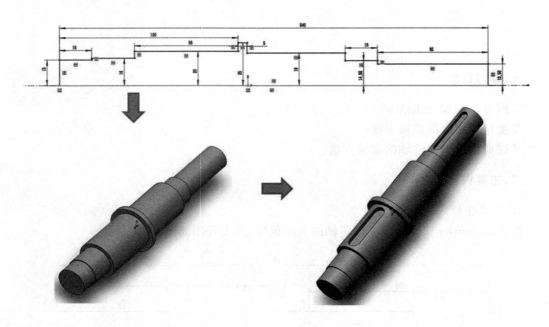

图 7-2　低速轴建模流程图

2. 项目实施

1)绘制草图。

新建一个零件图。单击"前视基准面",在弹出的快捷菜单中单击"草图绘制" ⊿,进入草图环境,单击"直线" ╲ 绘图命令,绘制轴的草图。完成草图绘制并标注尺寸,得到的图形如图 7-3 所示。注意一定要绘制中心线,并且图形必须是封闭图形。

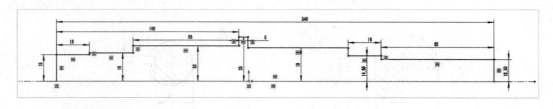

图 7-3　草绘图形

2)旋转成实体。

单击"特征"工具栏中的"旋转凸台/基体" ◍ 命令,弹出"旋转"属性对话框,如图 7-4 所示。默认草绘图中的中心线为旋转轴,"旋转角度" ◷ 文本框中的输入"360 度",然后单击"确定" ✅ 按钮。旋转后的图形如图 7-5 所示。

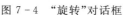

图 7-4 "旋转"对话框   图 7-5 低速轴基体

3)切除 Φ40 上的键槽

(1)建立基准面。绘制草图之前首先需要在一个平面上创建草图,而低速轴的表面是一个圆面,无法建立草图。在"特征"工具栏中单击"参考几何体"下拉菜单中的"基准面"  命令,如图 7-6 所示。弹出"基准面 1"对话框,如图 7-7 所示。激活"第一参考"列表框,在设计树中选择"上视基准面",在"距离"  后的文本框中输入"15mm",即上视基准面偏移 15mm 的一个基准面,注意方向,如果方向不对,可勾选"反转"复选框。如图 7-8 所示,图中蓝色面即为新建基准面。单击"确定" ✔ 按钮,得到新的基准面。

图 7-6 基准面   图 7-7 "基准面"   图 7-8 显示
  特征选择   对话框   新建基准面

(2)绘制键槽草图。单击新建基准面,然后在弹出的快捷菜单中单击"草图绘制" ,进入草图环境。绘制键槽草图,选择"草图"工具栏中的"直槽口"命令 ,绘制一个键槽,然后标注尺寸,得到如图 7-9 的图形。图中"3"的尺寸标注需先按住 shift 键再单击圆弧和直线。

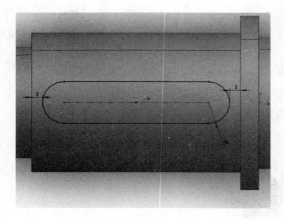

图 7-9　键槽草图

图 7-10
"拉伸—切除"对话框

　　(3)拉伸切除键槽。单击"特征"工具栏中的"拉伸切除" 📋 命令,在弹出的"拉伸—切除"对话框中设置参数,如图 7-10 所示。在"方向 1"中"终止条件"选择"完全贯穿",注意方向,单击 📝 调整方向。预览效果如图 7-11 所示。单击"确定" ✅ ,完成键槽的创建,此基准面不再使用,可右键隐藏,得到图形如图 7-12 所示。

图 7-11　预览图

图 7-12　Φ40 的键槽

　　4)切除 Φ25 的键槽。

　　步骤同 3)的键槽的建模过程,仍然以"上视基准面"作为参考面,方法同上,参数设置如图 7-13 所示。然后以"基准面 2"为绘图平面绘制如图 7-14 的草图。确定退出草绘环境。单击"特征"工具栏中的"拉伸切除" 📋 命令,在对话框中设置基本参数,如图 7-15 所示,在"方向 1"中"终止条件"选择"完全贯穿",注意方向。单击"确定" ✅ ,得到的图形如图 7-16所示。

图 7 - 13
"基准面 2"对话框

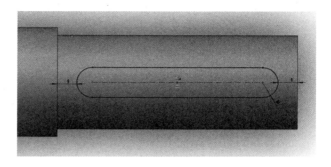

图 7 - 14　键槽草绘图形

图 7 - 15
"拉伸一切除"对话框

图 7 - 16　低速轴效果图

3. 项目总结

本项目的基体为回转体,利用旋转特征得到。旋转特征是将草图截面绕旋转中心线旋转一定角度而生成的特征,常用于轴类、盘类等类型零件的建模。注意在草图图形时要绘制中心线,且软件默认绘制的第一条中心线为旋转中心,如果需要指定,需在草绘中选中该中心线右键进行设置。同时该项目还介绍了拉伸切除特征的用法。本项目还可以利用拉伸特征操作完成,使用拉伸命令生成不同的轴段,然后通过组合命令将这些轴段组合起来。或者参照轴类零件的加工方法如车削、铣削来创建,首先生成轴类零件的毛坯,然后根据机械加工工艺过程逐渐去除多余材料,最终生成零件模型。这两种方法读者可以自行完成。

三、项目拓展

根据给定的实体工程图,绘制图 7 - 17～7 - 18 所示实体模型

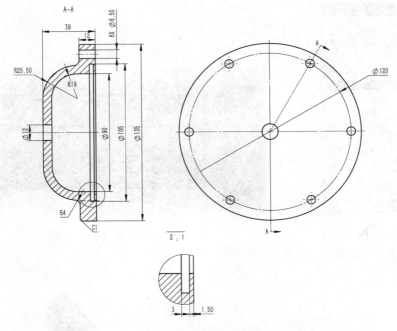

图 7 - 17　轴的工程图

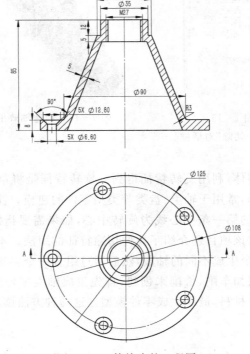

图 7 - 18　管接头的工程图

第8章 支　架

一、学习目标

继续熟悉拉伸与拉伸切除特征的创建方法；
掌握基准面的创建方法。

二、主要内容

1. 项目分析

在 Solidworks 软件中建立支架三维模型，其工程图如图 8-1 所示。

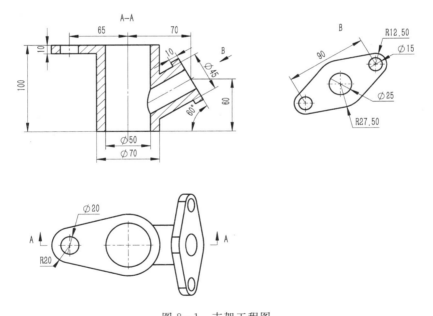

图 8-1　支架工程图

该项目由三个部分组成，上面板、主体圆柱和斜面部分。上面板与主体圆柱用拉伸特征可以完成。难点在斜面部分的建模，需要找到一个斜面作为基准面绘制图形，所以这个项目主要是基准面的创建。建模过程为：

(1)通过拉伸命令创建圆柱部分。

(2)通过拉伸命令创建上面板。

(3)利用参考几何体创建基准平面。

（4）通过拉伸和拉伸切除命令在创建的基准面上绘制出斜面部分。

建模整体思路如图 8-2。

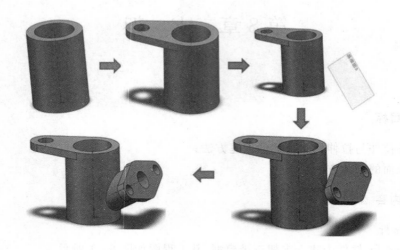

图 8-2 支架建模流程图

2. 项目实施

1）创建圆柱体

（1）新建一"零件"图。单击"上视基准面"，在弹出的关联菜单中单击"草图绘制"按钮，绘制圆柱体的草绘图形。绘制两个同心圆，如图 8-3 所示，单击确定按钮退出草绘。

（2）拉伸主体。单击"特征"工具栏的"拉伸凸台/基体"命令拉伸草图，在弹出对话框中设置参数，如图 8-4 所示。在"方向 1"中"终止条件"选择"给定深度"，"深度"文本框中输入"100mm"，单击"确定"按钮生成圆柱体，如图 8-5 所示。

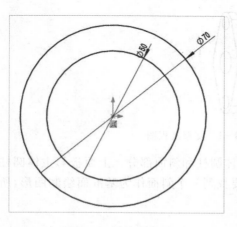

图 8-3 圆柱体草图

图 8-4 "凸台－拉伸"
对话框

2)创建上面板

(1)选中圆柱体的上表面作为草绘平面,单击上表面弹出关联菜单中的"草图绘制" ![草图绘制图标]｜,进入草绘环境,单击"正视于" ![正视于图标] 按钮,绘制上面板的草绘图形,标注尺寸,如图8-6所示。单击确定 ![确定图标] 按钮退出草绘。

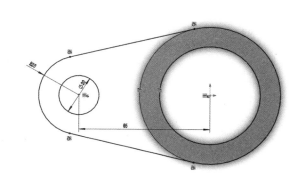

图8-5 圆柱体模型 图8-6 上面板的草绘图形

(2)单击"特征"工具栏中的"拉伸凸台/基体" ![拉伸凸台/基体图标] 命令拉伸草图,在弹出对话框中设置参数,如图8-7所示。在"方向1"中"终止条件"选择"给定深度","深度" ![深度图标] 文本框中输入"10mm",注意拉伸方向,单击 ![确定图标] 按钮生成上面板,如图8-8所示。

图8-7 "凸台—拉伸"对话框 图8-8 创建上面板

3)创建基准面

(1)偏移两个基准面。单击"特征"工具栏中的"参考几何体" ![参考几何体图标] 中的"基准面" ![基准面图标] 命令,弹出基准面对话框,进行参数设置,如图8-9所示。激活"第一参考" ![第一参考图标] 列表框,在设计树中选择"上视基准面","距离"▯▯文本框中输入"60mm",单击"确定"✔,得到的基准面如图 8 - 10 所示中的"基准面 1"。用相同的方法创建基准面 2,激活"第一参考"▯ 列表框,在设计树中选择"右视基准面""距离"▯▯文本框中输入"70mm",得到的"基准面"2 如图 8 - 10 所示。

图 8 - 9 "基准面 1"对话框

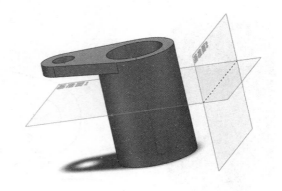
图 8 - 10 基准面的创建

(2)创建基准轴。单击"特征"工具栏中的"参考几何体"🗗 中的"基准轴"🗡命令,弹出基准轴对话框,进行参数设置,如图 8 - 11 所示。激活"参考实体"▯ 列表框,在图形区中选择刚创建的两个基准面,单击"确定"✔,得到基准轴如图 8 - 12 所示。

图 8 - 11 "基准轴 1"对话框

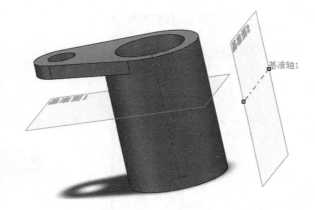
图 8 - 12 基准轴的创建

(3)创建基准面 3。单击"特征"工具栏中的"参考几何体"🗗 中的"基准面"🗞命令,弹出基准面对话框,进行参数设置,如图 8 - 13 所示。激活"第一参考"▯ 列表框,选择"基准轴 1",位置关系为"重合"🗡;激活"第二参考"▯ 列表框,在设计树中选择"上视基准面",位置关系为"两面夹角"🗖,角度文本框中输入"60 度",单击确定✔,得到"基准面 3",如图 8 - 14 所示。

图 8-13　"基准面 3"对话框

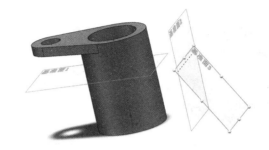

图 8-14　基准面 3 的创建

4）创建斜台面

（1）选中"基准面 3"作为草绘平面，单击"基准面 3"弹出关联菜单中的"草图绘制" ，进入草绘环境，单击"正视于" 按钮，绘制斜台面的草绘图形，标注尺寸，如图 8-15 所示。单击确定 按钮退出草绘。

（2）单击"特征"工具栏中的"拉伸凸台/基体" 命令拉伸草图，在弹出的"凸台－拉伸"对话框中设置参数，在"方向 1"中"终止条件"选择"给定深度"，"深度" 文本框中输入"10mm"，如图 8-16 所示。单击 按钮生成圆柱体，如图 8-17 所示。

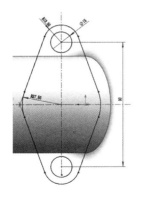

图 8-15　斜台面草图

图 8-16
"凸台－拉伸"对话框

图 8-17　斜台面的创建

5）创建中间连接部分

（1）选中图 8-17 中的"面 1"作为草绘平面，单击"面 1"弹出关联菜单中的"草图绘制"

🖰,进入草绘环境,单击"正视于" 🖰 按钮,绘制斜台面的草绘图形,一个直径为 45 的圆形,标注尺寸,添加约束关系与台面中的圆弧同心,如图 8 - 18 所示。单击确定 🖰 按钮退出草绘。

(2)单击"特征"工具栏中的"拉伸凸台/基体" 🖰 命令拉伸草图,在弹出"凸台—拉伸"对话框中设置参数,在"方向 1"中"终止条件"选择"成形到下一面",如图 8 - 19 所示. 单击 ✅ 按钮,生成的图形如图 8-20 所示。

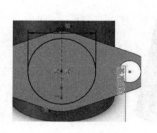

图 8 - 18　草图　　　　　图 8 - 19　　　　　　图 8 - 20　连接部分的创建

"凸台—拉伸"对话框

6)拉伸切除圆孔

(1)选中"基准面 3"作为草绘平面,单击"基准面 3"弹出关联菜单中的"草图绘制" 🖰,进入草绘环境,单击"正视于" 🖰 按钮,绘制草绘图形为一个直径为 25 的圆形,标注尺寸,添加约束关系同心,如图 8-21 所示。单击按确定 🖰 按钮退出草绘。

(2)单击"特征"工具栏中的"拉伸切除" 🖰 命令,在弹出"切除—拉伸"对话框中设置参数,在"方向 1"中"终止条件"选择给"成形到下一面",如图 8 - 22 所示。单击"确定" ✅ 按钮,完成整个支架的创建,得到的图形效果如图 8-23 所示。

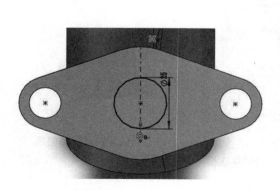

图 8 - 21　草图　　　　　　　　图 8 - 22　"切除—拉伸"对话框

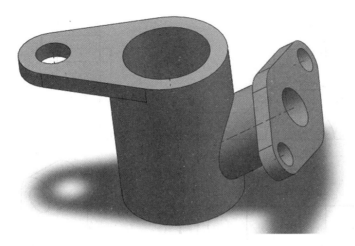

图 8-23　支架的最终效果图

7)剖面显示内部结构

为了看清楚内部情况,单击"剖面视图" 🎲 ,在弹出的"剖面视图"对话框中设置参数,激活"参考剖面" 🎗ᵧ 列表框,在设计树中选择"前视基准面",如图 8-24 所示,单击"确定" ✔ 按钮,得到图形如图 8-25,可以清楚地查看到内部孔的情况。

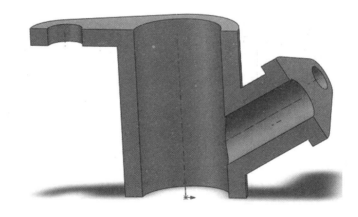

图 8-24　"剖面视图"对话框　　　　　　　　　图 8-25　剖面视图

3. 项目总结

本项目中主要用到了拉伸和拉伸切除特征,以及创建基准轴和基准面。本项目的难点是基准面 3 的创建,由于基准面 3 与上视基准面是一个面夹角,需要一个基准轴才能确定基准面 3,所以是通过先创建基准轴,然后再创建基准面 3 的方法来完成的。

三、项目拓展

根据给定的实体工程图,绘制图 8-26~8-29 所示实体模型

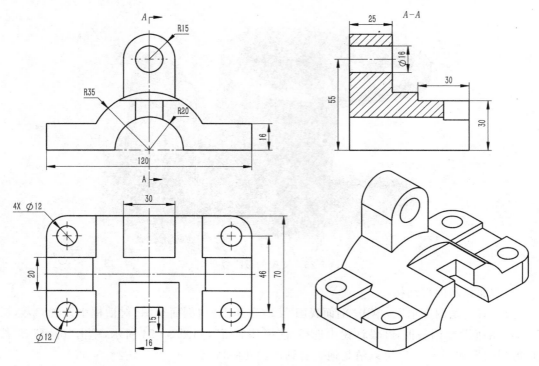

图 8-26 支座工程图

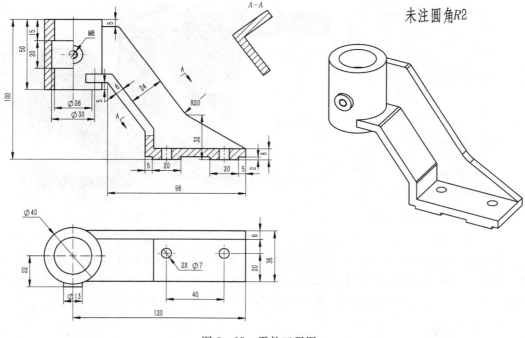

图 8-27 零件工程图

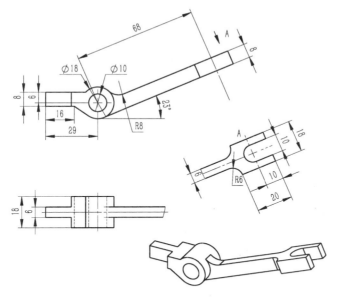

图 8 - 28 零件 3 工程图

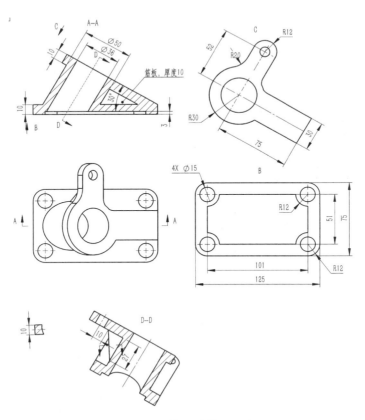

图 8 - 29 拨叉零件工程图

第9章 电话机外壳

一、学习目标

掌握抽壳成形工具的使用方法；
掌握线性阵列特征的操作方法；
掌握多个圆角的操作方法。

二、主要内容

1. 项目分析

Solidworks 软件中建立电话机外壳的三维模型，其工程图如图 9-1 所示。

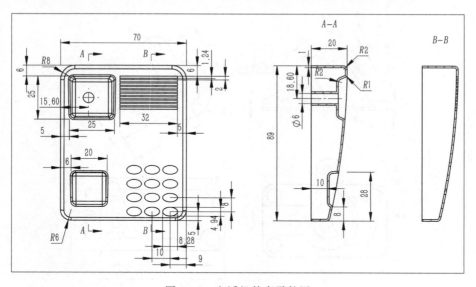

图 9-1　电话机外壳零件图

该零件属于薄壳类零件，是一种十分典型的零件类型。常见于塑胶产品外壳，此类零件的建模用抽壳来实现。

建模过程为：
（1）利用拉伸特征创建出基体；
（2）利用抽壳创建薄壳零件；
（3）利用线性阵列完成按键孔等。

建模整体思路见图 9-2 所示。

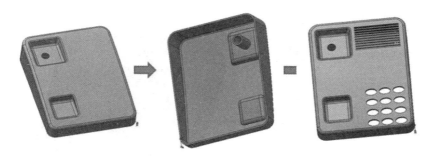

图 9-2　电话机外壳的建模流程图

2. 项目实施

1)拉伸出基体

(1)新建"零件"图。单击"前视基准面",在弹出的快捷菜单中单击"草图绘制"图标📝，进入草图环境，绘制如图 9-3 所示草绘图形，注意图形必须是封闭的。单击确定👆按钮退出草绘。

(2)单击"特征"工具栏中的"拉伸凸台/基体"🗔命令拉伸草图，在弹出的"凸台－拉伸"对话框中设置参数，在"终止条件"中选择"给定深度"，在"深度"📐文本框中输入"70mm"，如图 9-4 所示。单击"确定"✅按钮，其特征效果如图 9-5 所示。

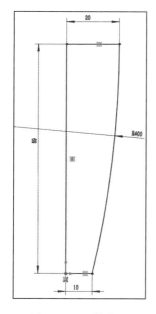

图 9-3　基体草图　　　图 9-4　"凸台－拉伸"对话框　　　图 9-5　拉伸基体

(3)单击"特征"工具栏中的"圆角"🗔命令，弹出"圆角 1"属性对话框，如图 9-6 所示，在"圆角项目"的"半径"📐文本框中输入半径值"2mm"，激活"边线、面、特征和环"🗔列表框，在图形区中选择上表面的边线，单击"确定"✅按钮生成圆角特征，如图 9-7 所示。

图 9 - 6 "圆角 1"对话框

图 9 - 7 倒角 1

（4）再次单击"特征"工具栏中的"圆角" 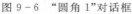 命令，弹出"圆角 2"属性对话框，如图 9 - 8 所示，在"圆角项目"的"半径"文本框中输入半径值"8mm"，激活"边线、面、特征和环"列表框，在图形区中选择要倒角的边线，如图 9 - 9 所示，单击"确定"按钮生成圆角特征，如图 9 - 10 所示。

图 9 - 8 "圆角 2"对话框

图 9 - 9 倒角编辑状态   图 9 - 10 生成倒角 2

（5）再次单击"特征"工具栏中的"圆角"命令，弹出"圆角 3"属性对话框，如图 9 - 11 所示，在"圆角项目"的"半径"文本框中输入半径值"6mm"，激活"边线、面、特征和环"列表框，在图形区中选择要倒角的边线，如图 9 - 12 所示，单击"确定"按钮生成圆角特征，如图 9 - 13 所示。

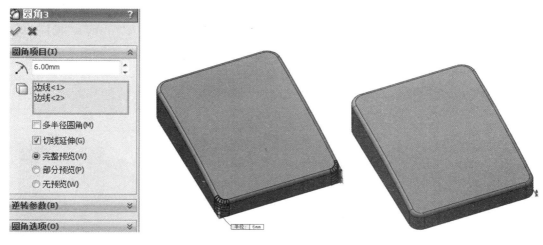

图 9-11　"圆角 3"对话框　　　图 9-12　倒角编辑状态　　　图 9-13　生成倒角 3

(6)创建基准面。单击"特征"工具栏中的"参考几何体" ◈ 中的"基准面" ◈ 命令,弹出基准面对话框,进行参数设置,如图 8-14 所示。激活"第一参考" ▢ 列表框,在设计树中选择"底面","距离" ▯ 文本框设置为"20mm",单击"确定" ✓,得到的基准面如图 8-15 中的基准面 1 所示。

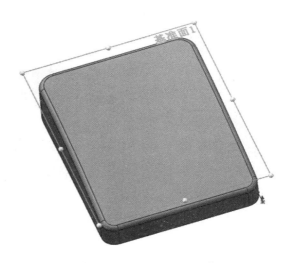

图 9-14　"基准面 1"对话框　　　　　　图 9-15　基准面 1 的创建

(7)创建上面凹槽。选中"基准面 1"作为草绘平面,单击"基准面 1"弹出关联菜单中的"草图绘制" ⌇,进入草绘环境,单击"正视于" ⊥ 按钮,绘制如图 9-16 的草图,单击确定 ⟲

按钮退出草绘。单击"特征"工具栏中的"拉伸切除"命令,在弹出对话框中设置参数,在"方向 1"中"终止条件"选择给"给定深度",在深度值文本框中输入"5mm","拔模"文本框中输入为"22 度",如图 9-17 所示,单击"确定"按钮,其特征效果如图 9-18 所示。

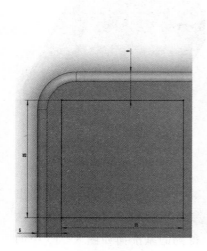

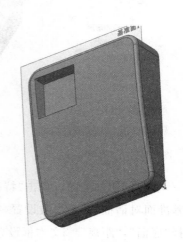

图 9-16 草图　　　　图 9-17 "切除—拉伸"对话框　　　　图 9-18 拉伸切除成形

　　(8)单击"特征"工具栏中的"圆角"命令,弹出"圆角 4"属性对话框,如图 9-19 所示,在"圆角项目"的"半径"文本框中设置半径值"2mm",激活"边线、面、特征和环"列表框,在图形区中选择边线,如图 9-20 所示,单击"确定"按钮生成圆角特征,如图 9-21 所示。

图 9-19 "圆角 4"对话框　　　　图 9-20 倒角编辑状态　　　　图 9-21 生成倒角 4

　　(9)单击"特征"工具栏中的"圆角"命令,弹出"圆角 5"属性对话框,如图 9-22 所示,在"圆角项目"的"半径"  文本框中输入半径值"1mm",激活"边线、面、特征和环"  列表框,在图形区中选择边线,如图9-23所示,单击"确定"  按钮生成圆角特征,如图9-24所示。

图9-22 "圆角5"对话框   图9-23 倒角编辑状态   图9-24 生成倒角5

(10)切除圆孔。选中"基准面1"作为草绘平面,单击"基准面1"弹出关联菜单中的"草图绘制" ,进入草绘环境,单击"正视于"  按钮,绘制如图9-25的草图,单击确定  按钮退出草绘。单击"特征"工具栏中"拉伸切除"  命令,在弹出对话框中设置参数,在"方向1"中"终止条件"选择给"完全贯穿",如图9-26所示,单击"确定"  按钮,其特征效果如图9-27所示。

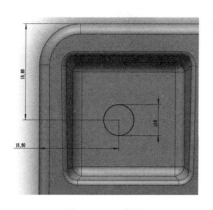

图9-25 草图   图9-26 "切除-拉伸"对话框   图9-27 拉伸切除成形

(11)创建下面凹槽。选中"基准面1"作为草绘平面,单击"基准面1"弹出关联菜单中的

"草图绘制" ，进入草绘环境，单击"正视于" 按钮，绘制如图 9-28 的草图，单击确定 按钮退出草绘。单击"特征"工具栏中的"拉伸切除" 命令，在弹出对话框中设置参数，在"方向 1"中"终止条件"选择给"给定深度"，在"深度" 文本框中输入"10mm"，"拔模" 文本框中输入"5 度"，如图 9-29 所示，单击"确定" 按钮，其特征效果如图 9-30 所示。

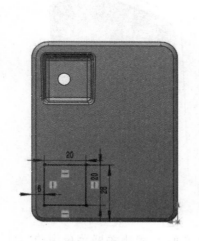

图 9-28　草图

图 9-29　"切除－拉伸"对话框

图 9-30　拉伸切除成形

（12）单击"特征"工具栏中的"圆角" 命令，弹出"圆角 6"属性对话框，如图 9-31 所示，在"圆角项目"的"半径" 文本框中输入"2mm"，激活"边线、面、特征和环" 列表框，在图形区中选择边线，如图 9-32 所示，单击"确定" 按钮生成圆角特征，如图 9-33 所示。

图 9-31　"圆角 6"对话框

图 9-32　倒角编辑状态

图 9-33　生成倒角 6

（13）单击"特征"工具栏中的"圆角" 命令，弹出"圆角 7"属性对话框，如图 9-34 所示,在"圆角项目"的"半径" 文本框中输入"1mm",激活"边线、面、特征和环" 列表框,在图形区中选择边线,如图9-35所示,单击"确定" 按钮生成圆角特征,如图9-36所示。

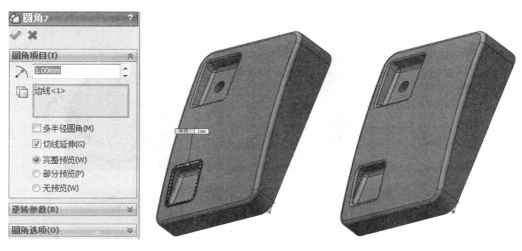

图9-34 "圆角7"对话框　　　图9-35 倒角编辑状态　　　图9-36 生成倒角7

2)抽壳

单击"特征"工具栏中的"抽壳" 按钮,系统弹出"抽壳"属性对话框,如图9-37所示。在"参数"下的"厚度" 文本框中输入"1mm",激活"移除的面" 文本框,在图形区中选择底面,单击"确定" 按钮,完成抽壳,效果如图9-38所示。

图9-37 "抽壳"属性对话框　　　　　图9-38 抽壳效果

3)完善细节

(1)切除方孔。选中"基准面1"作为草绘平面,单击"基准面1"弹出关联菜单中的"草图绘制" ,进入草绘环境,单击"正视于" 按钮,绘制如图9-39的草图,单击确定 按钮退出草绘。单击"特征"工具栏中的"拉伸切除" 命令，在弹出对话框中设置参数，在"方向 1"中"终止条件"选择"完全贯穿"，如图 9 - 40 所示，单击"确定" 按钮，其特征效果如图 9 - 41所示。

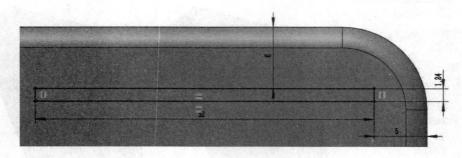

图 9 - 39　草图

图 9 - 40　"切除－拉伸"对话框

图 9 - 41　拉伸切除成形

（2）阵列方孔。单击"特征"工具栏中的"线性阵列" 按钮，弹出"线性阵列"属性对话框。如图 9 - 42 所示，激活"阵列方向" 列表框，在图形区中选择能代表阵列方向的边线，如图 9 - 43 所示，在"间距" 文本框中输入"2mm"，"实例数" 文本框中输入"10"。激活"要阵列的特征"列表框，在图形区中选择方形孔特征。单击"确定" 按钮，其阵列效果如图 9 - 44 所示。

（3）切除椭圆孔。选中"基准面 1"作为草绘平面，单击"基准面 1"弹出关联菜单中的"草图绘制" ，进入草绘环境，单击"正视于" 按钮，绘制如图 9 - 45 的草图，单击确定 按钮退出草绘。单击"拉伸切除" 命令，在弹出对话框中设置参数，在"方向 1"中"终止条件"选择给"完全贯穿"，如图 9 - 46 所示，单击"确定" 按钮，其特征效果如图 9 - 47 所示。

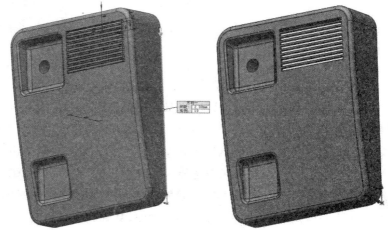

图 9-42 "阵列"对话框   图 9-43 编辑状态   图 9-44 阵列效果

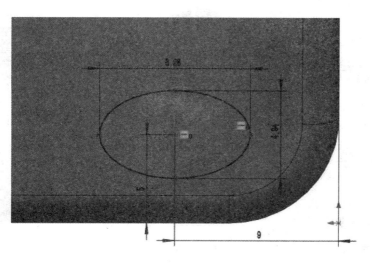

图 9-45 草图

图 9-46 "切除-拉伸"属性对话框   图 9-47 拉伸切除成形

(4)阵列椭圆孔。单击"特征"工具栏中的"线性阵列" 按钮,弹出"线性阵列"属性对话框。如图 9-48 所示。激活"方向 1"的"阵列方向" 列表框,在图形区中选择一条竖直边线,在"间距" 文本框中输入"8mm",在"实例数" 文本框中输入"4";激活"方向 2"的"阵列方向" 列表框,在图形区中选择一条水平边线,在"间距" 文本框中输入"10mm","实例数" 文本框中输入"3"。激活"要阵列的特征"列表框,在图形区中选择椭圆孔特征。预览图如图 9-49 所示。单击"确定" 按钮,其阵列效果如图 9-50 所示。

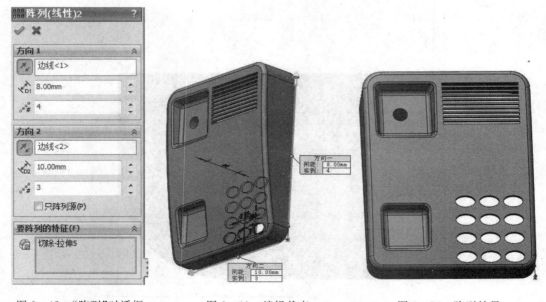

图 9-48 "阵列"对话框   图 9-49 编辑状态   图 9-50 阵列效果

3. 项目总结

本项目主要用到了抽壳特征、线性阵列和圆角特征。在创建倒圆角时注意顺序,一般遵循"先大后小,先支后干"的原则。

三、项目拓展:

根据给定的图纸,绘制图 9-50~9-52 所示实体模型。

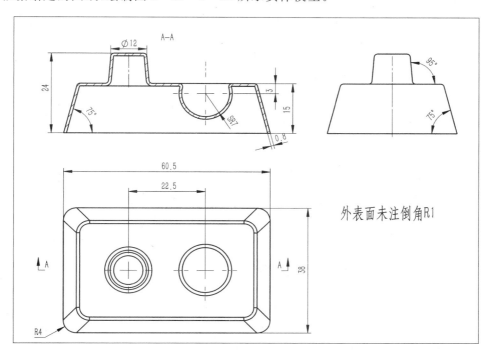

图 9-50　零件工程图

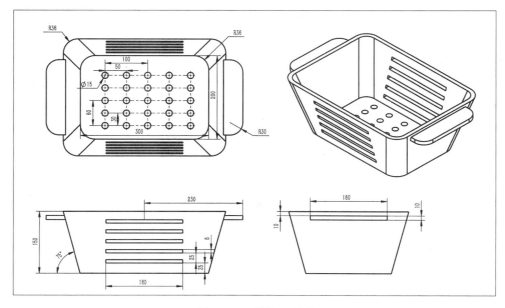

图 9-51　零件工程图

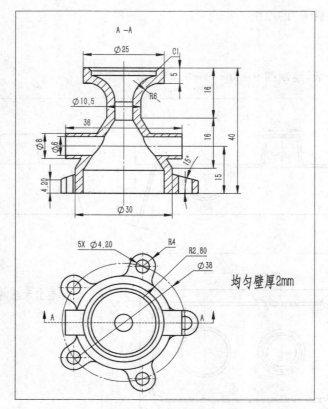

图 9-52　烟灰缸图纸

第 10 章　手轮建模

一、学习目标

掌握扫描体特征的建模方法；

掌握圆周阵列的使用方法；

掌握异形孔向导的使用方法。

二、主要内容

1. 项目分析

在 Solidworks 软件中建立手轮的三维模型，其工程图如图 10-1 所示。

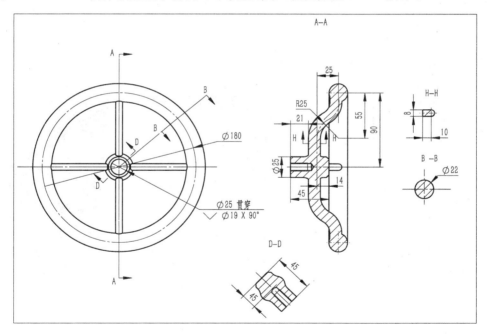

图 10-1　手轮的工程图

　　手轮的辐条部分由于截面是沿指定的路径"掠过"而生成的，不能用拉伸或者旋转来完成，可以用扫描特征来完成。需要创建两大特征要素：路径和轮廓。零件可以分为三大部分：中心旋转部分，辐条和手轮。建模过程如下：

　　(1)通过旋转命令创建中心部分；

　　(2)通过扫描特征来创建轮辐，并阵列；

　　(3)通过旋转特征创建手轮部分，最后完成细节部分。

建模整体思路见图 10-2。

图 10-2　手轮建模流程图

2. 项目实施

1) 创建中心旋转部分

(1) 新建一"零件"图。单击"右视基准面",在弹出的关联菜单中单击"草图绘制"🖉按钮,进入草图环境,绘制如图 10-3 所示的旋转草绘图形。注意绘制中心线,且图形必须是封闭的。单击确定🖅按钮退出草绘。

(2) 生成凸台特征。单击"特征"工具栏中"旋转凸台/基体"🌀,弹出"旋转"属性对话框,默认草绘图中的中心线为旋转轴,"旋转类型"选择"给定深度",在"旋转角度"📐文本框中输入"360 度",如图 10-4 所示,然后单击"确定"✔️按钮。旋转后的图形如图 10-5 所示。

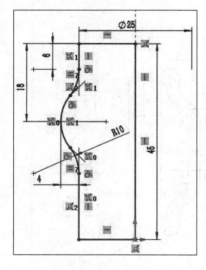

图 10-3　旋转草绘图形　　　　图 10-4　"旋转"对话框　　　　图 10-5　中心实体

2) 辐条部分

(1) 绘制轨迹线草图。单击"右视基准面",在弹出的关联菜单中单击"草图绘制"🖉按钮,进入草图环境,绘制如图 10-6 所示的轨迹线草绘图形。单击确定🖅按钮退出草绘。

(2) 创建截面的基准面。要求截面的草绘平面穿过轨迹线,并与轨迹线垂直。在"特征"工具栏中单击"参考几何体"下拉菜单中的 ◈ "基准面"。弹出"基准面"属性对话框,如图 10-7 所示。激活"第一参考"◻列表框,在图形区选择轨迹线端点即图 10-6 中的"点 1","约束关系"选择"重合"人,激活"第二参考"◻列表框,在图形区中选择轨迹线,"约束关系"选择"垂直"⊥。完成基准面的创建。

（3）绘制截面草图。选择刚刚创建的基准面作为草绘平面，进入草绘环境。绘制如图10-8所示的截面草图。同时添加截面草图与轨迹线的约束关系。按住 ctrl 键，选择轨迹线与截面圆弧的圆心点，弹出"属性"对话框，添加"穿透"⊗约束关系。单击确定⤴按钮退出草绘。

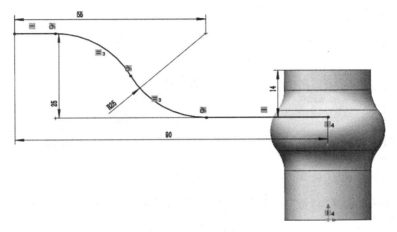

图10-6　轨迹线草图

图10-7　基准面对话框

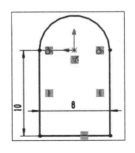

图10-8　截面草图

（4）扫描凸台实体。单击"特征"工具栏中的"扫描"⫿命令，弹出"扫描"属性对话框，激活"轮廓和路径"中的"轮廓"↺列表框，在图形区中选择截面草图，激活"路径"↻列表框，在图形区中选择轨迹线草图。选项中的设置为默认值，如图10-9所示。然后单击"确定"✅按钮，扫描后的图形如图10-10所示。

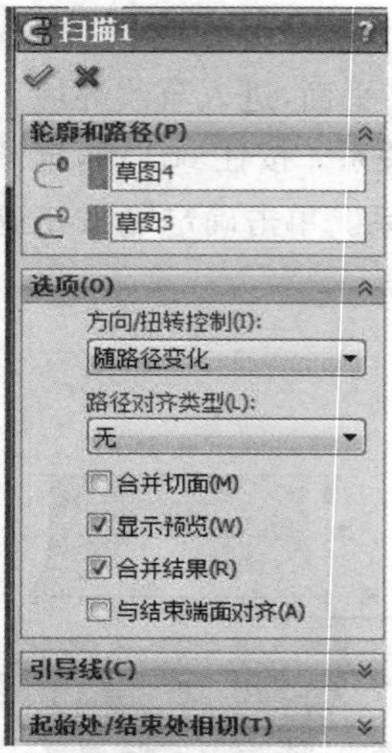

图 10-9 "扫描"对话框

图 10-10 扫描实体的效果图

(5)阵列特征。选择"特征"工具栏中的"线性阵列" 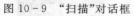 下拉菜单中的"圆周阵列" 命令。弹出"阵列(圆周)"属性对话框,激活"参数"下的"阵列轴" 列表框,在图形区中选择图 10-10 中的"面 1",则默认为面 1 的轴线为圆周阵列的阵列轴,"角度" 文本框输入"360 度","实例数" 文本框中输入"4",勾选"等间距"复选框,激活"要阵列的特征"列表框,在图形区中选择扫描特征,如图 10-11 所示。单击"确定" 按钮,阵列后的图形如图 10-12 所示。

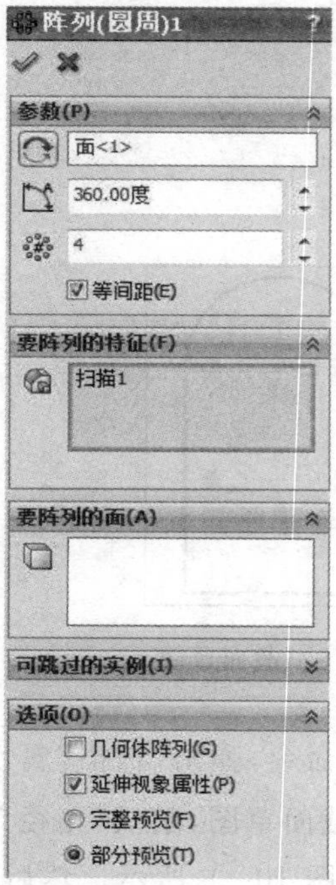

图 10-11 "阵列(圆周)"对话框

图 10-12 阵列后的效果图

3)手轮部分

(1)绘制截面草图。在设计树中单击"前视基准面",在弹出的关联菜单中单击"草图绘制"🖉按钮,进入草图环境,绘制如图 10-13 所示的旋转草绘图形,注意中心线的位置以及图形圆心的约束。单击确定 🖫 按钮退出草绘。

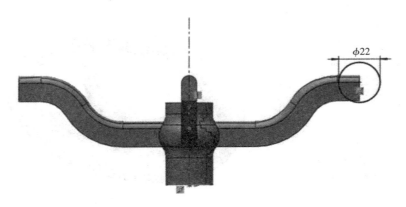

图 10-13　旋转草绘图形

(2)旋转凸台。单击"特征"工具栏中的"旋转凸台/基体"🐎,弹出"旋转"属性对话框,默认草绘图中的中心线为旋转轴 🖎,"旋转类型"选择"给定深度","旋转角度"🖳 文本框中输入"360 度",如图 10-14 所示,然后单击"确定"✅按钮,旋转后的图形如图 10-15 所示。

图 10-14　"旋转"对话框　　　　图 10-15　旋转后的图形

4)细节部分

(1)倒角。选择"特征"工具栏中"圆角"特征下拉菜单中的"倒角"🔷命令,弹出"倒角"属性对话框,激活"倒角参数"区域中的"边线和面或顶点"🗒列表框,在图形区中选择图 10-17 中的边线。"倒角方式"选择"角度距离","距离"📐 文本框中输入"3mm","角度"🖳 文本框中输入"45 度"。如图 10-16 所示。单击"确定"✅按钮,完成倒角特征的建模,如图 10-17 所示。

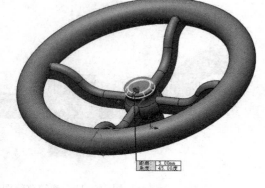

图 10-16　"倒角"对话框　　　　图 10-17　倒角的位置

（2）创建螺纹孔。单击"特征"工具栏中的"异形孔向导"命令，在弹出的"孔规格"的属性对话框中的"孔类型"中选择"直螺纹"，"孔规格"选择大小为 M10，终止条件设置见图 10-18。单击属性对话框中的"位置"选项卡，放置孔的位置，单击图 10-19 中的"面 2"作为放置平面，进入草绘环境，默认选中"点"命令，绘制草图为一个点，点的位置为"面 2"的圆心。退出草绘环境，单击对话框中"确定"按钮，完成螺纹孔的创建。

最终得到的效果图如图 10-20 所示。

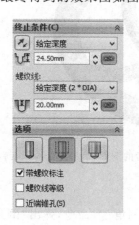

面2

图 10-18　"孔参数"对话框　　　图 10-19　孔的放置位置　　　图 10-20　最终的效果图

3. 项目总结

本项目主要是运用扫描特征命令来建立模型的，扫描特征分为凸台扫描特征和切除扫描特征。要创建扫描特征，必须给定两大特征要素，即路径和轮廓。

注意:(1)路径有下面几个特点:① 扫描特征只能有一条扫描路径;②扫描路径画在单独一张草图上;③可以使用已有模型的边线或曲线,可以是草图中包含的一组草图扫描路径曲线,也可以是曲线特征;④可以是开环的或闭环的;⑤扫描路径的起点必须位于轮廓的基准面上;⑥扫描路径不能有自相交叉的情况。

(2)在创建轮廓时要求:①基体或凸台扫描特征的轮廓应为闭环;曲面扫描特征的轮廓可为开环或闭环;都不能有自相交叉的情况;②扫描轮廓画在单独一张草图上;③草图可以是嵌套或分离的,但不能违背零件和特征的定义;④扫描截面的轮廓尺寸不能过大,否则可能导致扫描特征的交叉情况。

(3)注意路径和轮廓之间的约束关系,最好用穿透约束。

三、项目拓展:

根据给定的图纸,绘制图 10-21～10-23 所示实体模型。

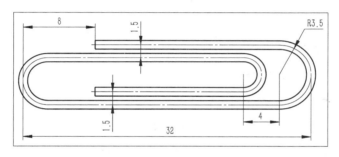

图 10-21　零件图纸

回形针轨迹线草图如图 10-15 所示。截面为直径为 1 的圆。

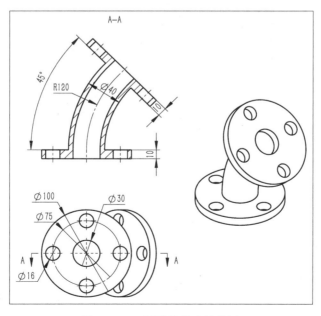

图 10-22　回形针轨迹线草图

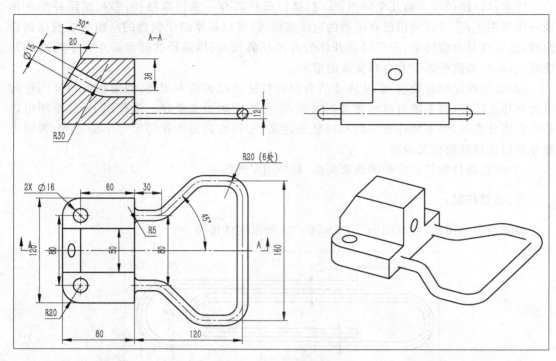

图 10 - 23 零件工程图

第11章 叉类零件

一、学习目标

掌握复杂扫描—引导线扫描的使用。

二、主要内容

1. 项目分析

在 Solidworks 软件中建立叉类零件的三维模型,其工程图如图 11-1 所示。

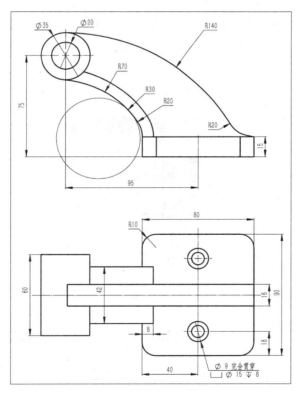

图 11-1 叉类零件的工程图

叉类零件的中间部分需要利用扫描特征来完成建模,由于该特征的截面是变截面扫描特征,轮廓按一定方法产生变化,则需要加入引导线。引导线是扫描特征的可选参数。使用引导线的扫描,扫描的中间轮廓由引导线确定。

建模过程如下:

(1)通过拉伸命令创建底座和上面的圆柱体部分；

(2)通过扫描特征来创建中间部分；

(3)通过拉伸切除特征创建圆柱孔部分,最后完成孔特征的创建。

建模整体思路如图 11-2 所示。

图 11-2 叉类零件建模流程图

2. 项目实施

1)创建底座部分

(1)新建一"零件"图。单击"上视基准面",在弹出的关联菜单中单击"草图绘制" ![icon] 按钮,进入草图环境,绘制如图 11-3 所示的草绘图形。单击确定 ![icon] 按钮退出草绘。

(2)单击"特征"工具栏中的"拉伸凸台/基体" ![icon] 命令拉伸草图,在弹出"凸台-拉伸"属性对话框中设置参数。在"方向 1"的"终止条件"中选择"给定深度","深度" ![icon] 文本框中输入"15mm",如图 11-4 所示。单击"确定" ![icon] 按钮,如图 11-5 所示。

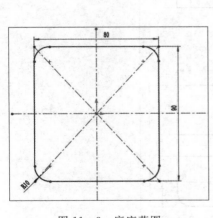

图 11-3 底座草图   图 11-4 "凸台-拉伸"对话框   图 11-5 底座实体

2)创建圆柱体

(1)单击"前视基准面",在弹出的关联菜单中单击"草图绘制" ![icon] 按钮,进入草图环境,绘制如图 11-6 所示的草绘图形。单击确定 ![icon] 按钮退出草绘。

(2)单击"拉伸凸台/基体" ![icon] 命令拉伸草图,在弹出"凸台-拉伸"属性对话框中设置参数。在"方向 1"的"终止条件"下拉列表框中选择"两侧对称","深度" ![icon] 文本框中输入

"60mm",如图 11 - 7 所示。单击"确定" ✔ 按钮,如图 11 - 8 所示。

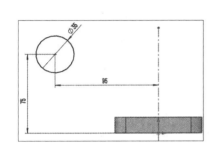

图 11 - 6 草图　　　　图 11 - 7 "凸台一拉伸"对话框　　　图 11 - 8 圆柱体特征

3)创建扫描实体

(1)绘制路径草图。单击"前视基准面",在弹出的关联菜单中单击"草图绘制" ⊵ 按钮,进入草图环境,绘制如图 11 - 9 所示的草绘图形,注意约束元素间的约束关系。单击确定 ⊵ 按钮退出草绘,完成草图 3 的绘制。

(2)绘制引导线草图。单击"前视基准面",在弹出的关联菜单中单击"草图绘制" ⊵ 按钮,进入草图环境,绘制如图 11 - 10 所示的草绘图形,注意约束元素间的约束关系。单击确定 ⊵ 按钮退出草绘,完成草图 4 的绘制。

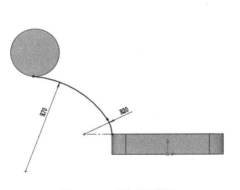

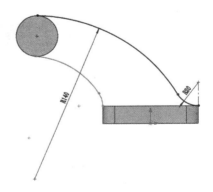

图 11 - 9 "路径"草图　　　　　　图 11 - 10 "引导线"草图

(3)绘制截面草图。选取底座的上表面为草绘平面,单击底座的上表面,在弹出的快捷菜单中单击"草图绘制" ⊵ 按钮,进入草图环境,绘制如图 11 - 11 所示的草绘图形。然后添加"路径","导引线"与截面的约束关系"穿透" ✍ ,如图 11 - 12 所示。单击"重新建模" ▯ 按钮,完成草图 5 的绘制。

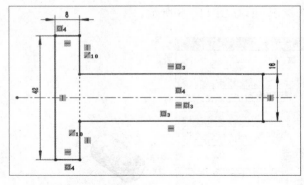

图 11-11 草图

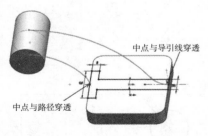

图 11-12 添加"穿透"约束关系

(4)扫描特征。单击"特征"工具栏中的"扫描" 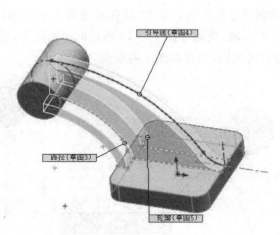 命令,弹出"扫描"属性对话框,激活"轮廓"列表框,选择"草图5",激活"路径"列表框,选择"草图3",在"选项"中的"方向/扭转控制"下拉菜单中选择"随路径和第一引导线变化",激活"引导线"列表框,选择"草图4",如图 11-13 所示。单击"确定" 按钮,完成扫描特征的创建,如图 11-14 所示。

图 11-13 "扫描"对话框

图 11-14 扫描特征

4)创建圆柱孔

单击"前视基准面",在弹出的关联菜单中单击"草图绘制" 按钮,进入草图环境,绘制如图 11-15 所示的草绘图形。单击确定 按钮退出草绘。单击"特征"工具栏中的"拉伸切除" 命令,在弹出的"切除-拉伸"属性对话框中设置参数。在"方向1"的"终止条件"下拉列表框中选择"完全贯穿";在"方向2"的"终止条件"下拉列表框中选择"完全贯穿",如图 11-16 所示。单击"确定" 按钮,如图 11-17 所示。

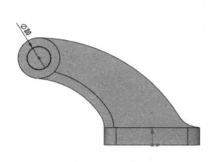

图 11-15 草图

图 11-16 "切除—
拉伸"对话框

图 11-17 "拉伸—
切除"特征

5)创建沉头孔

(1)单击"特征"工具栏中的"异形孔向导"⚙️命令,在弹出的"孔规格"对话框中设置参数,"孔类型"选择"柱形沉头孔"🔩,"标准"选择"ISO",尺寸大小选择"M8",具体如图 11-18 所示。"终止条件"选择"完全贯穿"。

(2)单击"位置"🔩,放置孔的位置。单击图 11-17 中的"面 1"作为放置平面,进入草绘环境,默认选中"点"命令,绘制草图为 1 个点,点的位置如图 11-19 所示。

图 11-18 "孔规格"的属性对话框

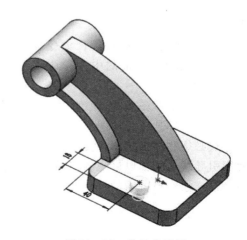

图 11-19 孔的位置图

（3）单击"特征"工具栏中的"镜向" 命令，弹出"镜向"属性对话框，激活"镜向面/基准面"列表框，在设计树中选择"前视基准面"，激活"要镜向的特征"列表框，在设计树中选择"M8 六角凹头螺钉的柱形沉头孔 1"特征，如图 11-20 所示。单击"确定" 按钮，得到的最终图形如图 11-21 所示。

图 11-20　"镜向"对话框

图 11-21　叉类零件效果图

3. 项目总结

本项目主要是运用复杂扫描特征命令来建立模型的，及在扫描特征中使用"引导线"来完成变截面的扫描特征，扫描的中间轮廓由引导线确定。在使用引导线时需要注意以下几点：

（1）引导线可以是草图曲线、模型边线或曲线；

（2）引导线画在单独一张草图上；

（3）引导线必须和截面草图相交于一点；

（4）使用引导线的扫描以最短的引导线或扫描路径为准（最短原则），因此引导线应该比扫描路径短，这样便于对截面的控制。

三、项目拓展：

根据给定的实体工程图，绘制图 11-22～11-23 所示实体模型。

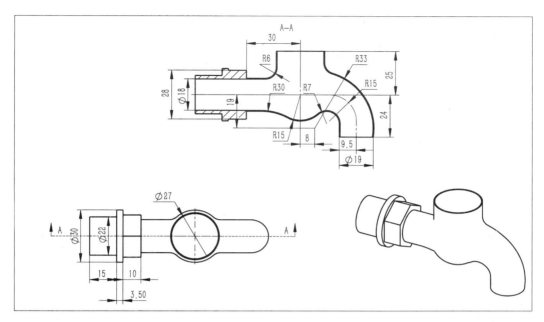

图 11-22 零件工程图

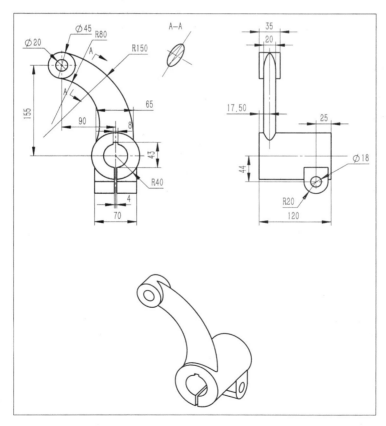

图 11-23 水龙头工程图

第12章 锤 头

一、学习目标

掌握简单放样特征的使用。

二、主要内容

1. 项目分析

在 Solidworks 软件中建立锤头的三维模型,其工程图如图 12-1 所示。

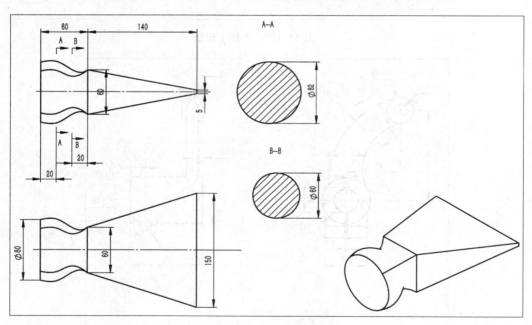

图 12-1 锤头工程图

  图中零件的截面是变化的,是通过两个或者多个轮廓之间进行过渡生成的,即放样特征。所以需要创建很多轮廓草图。零件共有 5 个截面,需要创建 5 个截面草图。建模过程如下:

  (1)创建 5 个截面草图的 5 个基准面;

  (2)创建 5 个截面草图;

  (3)通过两次放样特征创建零件。

建模整体思路见图 12-2。

图 12-2　锤头建模流程图

2. 项目实施

1)创建基准面

(1)新建一"零件"图。在设计树中选择"前视基准面",按住 ctrl 键,左键拖拽弹出"基准面"对话框,"第一参考"中默认为刚刚选中的"前视基准面",在"距离"文本框中输入"20mm",如图 12-3 所示。单击"确定"按钮,完成基准面 1 的创建。

(2)用相同的方法完成其他基准面的创建,基准面 2 与"前视基准面"的距离为"40mm";基准面 3 与"前视基准面"的距离为"60mm";基准面 4 与"前视基准面"的距离为"200mm"。得到的基准面如图 12-4 所示。

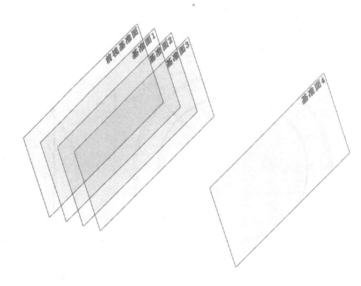

图 12-3　"基准面"对话框　　　　　　　　图 12-4　创建基准面

2)创建截面草图

(1)单击"前视基准面",在弹出的关联菜单中单击"草图绘制"按钮,进入草图环境,绘制如图 12-5 所示的 Φ80 的圆,圆心与坐标原点重合。单击确定按钮退出草绘。

(2)单击"基准面1",在弹出的关联菜单中单击"草图绘制"按钮,进入草图环境,绘制如图 12-6 所示的 Φ82 的圆,圆心与坐标原点重合。单击确定按钮退出草绘。

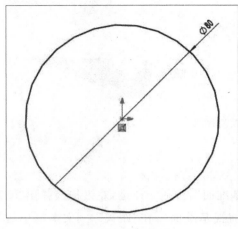

图 12-5　截面草图 1

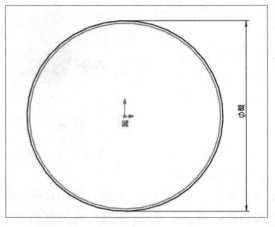

图 12-6　截面草图 2

(3)单击"基准面 2",在弹出的关联菜单中单击"草图绘制"![]按钮,进入草图环境,绘制如图 12-7 所示的 Φ62 的圆,圆心与坐标原点重合。单击确定![]按钮退出草绘。

(4)单击"基准面 3",在弹出的关联菜单中单击"草图绘制"![]按钮,进入草图环境,绘制如图 12-8 所示的 60mm×60mm 的正方形,正方形的中心与坐标原点重合。单击确定![]按钮退出草绘。

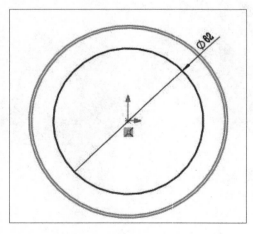

图 12-7　截面草图 3

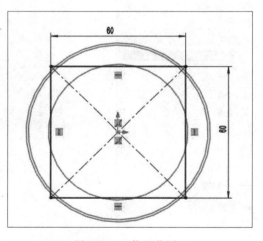

图 12-8　截面草图 4

(5)单击"基准面 4",在弹出的关联菜单中单击"草图绘制"![]按钮,进入草图环境,绘制如图 12-9 所示的 150mm×5mm 的长方形,长方形的中心与坐标原点重合。单击确定![]按钮退出草绘。

3)放样特征

(1)单击"特征"工具栏中的"放样凸台/基体"![]命令,弹出"放样"属性对话框,激活"轮廓"![]列表框,在图形区中依次选择"草图 1","草图 2","草图 3","草图 4",如图 11-10 所示。预览图如图 12-11 所示的图形,注意图中绿色的点为起始点,即轮廓以最接近的顶点为对齐的第一点,否则若起始对起点相差太多,会造成严重的扭转现象。单击"确定" ✔ 按钮,完成第一次放样。如图 12-12 所示。

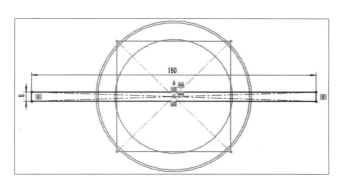

图 12-9　截面草图 5

图 11-10　"放样"对话框

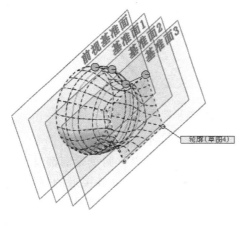

图 12-11　预览图

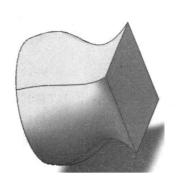

图 12-12　第一次放样

　　(2)再次单击"特征"工具栏中的"放样凸台/基体" 🔔 命令,弹出"放样"属性对话框,激活"轮廓"列表框,在图形区中依次选择"草图 4"和"草图 5",如图 12-13 所示,预览图如图 12-14 所示,此时注意两个绿色的起始点的位置,默认选择单击草图的最近位置为起始点,若起始点没有对应,可用鼠标左键拖动绿色点来移动起始点的位置。单击"确定" ✔ 按钮,完成第二次放样。最终得到的图形如图 12-15 所示。

　　3.项目总结

　　本项目主要是运用放样特征命令来建立模型,及通过在两个或多个轮廓之间进行过渡生成特征。放样可以是基体、凸台或曲面。

图 12 - 13 "放样"对话框

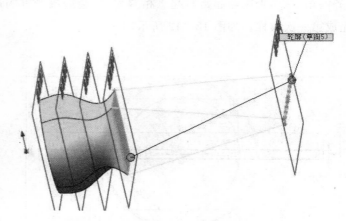

图 12 - 14 第二次放样预览图

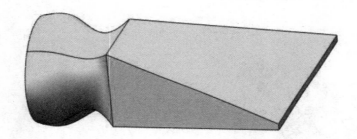

图 12 - 15 锤头的最终效果图

(1)轮廓可以是草图,也可以是其他特征的面,甚至是一个点;

(2)用点放样时,仅第一个或最后一个轮廓可以是点,也可以这两个轮廓都是点。

(3)创建放样时,无论轮廓输入是多少,选取各轮廓时都必须以最接近的顶点为对齐的第一点。否则如果两轮廓的起始对齐点相差太多,则会造成严重的扭转现象。

在创建该项目时采用两次放样,若用一次放样得到的图形如图 12 - 16 所示。此时的图形是起始点形成一个抛物线,若两个图形,则两个起始点直线相连。若需要控制放样特征的中间轮廓,可以使用引导线来控制。

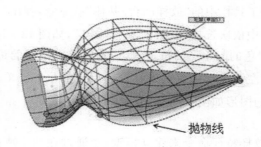

图 12 - 16 一次放样图形

三、项目拓展：

根据给定的实体工程图，绘制图 12-17～12-29 所示实体模型。

创建如图 12-17 所示的图形，其中第 1 截面为一点，第 2 截面为直径是 50 的圆，深度为 50，第 3 截面为外接圆半径为 30 的正五边形，深度为 50。

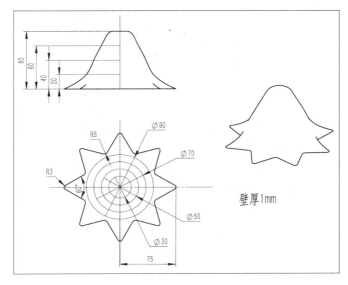

图 12-17　灯罩工程图

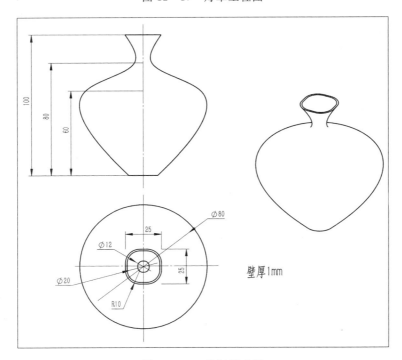

图 12-18　花瓶尺寸图

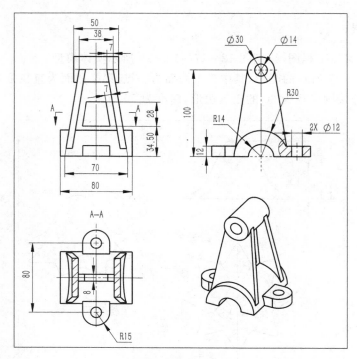

图 12 - 19 零件工程图

第 13 章　六角螺栓

一、学习目标

掌握螺纹线的创建方法；

掌握放样切除特征的创建方法。

二、主要内容

1. 项目分析

在 Solidworks 软件中建立 M12 的六角螺旋模型,螺纹的螺距为 2mm,螺纹截面为边长为 1.5mm 的正三角形。其他尺寸如图 13 - 1 所示。

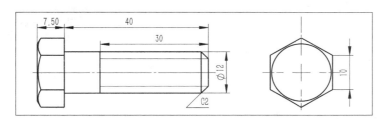

图 13 - 1　M12 六角螺栓的工程图

六角螺栓的螺纹部分为螺旋线,截面为正三角形,螺纹是切制出来的,所以需要用扫描切除特征来得到。

具体过程为:

(1)通过拉伸或者旋转命令得到六角螺栓的基体。

(2)通过扫描切除特征完成螺纹的切制。

(3)完成螺纹部分的收尾。

建模整体思路见图 13 - 2。

图 13 - 2　六角螺栓建模流程图

2. 项目实施

1）创建六角螺钉基体

（1）新建一"零件"图。单击"上视基准面"，在弹出的关联菜单中单击"草图绘制" 按钮，进入草图环境，绘制如图 13-3 所示的草绘图形。单击确定 按钮退出草绘。单击"特征"工具栏中的"拉伸凸台/基体" 命令拉伸草图，在弹出的"凸台－拉伸"对话框中设置参数。在"方向 1"的"终止条件"选择"给定深度"，"深度" 文本框中输入"7.5mm"如图 13-4 所示。单击"确定" 按钮，得到的图形如图 13-5 所示。

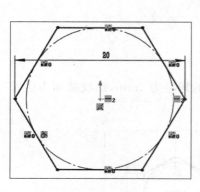

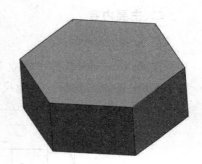

图 13-3　草图　　　　　　图 13-4　"凸台－拉伸"对话框　　　　　图 13-5　拉伸实体

（2）单击"前视基准面"，在弹出的关联菜单中单击"草图绘制" 按钮，进入草图环境，绘制如图 13-6 所示的草绘图形，注意绘制中心线。单击确定 按钮退出草绘。单击"特征"工具栏中"旋转切除" 命令，在弹出的"切除－旋转"对话框中设置参数。旋转轴 列表框中默认为草图中绘制的中心线，在"方向 1"的"终止条件"中选择"给定深度"，"角度"文本框中输入"360 度"。如图 13-7 所示。单击"确定" 按钮，如图 13-8 所示。

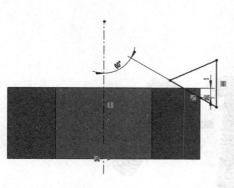

图 13-6　草图　　　　　　图 13-7　"切除－旋转"对话框　　　图 13-8　圆柱体特征

（3）单击"前视基准面"，在弹出的关联菜单中单击"草图绘制" ⊵ 命令，进入草图环境，绘制如图 13 - 9 所示的草绘图形，注意绘制中心线。单击确定 ⇄ 按钮退出草绘。单击"特征"工具栏中的"旋转凸台/基体" ⊕ 命令，在弹出的"旋转"对话框中设置参数。默认旋转轴 ↖ 列表框中为草图中绘制的中心线，在"方向 1"的"终止条件"中选择"给定深度"，"角度"文本框中输入"360 度"。单击"确定" ✔ 按钮。

（4）单击"特征"工具栏中的"倒角" ⊘ 命令，在弹出的"倒角"属性对话框中选择"角度距离"，"距离" ⊀ 文本框中输入"2mm"，"角度" ⊿ 文本框中输入"45 度"，激活"边线、面、特征和环" ⊡ 列表框，在图形区中选择六角螺栓最下面的边线，如图 13 - 10 所示。单击"确定" ✔ 按钮。得到如图 13 - 11 所示的图形，完成六角螺栓基体的创建。

图 13 - 9　草图　　　图 13 - 10　"倒角"对话框　　　图 13 - 11　圆柱体特征

2）创建螺纹

（1）绘制螺旋线。选中六角螺栓基体的圆柱体的底面，在弹出的关联菜单中单击"草图绘制" ⊵ 按钮，进入草图环境，绘制直径为 12 的圆，如图 13 - 12 所示。单击确定 ⇄ 按钮退出草绘。单击"草图"工具栏中"曲线" ⅋ 的下拉菜单中的"螺旋线/涡状线" ⅃ 命令，弹出"螺旋线/涡状线"属性对话框，在"定义方式"中选择"高度和螺距"，在"参数"中设置螺旋线参数，"高度"文本框中输入"30mm"，"螺距"文本框中输入"2mm"，注意方向如图 13 - 13 所示。单击"确定" ✔ 按钮，完成螺旋线的绘制，如图 13 - 14 所示。

（2）创建截面的基准面。要求截面的草绘平面穿过轨迹线，并与轨迹线垂直。单击"特征"工具栏中"参考几何体"下拉菜单中的"基准面" ▨ 命令。弹出"基准面"属性对话框，激活"第一参考" ▨ 列表框，在图形区中选择螺旋线的端点，"约束关系"选择 ⅄ 重合；激活"第二参考" ▨ 列表框，在图形区中选择螺旋线，"约束关系"选择 ⊥ 垂直，如图 13 - 15 所示。单击"确定" ✔ 按钮，完成基准面的创建，如图 13 - 16 所示。

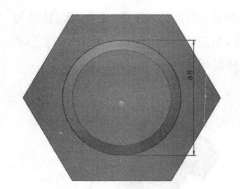

图 13-12 草图

图 13-13 "螺旋线/涡状线"对话框

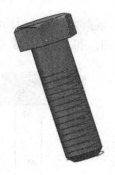

图 13-14 螺旋线

图 13-15 "基准面"对话框

图 13-16 创建基准面

（3）绘制截面草图。选择刚刚创建的"基准面 1"作为草绘平面,在弹出的关联菜单中单击"草图绘制" 按钮,进入草绘环境。绘制如图 13-17 所示的草图。同时添加约束截面草图与轨迹线的约束关系。按住 ctrl 键,选择图 13-17 中的"点 1"和螺旋线,弹出"属性"对话框,添加"穿透" 约束关系。单击确定 按钮退出草绘。

（4）扫描切除螺纹。单击"特征"工具栏中的"扫描切除" 命令,弹出"切除-扫描"属性对话框,激活"轮廓和路径"中的"轮廓"  列表框,在图形区中选择截面草图,激活"路径"
 列表框,在图形区中选择螺旋线。选项中的设置为默认值,如图 13-18 所示。预览图如
图 13-19 所示。最终得到的图形如图 13-20 所示。

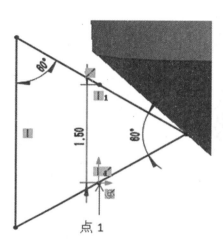

图 13-17　草图

图 13-18　切除—扫描"对话框

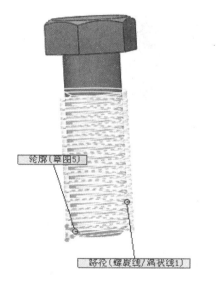

图 13-19　扫描切除预览图

图 13-20　螺纹特征的创建

3)螺纹收尾

选取螺纹结尾平面作为草绘平面,如图 13-20 所示的"草绘平面",在弹出的关联菜单
中单击"绘制草图"  按钮,进入草图环境,绘制如图 13-21 所示的草绘图形。单击"特征"
工具栏中的"拉伸切除"  命令,在弹出的"切除—拉伸"对话框中设置参数。在"方向 1"的

"终止条件"下拉列表框中选择"给定深度","深度"文本框中输入"10mm",如图 13 - 22 所示。单击"确定" ✔ 按钮,收尾后的效果图如图 13 - 23 所示。

最终的效果图如图 13 - 24 所示。

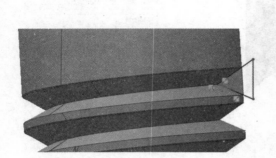
图 13 - 21　草图截面

图 13 - 22　"切除—拉伸"对话框

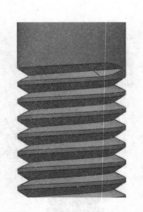
图 13 - 23　收尾部分的效果图

图 13 - 24　六角螺栓的效果图

3. 项目总结

本项目主要是运用扫描特征来完成螺纹的创建,螺纹创建时一截面随螺旋线扫描得到,所以需要利用曲线命令中的螺旋线来绘制。在用扫描切除特征时需要注意几个问题:

(1)截面是封闭的,不能有开环;

(2)三角形的尺寸不能超过螺距值;

(3)截面的界面一定要超过切制的基体(圆柱面),如果截面刚好在圆柱面上就没有办法切制出来;

(4)截面与螺旋线要有约束关系穿透,即保证截面过螺旋线。

三、项目拓展：

根据给定的实体工程图,绘制图 13-25～13-26 所示实体模型。

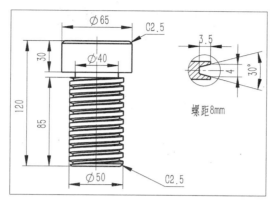

图 13-25　零件工程图

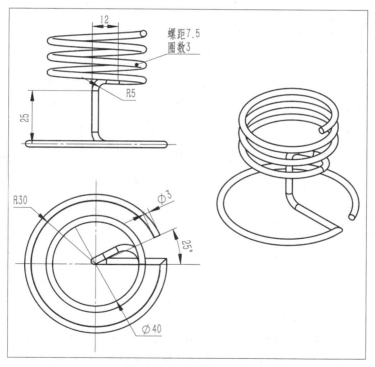

图 13-26　零件工程图

第 14 章　管接头

一、学习目标

掌握 3D 草图的绘制方法；
掌握扫描成形的创建方法。

二、主要内容

1. 项目分析

在 Solidworks 软件中建立模型，其工程图如图 14 - 1 所示。

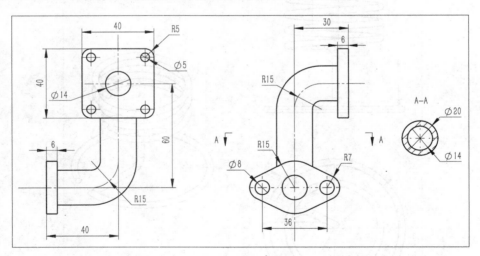

图 14 - 1　管接头

该零件建模主要是通过扫描特征完成。和之前零件不同的是，管道的路径不是放在一个基准面里的草图，是空间中的 3D 草图，所以这里需要用到 3D 草图功能。

建模过程如下：

(1)通过 3D 草图创建管道路径；

(2)通过拉伸创建管道；

(3)拉伸创建两侧的管接头。

建模整体思路见图 14 - 2 所示。

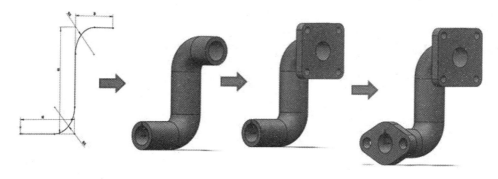

图 14-2　管接头的建模流程图

2. 项目实施

1)绘制 3D 草图

(1)绘制 3D 直线。单击"草图"工具栏"草图绘制" 下的黑色三角符号 ,选择"3D 草图" 命令,然后单击"直线" 命令,在绘图过程中会出现红色坐标系,提示当前草图所在的平面在 XY 平面,在 X 轴绘制一段直线,然后在 Y 轴绘制一段直线如图 14-3 所示。将草图切换为等轴测视图,按<Tab>键切换当前草图平面切换到 YZ 平面,在 Z 轴绘制一段直线,如图 14-4 所示。单击"智能尺寸" 标注尺寸如图 14-5 所示。

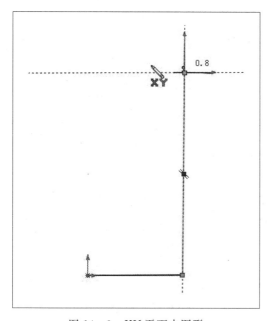

图 14-3　XY 平面内图形

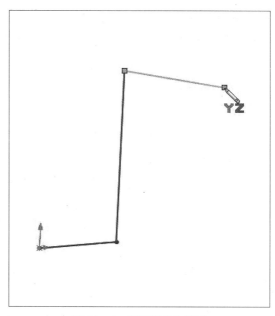

图 14-4　YZ 平面内图形

(2)绘制圆角。单击"圆角" 命令,弹出"绘制圆角"对话框,激活"要圆角化的实体"列表框,在图形区中选择两个转折点,在"半径" 文本框中输入"15mm"。单击"确定" 绘制圆角。得到 3D 草图,如图 14-6 所示。

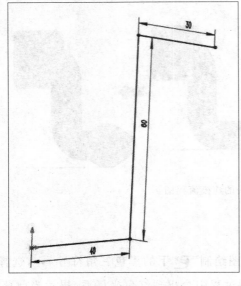

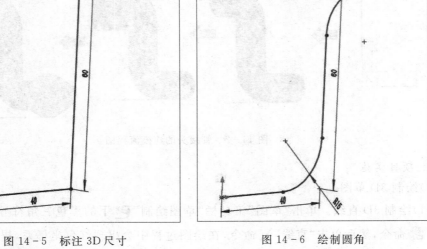

图 14-5　标注 3D 尺寸　　　　　　　　　　图 14-6　绘制圆角

2)扫描管道

(1)绘制截面草图。单击"右视基准面",在弹出的关联快捷菜单中选择"草图绘制"命令,绘制如图 14-7 所示的草图,选择圆心与路径,弹出"属性"对话框,如图 14-8 所示,选择几何关系为"穿透",单击按钮,退出草图绘制环境

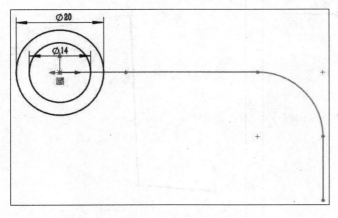

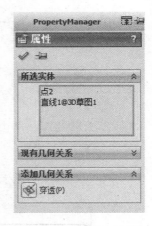

图 14-7　截面草图　　　　　　　　　　　图 14-8　"属性"对话框

(2)扫描管道。单击"特征"工具栏中的"扫描"命令,弹出"扫描"对话框,如图 14-9 所示。激活"轮廓和路径""轮廓"列表框,在图形区中选择刚刚创建的截面草图,激活"路径"列表框,在图形区中选择 3D 草图,单击"确定"按钮,生成扫描实体,如图 14-10 所示。

图 14 - 9　"扫描"属性对话框

图 14 - 10　扫描管道

3）拉伸创建上面的管接头

（1）单击管道上圆环端面，在弹出的关联快捷菜单中选择"草图绘制" 命令，绘制如图 14 - 11 所示的草图，并标注尺寸和设定约束关系，单击 按钮，退出草绘。

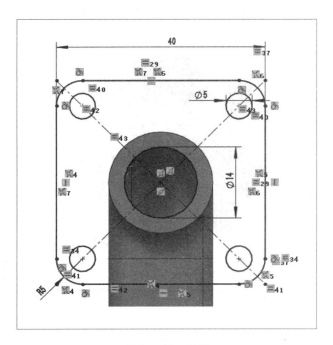

图 14 - 11　草图

（2）单击"特征"工具栏中的"拉伸凸台/基体" 命令，在弹出对话框中设置参数，如图 14 - 12 所示。在"方向 1"中"终止条件"选择"给定深度"，"深度" 文本框中输入"6mm"，用 "反向" 调整方向，单击"确定" 按钮生成管接头实体，如图 14 - 13 所示。

图 14-12 "凸台-拉伸"属性对话框

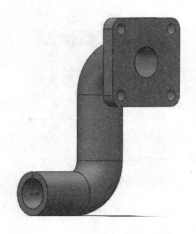

图 14-13 拉伸上面管接头

4) 拉伸创建下面的管接头

(1) 单击管道下圆环端面，在弹出的关联快捷菜单中选择"草图绘制" 命令，绘制如图 14-14 所示的草图，并标注尺寸和设定约束关系，单击 按钮，退出草绘。

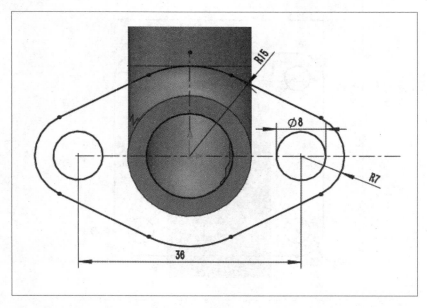

图 14-14 草图

(2) 单击"特征"工具栏中的"拉伸凸台/基体" 命令，在弹出的"凸台-拉伸"对话框中设置参数，如图 14-15 所示。在"方向 1"中"终止条件"选择"给定深度"，"深度" 文本框中输入"6mm"，用"反向" 调整方向，单击"确定" 按钮生成管接头实体，如图 14-16 所示。

图 14-15　"凸台－拉伸"对话框

图 14-16　拉伸另一侧管接头

3. 项目总结

本项目主要用到了 3D 草图功能,3D 草图就是不用选取基准面作为载体,可以直接在图形区绘制空间曲线草图。3D 草图功能适用于一些复杂的管类零件建模。在 3D 草图环境下,利用<Tab>键来切换草图平面,注意状态栏的提示信息。3D 草图中可包含直线、点、中心线、样条曲线、转化实体引用和草图圆角,也可以被裁剪和延伸。

三、项目拓展:

根据给定的实体工程图,绘制图 14-17～14-18 所示实体模型。

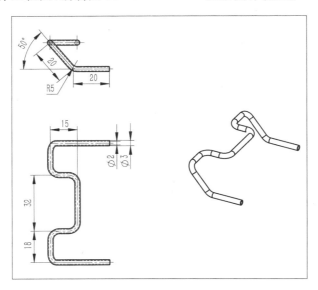

图 14-17　零件工程图

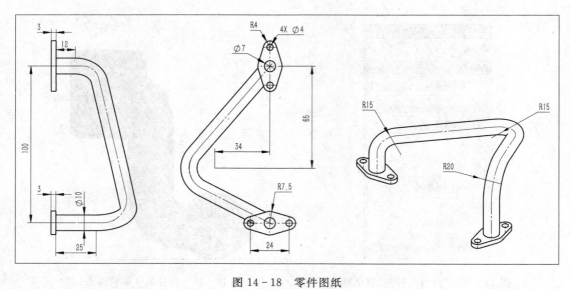

图 14-18　零件图纸

第 15 章　圆柱凸轮

一、学习目标

掌握包覆的使用方法；
理解零件建模思路。

二、主要内容

1. 项目分析

在 Solidworks 软件中建立圆柱凸轮三维模型，其工程图如图 15-1 所示，凸轮倒圆
角 30mm。

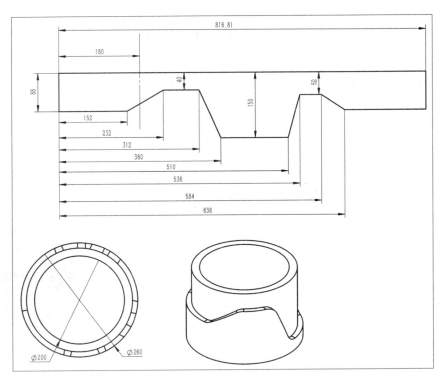

图 15-1　圆柱凸轮工程图

本项目的圆柱凸轮主要是依靠表面的凸起轮廓来带动从动件运动，因此凸轮路径是该
零件最主要的特征，需要用到包覆特征来完成建模。建模过程为：

(1)通过拉伸命令创建圆柱基体；

（2）绘制从动件的运动线图

（3）通过包覆特征生成凸轮路径。

建模整体思路见图 15 - 2。

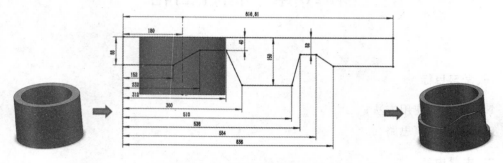

图 15 - 2　圆柱凸轮建模流程图

2. 项目实施

1）创建圆柱基体

（1）新建一"零件"图。单击"上视基准面"，在弹出的关联菜单中单击"草图绘制" 按钮，绘制圆柱体的草绘图形。绘制两个同心圆，如图 15 - 3 所示，单击确定 按钮退出草绘。

（2）单击"特征"工具栏中的"拉伸凸台/基体" 命令拉伸草图，在弹出的"凸台－拉伸"对话框中设置参数，如图 15 - 4 所示。在"方向 1"中"终止条件"选择"给定深度"，在"深度" 文本框中输入"180mm"，单击"确定" 按钮生成圆柱体，如图 15 - 5 所示。

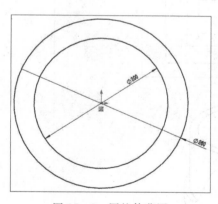

图 15 - 3　圆柱体草图　　　　图 15 - 4　"凸台－拉伸"对话框　　图 15 - 5　圆柱体基体

2）创建凸轮路径

（1）单击"前视基准面"，在弹出的关联菜单中单击"草图绘制" 按钮，绘制凸轮路径的草绘图形。如图 15 - 6 所示，标注尺寸，双击总长度尺寸"816"，弹出"修改"对话框，在对话框中输入"pi * 260"，其中 pi 代表圆周率，即该尺寸定义为圆柱体外圆的周长。单击确定 按钮退出草绘。

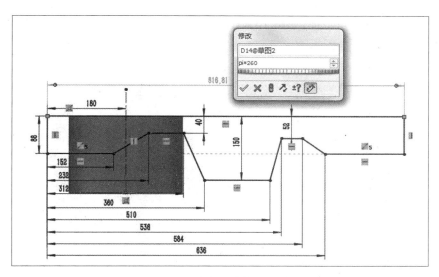

图 15 - 6　绘制从动件运动线图

（2）选中刚刚绘制的凸轮路径草图，单击"特征"工具栏中的"包覆"  命令，弹出"包覆"
对话框，如图 15 - 7 所示。在"包覆参数"中选择"蚀雕"，激活"包覆草图的面" 列表框，在
图形区中选择圆柱体的圆柱面，在"深度" 文本框中输入"12mm"。单击"确定" 按钮完
成凸轮路径的创建，如图 15 - 8 所示。

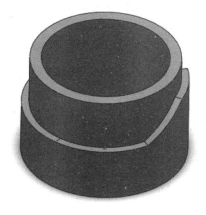

图 15 - 7　"包覆"对话框　　　　　　　　　图 15 - 8　包覆特征

3）绘制圆角

单击"特征"工具栏中的"圆角"命令，弹出"圆角"对话框，如图 15 - 9 所示。在"半径"
文本框中输入"30mm"，激活"边线、面、特征和环" 列表框，在图形区中选择圆角边线，单

击"确定" ✔ 按钮完成圆角特征,如图 15-10 所示。

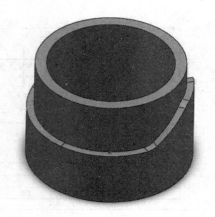

图 15-9 "圆角"对话框   图 15-10 圆柱凸轮实体

3. 项目总结

本项目主要用到了包覆特征,该特征是将草图轮廓缠绕到包覆面上,形成凸起或凹陷或刻划。包覆的草图必须位于包覆面的相切面或相切面的平行平面。在本项目中注意草图是绕在圆柱体上一圈,所以总长度应该为圆柱体外圆的周长。

三、项目拓展:

根据给定的实体工程图,绘制图 15-11 所示墨水瓶模型。

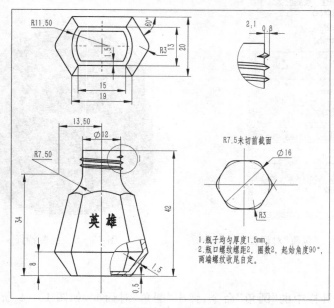

图 15-11 墨水瓶

第16章 减速器箱盖

一、学习目标

掌握抽壳、拔模、筋、镜向、异形孔向导等特征的使用；
掌握复杂零件的建模方法。

二、主要内容

1. 项目分析

在 Solidworks 软件中建立模型，其工程图如图 16-1 所示。

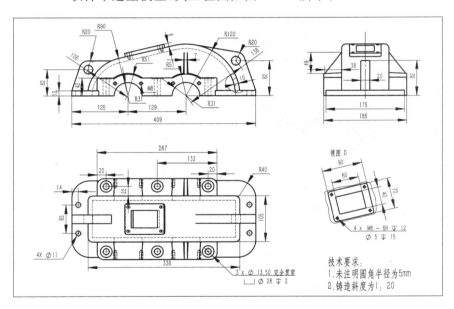

图 16-1 减速器箱盖图纸

该项目为箱体类零件，是机器中的重要零件之一，一般起容纳、支撑、零件定位和密封等作用，它将其内部的轴、轴承、套和齿轮等零部件按一定的相互位置关系装配起来，并按预定的传动关系协调运动，内外形状较为复杂。这类零件多为中空的壳体形状，由均匀薄壁围成的不同形状的空腔，通常空腔薄壁上具有轴孔、轴承孔、凸台、肋板等结构。

该零件为减速箱的箱盖部分，建模时遵循"怎么制造怎么建模"的建模理念。先创建主体然后进行抽壳、添加孔等操作。箱体一般为铸件，材料多使用铸铁或铸钢，铸造好箱体毛坯后，再进行后续的加工和处理得到最终的箱体。加工时，因为箱体孔的精度要求较高，所以多遵循先加工面后加工孔的加工顺序，以加工好平面定位，再来加工孔。

建模过程如下：

（1）利用拉伸特征创建主体部分；

（2）进行倒圆角、抽壳处理；

（3）利用拉伸、拉伸切除、异性孔向导完成凸缘部分的建模；

（4）利用镜向特征完成凸缘部分的镜向；

（5）利用筋特征生成肋板

（6）利用拉伸、拉伸切除、螺纹孔等特征完成窥视孔的设计；

（7）利用拉伸工具完成两边吊耳的设计；

（8）利用拔模、圆角等特征完成箱盖的细节处理。

建模整体思路见图16-2所示。

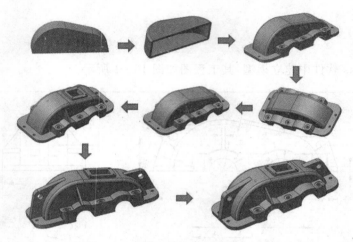

图 16-2   减速器箱盖的建模流程图

2. 项目实施

1）拉伸出零件主体

（1）新建一"零件"图。单击"前视基准面"，在弹出的快捷菜单中单击"草图绘制" 命令，进入草图环境，绘制如图16-3所示草绘图形，注意图形必须是封闭的。单击 按钮，退出草绘。

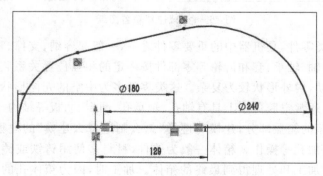

图 16-3   主体草图

（2）生成凸台特征。单击"特征"工具栏中的"拉伸凸台/基体" 🔲 命令，在"凸台－拉伸"属性对话框中的"终止条件"选择"两侧拉伸"，在"深度" 🔵 文本框中输入"105mm"，如图16－4所示，单击"确定" ✅ ，其特征效果如图16－5所示。

图16－4　"凸台拉伸1"对话框　　　　　　　图16－5　零件主体

（3）生成圆角。单击"特征"工具栏中的"圆角" 🔵 命令，在弹出的"圆角"属性对话框中设置参数，如图16－6所示。在"圆角项目"中的"半径" 🔵 文本框中输入"10mm"，激活"边线、面、特征和环" 🔲 列表框，在图形区中选择如图16－7所示的线，单击"确定" ✅ 按钮，完成圆角的创建。

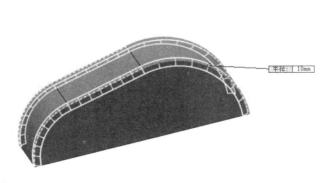

图16－6　"圆角1"对话框　　　　　　　　图16－7　圆角位置

（4）抽壳处理。单击"特征"工具栏中的"抽壳" 🔲 命令，在弹出的"抽壳"属性对话框中设置参数，如图16－8所示，在"参数"中，在"厚度" 🔵 文本框中输入"10mm"，激活"移除的面" 🔲 列表框，在图形区中选择如图16－9所示的面。单击"确定" ✅ ，最终得到的零件主体如图

16－10 所示。

图 16－8 "抽壳 1"对话框

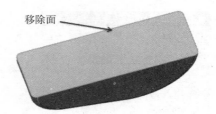

图 16－9 移除面位置

图 16－10 零件主体

2)凸缘部分设计

(1)绘制凸缘部分的草图。选择"上视基准面"作为草图基准面,在弹出的快捷菜单中单击"草图绘制"图标 ⤴,进入草图环境,绘制如图 16－11 所示的草绘图形。单击 ⤴ 按钮,退出草绘。

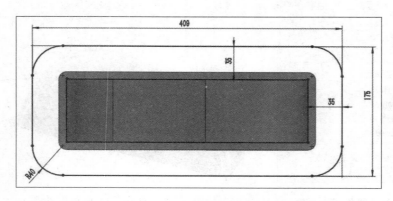

图 16－11 凸缘部分草绘图

(2)生成凸台特征。单击"特征"工具栏中的"拉伸凸台/基体" 🔲 命令,在"凸台－拉伸"属性对话框中的"终止条件"选择"给定深度",在"深度" 🔾 文本框中输入"12mm",如图 16－12 所示,单击"确定" ✅,其特征效果如图 16－13 所示。

图 16-12　"凸台－拉伸 2"对话框

图 16-13　凸台特征效果图

3）轴承座设计

（1）绘制轴承座部分的草图。选择图 16-13 中的"面 1"作为草图基准面，单击"草图绘制"图标 ，进入草图环境，绘制如图 16-14 所示的草绘图形，单击 按钮，退出草绘。

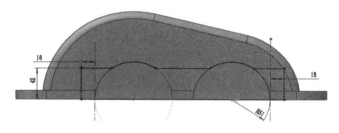

图 16-14　轴承座部分的草绘图

（2）生成凸台特征。单击"特征"工具栏中的"拉伸凸台/基体" 命令，弹出"凸台－拉伸"属性对话框，在"终止条件"中选择"给定深度"，在"深度" 列表框中输入"40mm"，如图 16-15 所示，单击"确定" ，其特征效果如图 16-16 所示。

图 16-15　"凸台－拉伸 3"对话框

图 16-16　轴承座特征效果图

（3）生成圆角。单击"特征"工具栏中的"圆角" 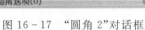命令，在弹出的"圆角"属性对话框中设置参数，如图 16 - 17 所示，在"圆角项目"中，在"半径" 文本框中输入"15mm"，激活"边线、面、特征和环" 列表框，在图形区中选择如图 16 - 18 所示的两条边线，单击"确定" 。

图 16 - 17　"圆角 2"对话框　　　　　　　　图 16 - 18　圆角位置

（4）生成轴承座孔。选择图 16 - 19 中的"面 2"作为草图基准面，单击"草图绘制"图标 ，进入草绘环境，绘制如图 16 - 20 所示的草绘图形：两个直径为 62 的圆，单击 按钮。执行"拉伸切除" 命令，在"切除－拉伸"属性对话框中的"终止条件"选择"成形到下一面"，如图 16 - 21 所示，单击"确定" ，其特征效果如图 16 - 22 所示。

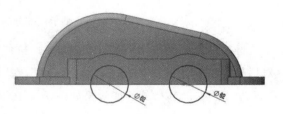

图 16 - 19　草绘图形平面　　　　　　图 16 - 20　轴承座孔的草绘图形

图 16 - 21　"切除－拉伸 1"对话框　　　　图 16 - 22　轴承座孔的效果图

(5)生成轴承盖与轴承座的螺栓孔。选择"上视基准面"作为草图基准面,单击"草图绘制" 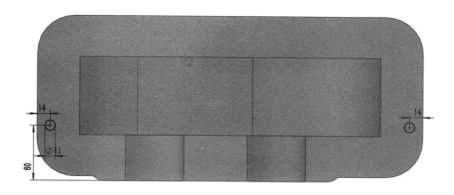,进入草绘环境,绘制如图 16-23 所示的草绘图形:两个直径为 11 的圆,位置关系见图 16-23,单击 按钮,退出草绘环境。执行"拉伸切除" 命令,在"切除-拉伸"属性对话框中"终止条件"选择"完全贯穿",如图 16-24 所示,单击"确定" ,其特征效果如图 16-25 所示。

图 16-23 螺栓孔草图

图 16-24 "拉伸-切除 2"属性对话框

图 16-25 生成螺栓孔的效果图

(6)生成轴承盖与箱盖的螺纹孔。单击"特征"工具栏中的"异形孔向导" 命令,在弹出的"孔规格"的属性对话框中的"孔类型"中选择"直螺纹" ,"孔规格"选择大小为 M8,"终止条件"设置见图 16-26。单击"位置" 选项卡,放置孔的位置,单击图 16-19 中的面 2 作为放置平面,进入草绘环境,默认选中"点"命令,绘制草图为 4 个点,点的位置如图 16-27 所示,单击 按钮,退出草绘,单击"确定" 。

(7)轴承旁的联接螺栓孔。再次单击"特征"工具栏中的"异形孔向导" 命令,在弹出的"孔规格"的属性对话框中的"孔类型"中选择"柱形沉头孔" ,"孔规格"选择大小为 M12,勾选"显示自定义大小"复选框修改沉头孔深度 为 2mm,如图 16-28 所示。终止

条件 ⚒ 为"完全贯穿"。单击"位置"⬚选项卡,放置孔的位置,选择轴承座凸台的上表面为放置平面,进入草绘环境,默认选中"点"命令,绘制草图为 3 个点,点的位置如图 16 - 29 所示,单击 🖱️按钮,退出草绘,单击"确定"✅。

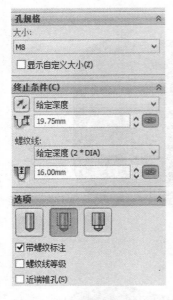

图 16 - 26 "孔规格"对话框

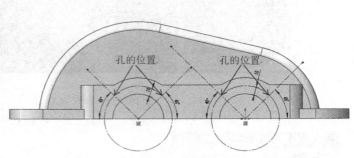

图 16 - 27 孔的位置图

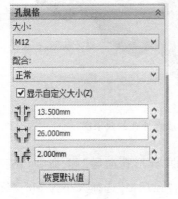

图 16 - 28 "孔规格"对话框

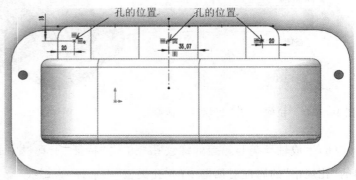

图 16 - 29 孔的位置

(8)镜向凸缘部分。单击"特征"工具栏中的"镜向"🪞特征,在弹出的"镜向"属性对话框中进行设置,激活"镜向面/基准面"🗀列表框在设计树中选择"前视基准面",激活"要镜向的特征"🗂列表框,在图形区中选择所有需要镜向的特征,如图 16 - 30 所示。单击"确定"✅,镜向后的效果图如图 16 - 31 所示。

图 16 - 30　"镜向"对话框　　　　　图 16 - 31　镜向后的效果图

4)肋板设计

(1)创建基准面。单击"特征"工具栏中的"参考几何体"  下拉菜单中的"基准面" 命令,弹出"基准面"属性对话框,激活"第一参考"的 列表框,在设计树中选择"右视基准面",偏移距离 文本框中输入"128mm",如图 16 - 32 所示。单击"确定" ,完成基准面的创建。

(2)创建筋 1。选择"筋" 筋 特征,提示需要选择一个基准面作为草绘平面,选择刚刚创建的基准面 1,单击"草图绘制"图标 ,进入草绘环境,绘制如图 16 - 33 的草图,草图为一条斜直线,位置关系如图,注意图形一定是开放图形,并能与已有的图形形成封闭的空间,单击 按钮,退出草绘。然后在弹出的"筋"的属性对话框中,选择"厚度"为"两侧" ,"筋厚度" 为 7mm,拉伸方向为平行于草图 ,勾选"反转材料方向",如图 16 - 34 所示。注意观察预览图中的拉伸方向,单击"确定" 。

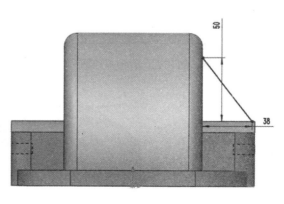

图 16 - 32　"基准面 1"对话框　　　　　　图 16 - 33　筋的草图

（3）创建筋 2。用相同的方法在另一侧完成筋 2 的创建，参数设置相同。
最终的效果图如图 16 - 35 所示。

图 16 - 34 "筋 1"对话框 图 16 - 35 生成肋板的效果图

5）窥视孔设计

（1）生成凸台。选择图 16 - 35 中的"面 3"作为草绘平面，单击"草图绘制" <kbd>图标，进入草绘环境，绘制如图 16 - 36 所示的草绘图形，单击 <kbd>按钮，退出草绘。执行拉伸操作，单击"特征"工具栏中的"拉伸" <kbd>，在"凸台－拉伸"属性对话框中选择"给定深度"，在深度值 <kbd>文本框中输入"8mm"，如图 16 - 37 所示，单击"确定" <kbd>，其特征效果如图 16 - 38 所示。

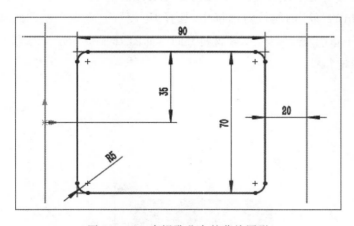

图 16 - 36 窥视孔凸台的草绘图形 图 16 - 37 "凸台－拉伸 4"对话框

图 16 - 38 窥视孔凸台效果图

（2）生成观察孔。选择图 16-38 中的"面 4"作为草绘平面，单击"草图绘制"图标 ，进入草绘环境，绘制如图 16-39 所示的草绘图形，单击 按钮，退出草绘环境。执行"拉伸切除" 操作，在"切除－拉伸"属性对话框中选择"成形到下一面"，如图 16-40 所示，单击"确定" ，其特征效果如图 16-41 所示。

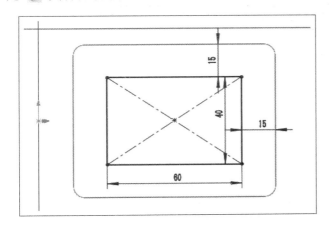

图 16-39 观察孔的草绘图形

图 16-40 "切除－拉伸 3"属性对话框

图 16-41 观察孔的效果图

（3）生成螺纹孔。选择"异形孔向导" 特征，在弹出的"孔规格"的属性对话框中的"孔类型"中选择"直螺纹" ，"孔规格"选择大小为 M6，终止条件设置见图 16-42。单击"位置" ，放置孔的位置，单击图 16-38 中的面 4 作为放置平面，进入草绘环境，默认选中"点"命令，绘制草图为 4 个点，点的位置如图 16-43 所示。单击 按钮，退出草绘，然后单击"确定" ，最终得到的效果图如图 16-44 所示。

图 16-42 "孔规格"对话框

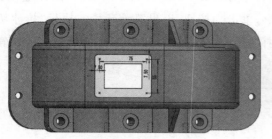

图 16-43　孔的位置　　　　　　　　图 16-44　窥视孔效果图

6)吊耳设计

(1)绘制草图。单击"前视基准面",在弹出的快捷菜单中单击"草图绘制" ，进入草图环境,绘制如图 16-45 所示草绘图形,注意图形必须是封闭的。单击 按钮,退出草绘。

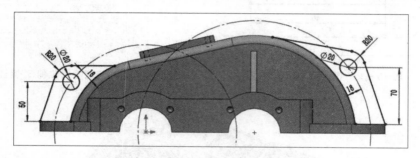

图 16-45　吊耳草图

(2)生成凸台特征。执行拉伸操作,单击"特征"工具栏中的"拉伸" 命令,在"凸台一拉伸"属性对话框中选择"两侧拉伸",在深度 文本框中输入"20mm",如图 16-46 所示,单击"确定" ,其特征效果如图 16-47 所示。

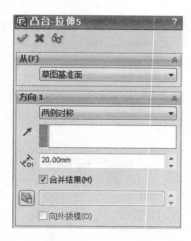

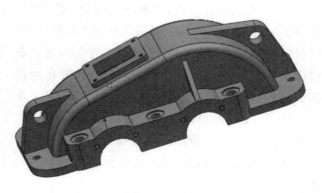

图 16-46　"凸台一拉伸 5"属性对话框　　　　　图 16-47　吊耳效果图

7)细节设计

(1)拔模 1。单击"特征"工具栏中的"拔模" 命令,弹出"拔模"对话框,如图 16 - 48 所示,在"拔模类型"选择"中性面","拔模角度" 文本框中输入"3 度",激活"中性面" 列表框,在图形区中选择图 16 - 49 中的中性面,激活"拔模面" 列表框,在图形区中选择图 16 - 49 中的拔模面,单击"确定" ,完成拔模。

图 16 - 48　"拔模 1"对话框

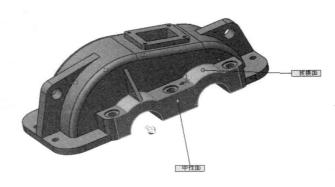

图 16 - 49　拔模 1 的中性面和拔模面

(2)拔模 2。同拔模 1 的操作设置相同,中性面和拔模面的选择如图 16 - 50 所示,完成另一侧的拔模。

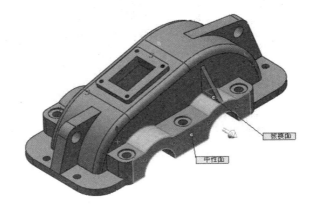

图 16 - 50　拔模 2 的中性面和拔模面

(3)拔模 3。单击"特征"工具栏中的"拔模" 命令,弹出"拔模"对话框,如图 16 - 51 所示,"拔模类型"选择"中性面",在"拔模角度" 文本框中输入"3 度",中性面和拔模面选择见图 16 - 52。单击"确定" ,完成拔模。

图 16 - 51 "拔模 3"属性对话框

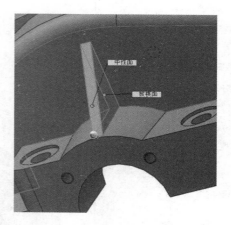

图 16 - 52 拔模 3 的中性面和拔模面

(4)拔模 4。同拔模 3 的操作设置相同,中性面和拔模面的选择如图 16 - 53 所示,完成另一侧的拔模。

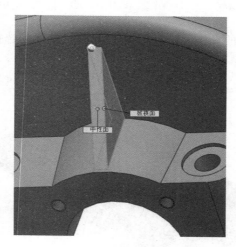

图 16 - 53 拔模 4 的中性面和拔模面

(5)圆角 1。单击"特征"工具栏中的"圆角" 命令,弹出"圆角"属性对话框,如图 16 - 54 所示。在"半径" 文本框中输入"3mm",激活"边线、面、特征和环" 列表框,在图形区中选择如图 16 - 55 所示的线,单击"确定" ,完成圆角特征。

图 16-54　"圆角"对话框

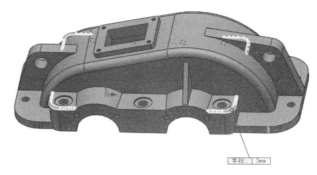

图 16-55　圆角位置

（6）圆角 2。单击"特征"工具栏中的"圆角"命令，在弹出的"圆角"属性对话框中设置参数，如图 16-56 所示。在"圆角项目"中，在"半径"文本框中输入"1mm"，激活"边线、面、特征和环"列表框，在图形区中选择如图 16-57 所示的线。单击"确定"，完成圆角特征。

图 16-56　"圆角"属性对话框

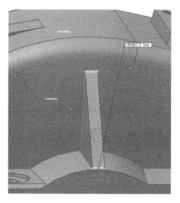

图 16-57　圆角位置

最终得到的效果图如图 16-58 所示。

3. 项目总结

本项目为箱体类零件，由于箱体一般为铸造件，且主要起支撑、定位等作用，有较多的筋，拔模斜度，倒圆角等。在建模过程中用到了抽壳、筋、拔模

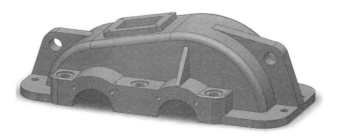

图 16-58　最终效果图

等特征。在建模过程中遵循先创建主体，然后进行抽壳、添加孔等操作，最后做拔模和倒角的处理。在用筋特征时注意草绘图形一定是开放的，且能和已有的图形形成封闭的空间，注意筋的方向。在抽壳时注意移除面的选择。在用异形孔向导工具时注意先设置参数，再绘制孔的位置，孔的位置草图为孔的圆心点。在用拔模特征时，注意中性面和拔模面的选择。

三、项目拓展：

根据给定的实体工程图,绘制图 16-59-~16-62 所示实体模型

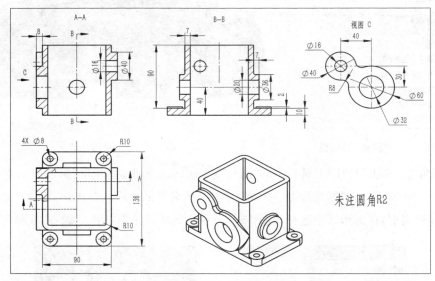

图 16-59　齿轮箱工程图

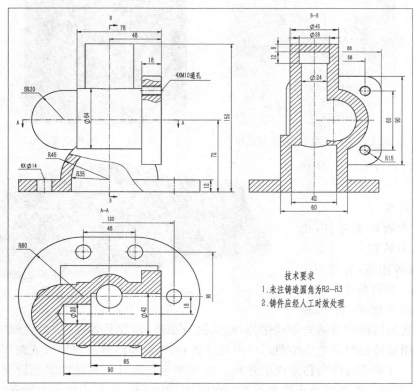

图 16-60　阀盖工程图

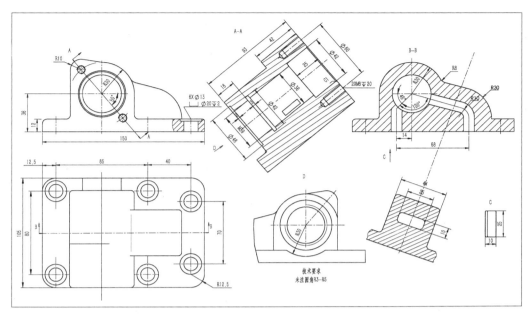

图 16-61 分配阀阀体工程图

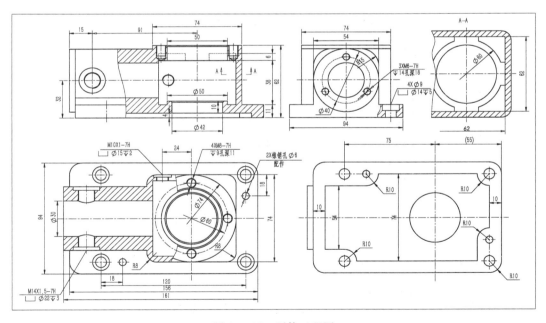

图 16-62 泵体工程图

第 17 章　齿轮类零件的创建

一、学习目标

掌握渐开线齿轮的绘制方法：简化画法、方程式、插入标准库等画法；

掌握方程式的使用方法；

掌握成形特征参数赋值的操作方法；

掌握利用 2 维图纸生成 3 维图形的操作方法；

掌握标准件的使用方法。

二、主要内容

1. 项目分析

在 Solidworks 软件中建立直齿轮模型，模数 $m=3$，齿数 $z=66$。其他尺寸如图 17-1 所示。

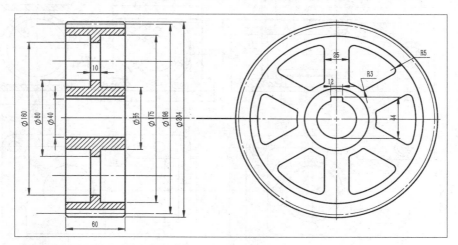

图 17-1　齿轮工程图

齿轮种类繁多，主要区别在于其齿形。齿轮类零件一般具有回转轴线，为了传递扭矩、运动和精度，在其内孔中设计有键槽、花键槽或销孔等结构。建模方法一般先创建齿轮毛坯，然后创建齿轮齿形，该项目的齿形为渐开线齿形。建模过程为：

（1）利用拉伸或旋转命令创建齿轮毛坯；

（2）创建齿轮的渐开线齿形；

（3）通过阵列特征阵列所有的齿；

（4）通过拉伸切除等命令创建其他部分。

建模整体思路见图 17 - 2。

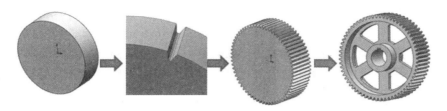

图 17 - 2 齿轮建模流程图

2．项目实施

1）创建齿轮毛坯

（1）新建一"零件"图。单击"前视基准面"，在弹出的关联菜单中单击"草图绘制" 按钮，进入草图环境，绘制如图 17 - 3 所示的草绘图形，大小为齿顶圆直径。单击"确定" 按钮退出草绘。

（2）单击"特征"工具栏中的"拉伸凸台/基体" 命令拉伸草图，在弹出对话框中设置参数。如图 17 - 4 所示，在"方向 1"中的"终止条件"选择"给定深度"，在"深度" 文本框中输入"60mm"。单击 ✔ 按钮生成齿轮毛坯，如图 17 - 5 所示。

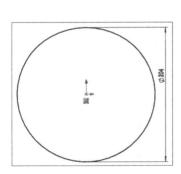

图 17 - 3 草绘图形   图 17 - 4 "凸台拉伸"对话框   图 17 - 5 齿轮毛坯

2）渐开线齿形

（一）方法一：简化齿形

在 Solidworks 中绘制渐开线齿形比较繁琐，系统提供的现有曲线形状无法直接绘制渐开线，只能先计算渐开线上一系列点的坐标值，绘制完这些点后，再用样条曲线将这些点连接起来。

从工程实用的角度来看，只要保证分度圆上齿厚近似相等，用某一简单的曲线去代替齿轮齿廓曲线即可，这不会影响齿轮的表达效果。因为当一对齿轮啮合时，从三维零件模型或者二维工程图表达的形式上来说，不会出现干涉现象，也不会出现明显的视角差别。所以简化画法通过用圆弧曲线来代替渐开线的方法来绘制齿轮。具体过程如下：

（1）单击"前视基准面"，在弹出的关联菜单中单击 ➁ 按钮，进入草图环境，使用"圆心/起/终点画弧" ⌓ 绘制三段圆弧，圆心与齿轮毛坯的圆心重合，圆弧半径的大小分别为齿顶圆半径 102mm，分度圆半径 99mm，齿根圆半径 95.25mm。绘制一条竖直中心线，添加约束关系，使圆弧的两个端点之间关于竖直中心线对称。标注三段圆弧的弧长分别为 7.81mm，4.71mm，2.31mm。选中与分度圆重合的圆弧，使用"构造几何线"将该段圆弧转换为中心线。得到的图形如图 17 - 6 所示。

（2）绘制齿形线。使用"三点圆弧" ⌓ 工具绘制两个圆弧，其中圆弧的起终点分别与齿顶圆和齿根圆圆弧的端点重合。同时添加约束关系，两个圆弧分别过分度圆圆弧的两个端点，即两个圆弧与分度圆圆弧的端点添加"重合"几何关系，得到的图形如图 17 - 7 所示。单击"确定" ↳ 按钮退出草绘。

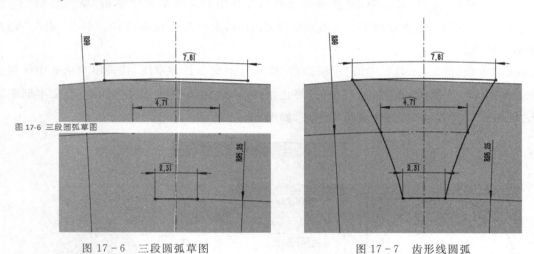

图 17 - 6　三段圆弧草图　　　　　　　　图 17 - 7　齿形线圆弧

（3）生成齿槽。在模型树中选中刚刚绘制的草图 2，单击"特征"工具栏中的"拉伸切除" ▣ 命令，弹出"拉伸－切除"对话框，设置参数，如图 17 - 8 所示。在对话框中设置"方向 1"的"终止条件"为"完全贯穿"。单击 ✓ 按钮完成一个齿槽的切制，如图 17 - 9 所示。

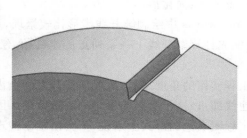

图 17 - 8　"切除－拉伸"对话框　　　　　图 17 - 9　切制齿槽

（4）阵列轮齿。单击特征工具栏上的"圆周阵列" ，弹出"圆周阵列"属性对话框。激活"参数"的"阵列轴"列表框，从图形区域中选择齿轮毛坯的圆柱面，则默认为"拉伸 1"中的轴线为阵列轴，在"实例数 ❋"列表框中输入齿数"66"，并勾选"等间距"复选框。激活"要阵列的特征"列表框，从图形区中选择"切除－拉伸 1"如图 17-10 所示。其他项目接受默认设置，单击"确定" ✔ 图标完成齿槽的阵列。如图 17-11 所示。

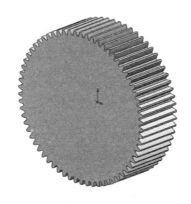

图 17-10　"圆周阵列"设置　　　　　图 17-11　阵列齿槽

（二）方法二：参数化方程式

（1）单击"工具"－"方程式"，弹出"方程式、整体变量及尺寸"对话框，在"全局变量"下输入需要的齿轮参数。如图 17-12 所示。单击"确定"完成参数的设置。

方程式、整体变量、及尺寸			
名称	数值/方程式	估算到	评论
全局变量			
"m"	= 3	3	
"z"	= 66	66	
"a"	= 20	20	
"d"	= "m" * "z"	198	
"da"	= ("z" + 2) * "m"	204	
"db"	= "m" * "z" * cos ("a")	186.059	
"s"	= pi * "m" / 2	4.71239	
"df"	= ("z" - 2.5) * "m"	190.5	
"r"	= 0.38 * "m"	1.14	
"e"	= pi * "m" / 2	4.71239	
添加整体变量			
特征			

☑ 自动重建　　角度方程单位：　度数 ▼　　☑ 自动求解组序
☐ 链接至外部文件：

确定　取消　输入(I)...　输出(E)...　帮助(H)

图 17-12　设置齿轮参数

（2）修改单位为弧度。单击"选项 🔢"按钮，选择"文档属性"－"单位"，在对话框中的"角度"单位改为弧度，如图 17-13 所示。单击"确定"完成单位的修改。

（3）单击"前视基准面"，在弹出的关联菜单中单击"草图绘制" ✏|按钮，进入草图环境，单击"样条曲线" ∿ 下面的黑色小三角，单击"方程式驱动的曲线" ∿ 命令，弹出对话框，在

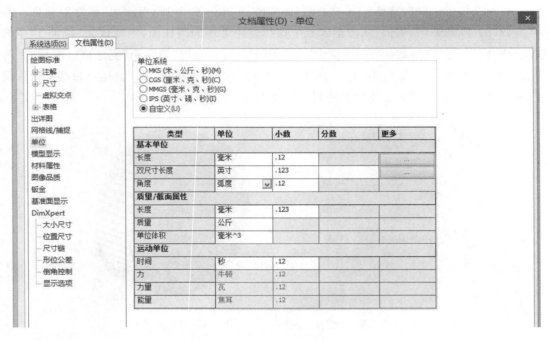

图 17-13 修改单位为弧度

对话框中的"方程式类型"中选择"参数性",在"参数"中的"方程式"中输入渐开线方程:X_t = $"db" * \cos(t)/2 + "db" * t * \sin(t)/2$,$Y_t = "db" * \sin(t)/2 - "db" * t * \cos(t)/2$,在"参数"中输入参数范围,$t_1 = 0$,$t_2 = pi/4$,如图 17-14 所示。得到如图 17-15 所示的渐开线。单击"确定"按钮退出草图。

图 17-14 方程式驱动的曲线对话框

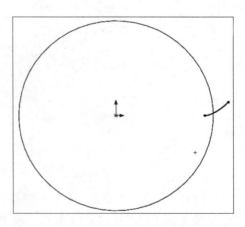

图 17-15 渐开线

(4)单击"前视基准面",在弹出的关联菜单中单击"草图绘制"按钮,进入草图环境。

画出基圆 db，齿根圆 df，分度圆 d，齿顶圆 da，并随意标注。单击"工具"—"方程式"，打开方程式选项卡，在特征下面单击"方程式"的下属空白框，然后单击草图上的尺寸标注，就出现"$D1@$草图 3"，在"数值/方程式"下选择"全局变量"下的"da"，如图 17 - 16 所示。同理，完成齿根圆，基圆，分度圆的方程式创建，如图 17 - 17 所示，设置完后单击"确定"。

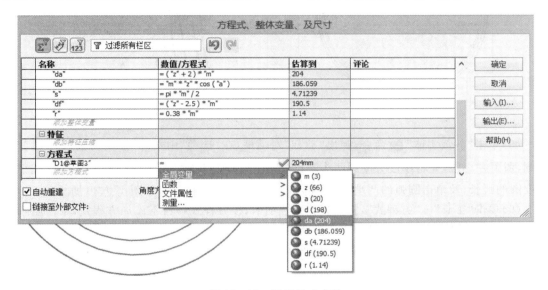

图 17 - 16　设置尺寸参数

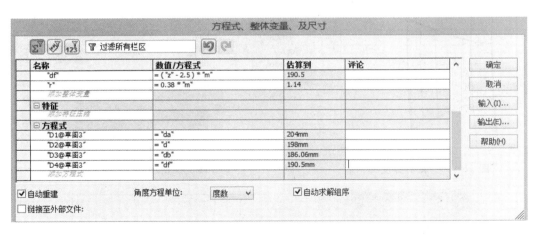

图 17 - 17　四个圆的方程式创建

（5）在"草图 3"下将"草图 2"的渐开线转换为实体引用，单击"转换实体引用"命令，单击渐开线，然后隐藏"草图 2"。原因是不好直接对参数化建模的渐开线做剪裁。

（6）单击"草图"工具栏中的"中心线"命令，画一条构造线，如图 17 - 18 所示。

（7）单击"草图"工具栏中的"镜向实体"命令，激活对话框中的"要镜向的实体"列表框，在图形区中选择渐开线，激活"镜向点"列表框，在图形区中选择绘制的中心线，完成渐开线的镜向，得到如图 17 - 19 的草图。

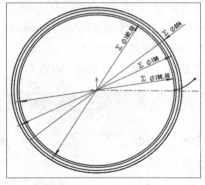

图 17-18　绘制构造线

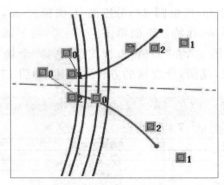

图 17-19　镜向渐开线

（8）单击"剪裁实体" ✂ 命令，弹出"剪裁"对话框，在"选项"中选择"强劲剪裁" ，裁剪分度圆，留下一小段，并将小段分度圆两头端点分别于渐开线重合。单击"智能尺寸" ✐ 标注小段分度圆的弧长，及单击圆弧的两端点，再单击圆弧完成弧长的标注。如图 17-20 所示。

（9）单击"工具"—"方程式"，打开方程式选项卡，在方程式项目下添加方程式，单击刚刚标注的弧长，在"数值/方程式"下选择"全局变量"下的"e"，及设置齿槽宽，如图 17-21 所示。单击"确定"。然后单击分度圆上的圆弧，在弹出的"圆弧"对话框中，勾选"作为构造线"复选框，如图 17-22 所示。单击"确定" ✓。则分度圆上圆弧为构造线，如图 17-23 所示的。

图 17-20　裁剪分度圆

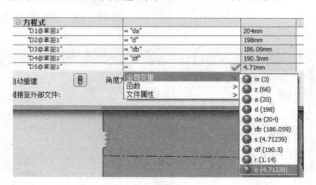

图 17-21　设置"齿槽宽"尺寸

图 17-22　"圆弧"属性对话框

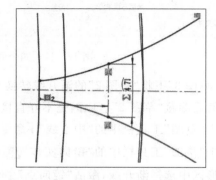

图 17-23　设置齿槽宽

（10）重新打开"草图 3"进入草图环境，单击"三点圆弧 ![icon]"绘制两端圆弧并标注，两段圆弧相等并分别与齿根圆、渐开线相切。单击"工具"－"方程式"，打开方程式选项卡，在方程式项目下添加方程式，单击圆弧的半径尺寸，在"数值/方程式"下选择"全局变量"下的"r"。单击"确定"，得到的图形如图 17-24 所示。

（11）重新打开"草图 3"，裁剪曲线，留下齿槽中间的部分，为了避免裁剪曲线后方程式错误，可以将不需要的曲线设置成构造线，如基圆。得到图形如图 17-25 所示。单击"确定" ![icon]按钮退出草绘。

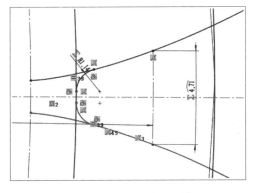

图 17-24　绘制齿根圆角

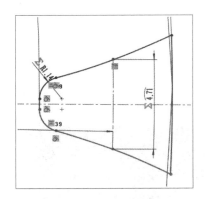

图 17-25　齿槽草图

（12）生成齿槽。步骤同方法一中的（3），得到如图 17-26 所示图形。

（13）阵列轮齿。步骤同方法一中的（4），得到如图 17-27 所示图形。

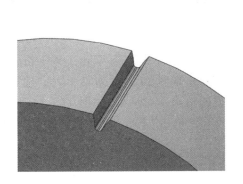

图 17-26　切制齿槽

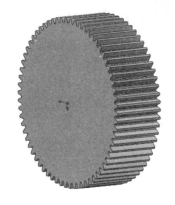

图 17-27　阵列齿槽

（三）利用 caxa 二维绘图软件

（1）在 CAXA 操作界面，单击"绘图"－"齿轮" ![icon]命令，弹出图 17-28 对话框，按照需要填好齿轮参数后单击"下一步"。弹出图 17-29 的对话框，由于要创建三维模型，需要在草图中显示全部齿数，因此"有效齿数"不勾选；为方便定位，草图中需绘制中心线，因此勾选"中心线"。设置完成后点完成得到图 17-30 图形。然后将图纸另存为 DWG 格式。如图

17-31 所示。

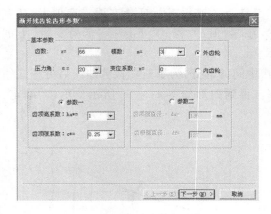 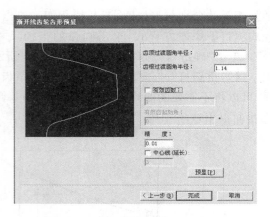

图 17-28　齿轮参数对话框 1　　　　　　　图 17-29　齿轮参数对话框 2

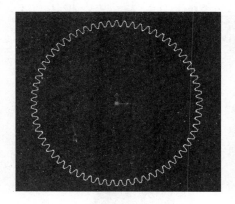 

图 17-30　齿轮截面图形　　　　　　　图 17-31　另存为 DWG 格式

　　（2）在 Solidworks 中打开 DWG 格式图纸。单击"打开"，双击 DWG 格式的齿轮文件，然后弹出图 17-32 所示对话框，单击"确定"后出现图 17-33 对话框，选"输入到新零件为"—"2D 草图"，然后点击"下一步"。此时出现调整选项对话框，如图 17-34 所示，首先是选择数据单位，在此选择"毫米"，其余见图 17-35。单击"下一步"。调整完成后点单击"完成"，可能会弹出图 17-36 所示对话框，选择"是"。

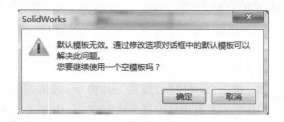

图 17-32　Solidworks 打开 DWG 图纸时的提示

图 17 - 33　DWG 图纸输入设置

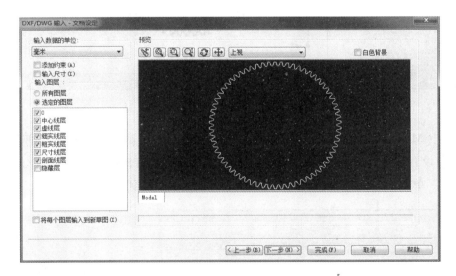

图 17 - 34　调整选项对话框 1

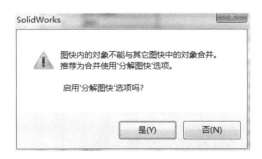

图 17 - 35　调整对话框 2

（3）在 Solidworks 中直接生成草图 Model，默认中心点放在前视基准面的原点。如图 17-36 所示。单击 🐾，该齿轮截面草图生成后可以直接拉伸成实体，也可以添加齿轮安装孔、键槽等参数后再拉伸。

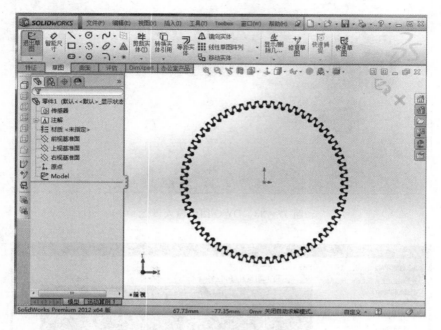

图 17-36　生成齿轮草图

（4）选中 Model 草图，单击"特征"工具栏中的"拉伸凸台/基体" 🔲 命令拉伸草图，在弹出对话框中设置参数。在"方向 1"的"终止条件"中选择"给定深度"，"深度" 🔼 文本框中输入"60mm"。单击 ✔ 按钮生成齿轮毛坯，如 17-37 所示。得到的图形如图 17-38 所示。

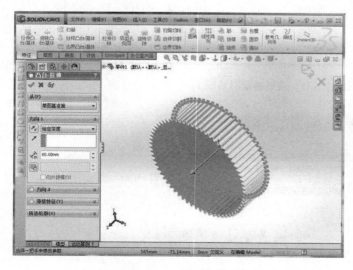

图 17-37　拉伸草图

图 17-38　生成齿轮

（四）Toolbox 库中插入齿轮

（1）新建一"零件"图。选择右侧的任务窗格，然后选择"toolbox"—"GB"，如图 17-39 所示。

（2）然后双击"GB"文件夹，选择"动力传动"—"齿轮"—"正齿轮"，单击右键，在弹出的快捷菜单中选择"生成零件"，如图 17-40 所示。在弹出的对话框中修改齿轮属性，模数：3，齿数：66，压力角：20，面宽：60，轴直径 40，键槽：矩形（1），如图 17-41 所示。然后单击"确定"✔按钮完成标准齿轮的创建。

图 17-39　toolbox 工具

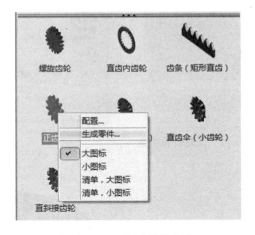

图 17-40　生成齿轮命令

（3）得到的齿轮自动保存在 C:\SolidWorks Data\CopiedParts 路径下。单击"打开" 命令，弹出对话框，选择里面的文件，打开新建的标准齿轮。如图 17-42 所示。打开后可做进一步修改，可以另存为其他路径下，得到的齿轮如图 17-43 所示。

3）创建板幅部分

（1）创建轴孔。单击"前视基准面"，在弹出的关联菜单中单击"草图绘制" 按钮，进入草图环境，绘制如图 17-44 所示的草绘图形。单击确定 按钮退出草绘。在模型树中选中刚刚绘制的草图，单击"特征"工具栏中的"拉伸切除" 命令，弹出"拉伸-切除"对话框，设置参数，在对话框中设置"方向 1"的"终止条件"为"完全贯穿"，如图 17-45 所示。单击 ✔ 按钮完成轴孔切制，如图 17-46 所示。

图 17-41 设置齿轮参数

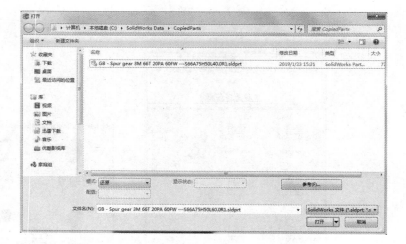

图 17-42 打开齿轮零件

图 17-43 标准齿轮

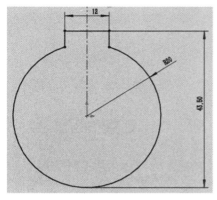

图 17-44　轴孔草图

图 17-45　"切除—拉伸"对话框

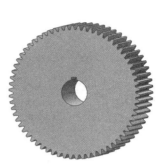

图 17-46　切制轴孔

(2)创建腹板部分。单击"前视基准面",在弹出的关联菜单中单击 ⬚ 按钮,进入草图环境,绘制如图 17-47 所示的草绘图形。单击"确定" ⬚ 按钮退出草绘。在模型树中选中刚刚绘制的草图,单击"拉伸切除" ⬚ 按钮,弹出"拉伸—切除"对话框,设置参数,在对话框中设置"方向 1"的"终止条件"为"给定深度","深度" ⬚ 为 25mm,如图 17-48 所示。单击 ✓ 按钮完成轴孔切制,如图 17-49 所示。

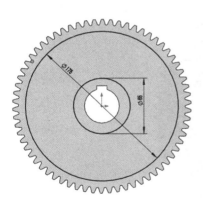

图 17-47　草图

图 17-48　"切除—拉伸"对话框

图 17-49　拉伸切除一侧腹板

(3)拉伸切除另一侧腹板。选择齿轮的另一端面作为草绘平面,绘制图 17-47 所示草图,步骤同(2)拉伸切除另一侧,深度也为 25mm。(也可用镜向完成这部分)

(4)创建腹板中间部分。选择图 17-49 中的"面 1"作为草绘平面,在弹出的关联菜单中单击"草图绘制" ⬚ 按钮,进入草图环境,绘制如图 17-50 所示的草绘图形,单击"确定" ⬚ 按钮退出草绘。然后单击"特征"工具栏中的"拉伸切除" ⬚ 命令,弹出"拉伸—切除"对话框,设置参数,在对话框中设置"方向 1"的"终止条件"为"完全贯穿",如图 17-51 所示。单击 ✓ 按钮完成腹板部分,得到的齿轮如图 17-52 所示。

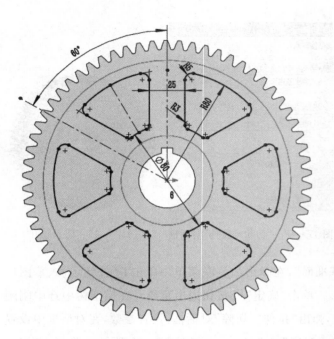

图 17-50 草图

图 17-51 "切除—拉伸"属性对话框

图 17-52 最终图形

3. 项目总结

本项目主要是齿轮标准件的创建方法,由于齿轮的齿形为渐开线,不能直接用曲线绘制出。这里对创建齿轮的几种方法进行了总结,当然还有一些其他的方法,请读者自行完成。

三、项目拓展:

根据给定的图纸,绘制图 17-53~17-54 所示实体模型。

1. 齿轮轴

齿轮轴工程图如图 17-53 所示，其中模数 $m=3$，齿数 $z=20$。

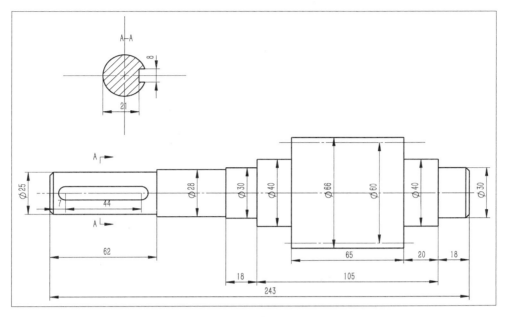

图 17-53　齿轮轴工程图

2. 斜齿轮圆柱齿轮

$M_n=2\text{mm}$，$z=94$，$\beta=10°28'$，左旋，工程图如图 17-54 所示。用放样来生成一个斜齿，旋转和阵列来生成多齿，最后拉伸切除。

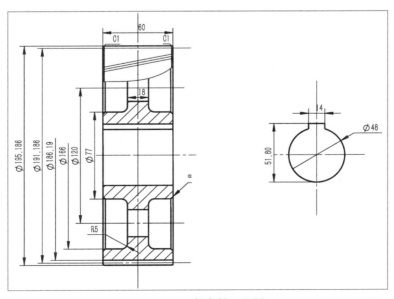

图 17-54　斜齿轮工程图

第三篇

装配设计

第18章　装配基础知识

装配体设计是三维设计中一个重要环节,设计人员不仅可以利用三维零件模型实现产品的整体装配,还可以使用相关工具实现装配体干涉检查、装配流程和运动仿真等一系列产品整体的辅助设计。

一、装配基础

1. 概述

一个产品往往由多个零件组合(装配)而成,装配模块可以创建由许多零部件所组成的复杂装配体,这些零部件可以是零件或其他装配体,称为子装配体。装配体设计是将各种零件模型插入到装配体文件中,利用配合方式来限制各个零件的相对位置,使其构成一个部件。

按规定的技术要求,将零部件进行配合和联接,使之成为半成品或成品的工艺过程称为装配。把零件装配成半成品称为部件装配;把零件和部件转配成产品的过程称为总转配。而虚拟装配设计是指在零件造型完成以后,根据设计意图将不同零件组织在一起,形成与实际产品装配相一致的装配结构,并进行相应的分析评价过程。

2. 基本装配方法

SolidWorks 软件提供了两种装配体设计方法:自下而上设计方法和自上向下设计方法。自下而上设计方法是传统的设计方法,即先完成各个零件的建模,然后将其插入装配体,使用配合来定位零件。该方法方便利用现有零件进行装配体设计;零部件相互独立,在模型重建过程中计算更加简单;各个零件中的特征和尺寸是单独定义的,因此可以将完整的尺寸插入到工程图中。若想更改零件,必须单独编辑零件。自上向下设计方法是从装配体环境下开始设计工作,利用该方法设计装配体时,可以从一个空白的装配体开始,也可以从一个已经完成并插入到装配体环境中的零件开始设计其他零件。该方法设计快速、高效;更加专注于产品整体的设计,而不是只考虑单独的零件细节;在设计更改发生时所需改制更少,零件根据所创建的方法而指导如何自我更新。

3. 装配步骤

装配是定义零件之间几何运动关系和空间位置关系的过程。SolidWorks 装配体由子装配、零件和配合组成。装配设计步骤可概括为"插基准","定位置","添其他","设配合"。

(1)插基准。建立一个新的装配体,向装配体中添加第一个零部件即基准件。

(2)定位置。设定基准件与装配环境坐标系的关系。

(3)添其他。向装配体中加入其他的零部件。

(4)设配合。设定零部件的配合对象及其配合类型,设定相互的配合关系。

二、装配体基本操作

1. 创建装配体文件

创建一个 SolidWorks 装配体文件，单击标准工具栏中的"新建" 按钮，弹出"新建 SolidWorks 文件"对话框，选择"装配体"，如图 18-1 所示，单击"确定"按钮，建立一个装配体文件，进入装配体环境，如图 18-2 所示。

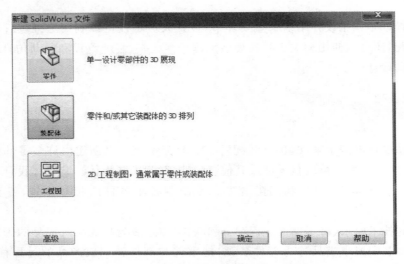

图 18-1 "新建 SolidWorks 文件"对话框

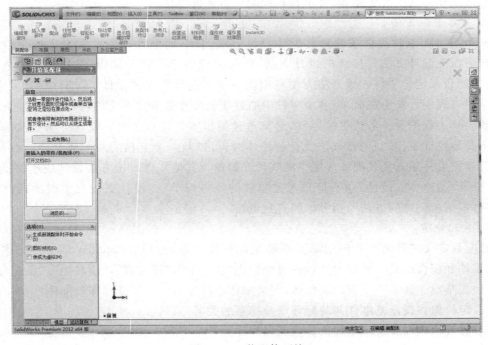

图 18-2 装配体环境

进入装配体环境,"开始装配体"属性对话框位于用户界面的左侧,并处于打开状态,如图 18-2,通过该属性管理器可以插入新的零部件。工具栏中显示了装配体工具栏,通过该工具栏中的命令可以进行装配体的相关操作。

2. 插入零部件

将一个零部件插入装配体中时,这个零部件文件会与装配体文件链接。零部件出现在装配体中,零部件的数据还保持在源零部件文件中。对零部件文件所进行的任何改变都会更新装配体。反之,在装配体中对零部件进行修改,源零部件也会相应改变。

在装配体中插入第一个零部件应该是不可移动的零件,第一个零件被固定后,其他零件将通过各种配合方式配合到它上面,这样就不会使装配体整体移动。

具体步骤如下:

(1)新建一个装配体文件,进入装配体环境,"开始装配体"属性对话框处于打开状态,如图 18-2 所示。

(2)单击"要插入的零件/装配体"选项中的"预览"按钮,弹出"打开"对话框,在该对话框里浏览至文件所在位置,选取所需文件,如图 18-3 所示。选择"曲柄摇杆"中的"机架",单击"打开"按钮。切换至用户界面,鼠标移动至绘图区域,"机架"零件随着鼠标移动,若在绘图区单击鼠标左键即确定放置位置。为了使第一个零件的坐标与装配环境坐标对齐,在绘图区不要单击鼠标,直接单击右上角的"确定" 按钮,则默认与装配环境坐标对齐,且自动设为"固定"。"开始装配体"属性对话框关闭,在设计树中,该零件带有"固定"标记。如图 18-4 所示。(也可以单击工具栏中的"视图"按钮,选择"原点",移动鼠标至装配体原点,单击鼠标左键放置该零件。)

图 18-3　插入零件

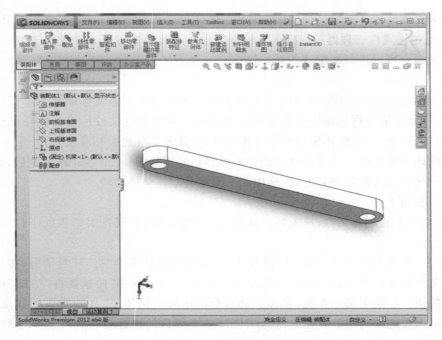

图 18 - 4　插入零部件

（3）单击"装配体"特征中的"插入零部件" 命令，弹出"开始装配体"对话框，重复步骤
（2）在装配体环境下插入其他零件，此时不要单击"确定" 按钮，直接在装配体绘图区域中
单击放置零部件的位置。如图 18 - 5 所示。

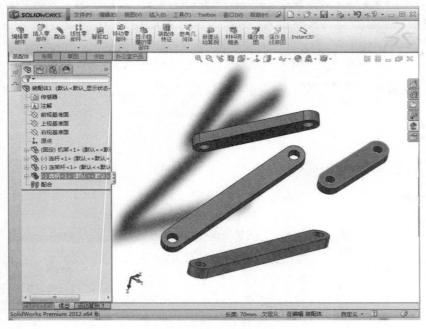

图 18 - 5　添加其他零件

3. 移动和旋转零部件

对于装配体中没有完全定义或固定的零部件,可以使用"移动零部件"和"旋转零部件"命令在装配体中移动和旋转零部件。这样可以移动零部件到一个更好的位置,以便于建立配合关系。当零部件做微小的调整时,也可以按住鼠标左键,拖动到恰当位置来移动零部件;或按住鼠标右键,将其旋转到合适位置;按住鼠标中键,则可以旋转整个装配体。

1)移动零部件

单击"装配体"工具栏上的"移动零部件" 按钮,弹出"移动零部件"属性对话框,如图18-6所示。这时光标的形状变为 ,选中要移动的零部件移动到需要的位置。具体有五种方法。

(1)自由拖动

指零部件可以沿着任何方向移动,为默认设置,此时直接在绘图区中左键单击零部件并拖动鼠标,则零部件随着鼠标移动,移动到指定位置放开鼠标即可。

(2)沿装配体 XYZ

指选择零部件并沿装配体的 X、Y 或 Z 轴方向拖动。图形区域中显示坐标系以帮助确定方向,如图18-7所示。

图18-6　"移动零部件"属性对话框

图18-7　坐标系显示

(3)沿实体

指零部件沿被选择的实体拖动。此时在属性对话框中有一个"所选项目"项,需要选择具体的实体,如图18-8所示。如果选择的实体是一条直线、边线或轴线,所移动的零部件只有一个自由度。如果选择的实体时一个基准面或平面,所移动的零部件具有两个自由度。

(4)由 Delta XYZ

指利用坐标系中各轴具体的坐标值来移动零部件,在属性对话框中出现坐标值的输入栏,如图 18 - 9,零部件将按照指定的数值移动。

(5)到 XYZ 位置

先在图形区域中选择零部件的一点,在属性对话框中输入 X、Y、Z 的坐标,然后单击"应用"按钮。如图 18 - 10 所示。被选择的零部件的点将移动到指定的坐标位置。如果选择项目不是项目或点,则零部件的圆点会被放在所指定的位置。

图 18 - 8　沿实体　　　图 18 - 9　由 Delta XYZ　　　图 18 - 10　到 XYZ 位置

2)旋转零部件

旋转零部件同移动零部件的操作和选项相同,使用"旋转零部件"命令可以在装配体环境下旋转目标零件。

单击"装配体"工具栏上的"旋转件"  按钮,弹出"旋转零部件"属性对话框,如图 18 - 11 所示。这时光标的形状变为 ,选中要旋转的零部件旋转到需要的位置。具体有三种方法。

(1)自由拖动

指零部件可以绕零件的重心为旋转中心做自由旋转。

(2)对于实体

零部件可以绕着所选择的实体(直线、边线或轴)旋转。

(3)由 Delta XYZ

在属性对话框中输入 X、Y、Z 值,然后单击"应用"按钮,被选择的零部件将按照指定的角度值绕装配体的轴旋转。

4. 删除零部件

(1)在图形区域或设计树中单击零部件。

(2)按[Delete]键,或选择菜单"编辑"—"删除"命令,或右键单击在快捷菜单中选择"删除"命令。

(3)单击"是"按钮确认删除。此零部件及相关项目(配合、零部件阵列、爆炸视图、工程图等)都会被删除。

图 18 - 11　"旋转零部件"
属性对话框

三、配合关系

配合是定义零部件位置和方向的表面、边、平面、轴或草图几何体之间的关系,他们是草图中二维几何关联的三维表示。可以使用配合关系来定义一个零件是否可动,在装配体零部件之间生成几何关系。

1. 添加配合步骤

(1)单击"装配体"工具栏上的"配合" 📎,弹出"配合"属性对话框。如图 18 - 12 所示。

(2)激活"要配合的实体" 🔧 列表框,在图形区域选择要配合的实体。

(3)选择符合设计要求的配合关系。

(4)单击"确定" ✅ ,生成配合方式。在"配合"一栏将显示添加的配合关系。

2. 配合关系

配合关系根据用户的不同要求,可以分为三大类:标准配合关系、高级配合关系和机械配合关系。

1)标准配合关系

用户可以建立多种形式的标准配合关系,这些关系也是机械设计中常用的配合关系类型,如图 18 - 12 所示。

(1)重合 ⬜

将所选面、边线及基准面定位,它们共享同一个无限基准面,表示所选的实体相重叠。重合配合关系有同向对齐和反向对齐两种方式,在"要配合的实体" 🔧 列表框中选择两个平面,两种对齐方式可以在对话框中的"配合对齐" 🔧 和 🔧 中切换,也可以在弹出的快捷菜单中单击"反转配合对齐" 🔧 来切换,图形的状态如图 18 - 13 所示。

图 18 - 12　"配合"属性对话框

(a)反向对齐

(b)同向对齐

图 18 - 13　重合配合

（2）平行 ◻

使所选的两个平面相互平行，但距离不确定，也有两种对齐方式，反向对齐和同向对齐。如图 18 - 14 所示。

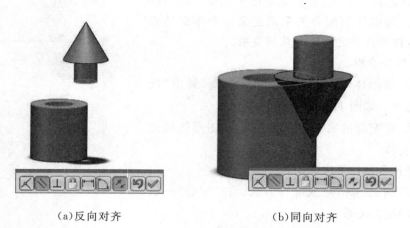

（a）反向对齐　　　　　　　　　　　　　　（b）同向对齐

图 18 - 14　平行配合

（3）垂直 ⊥

使两个所选的面保持垂直关系，如图 18 - 15 所示。

（4）距离 ◻

在建立重合配合时，所选的两个面重合，为距离配合则是在两个面之间设定一定的距离。如图 18 - 16 所示。

（5）角度 ◻

建立角度配合时，所选择的两个面之前并不平行，而是具有一定的角度，如图 18 - 17 所示。

（6）同轴线 ◎

图 18 - 15　垂直关系

同轴线配合一般建立在两个圆柱面之间或一个圆柱面和一个线性实体（基准轴、临时轴、边线或草图线段）之间。

选择两个圆柱面建立同轴心配合时，所选的两个圆柱面的中心线必须重合。在"要配合的实体" ◻ 列表框中选择两个配合圆柱面，图形状态如图 18 - 18 所示。

（7）相切 ◻

相切配合一般用于线性实体和圆柱面、曲面建立的配合关系。在"要配合的实体" ◻ 列表框中选择一个圆柱面一个平面，图形状态如图 18 - 19 所示。

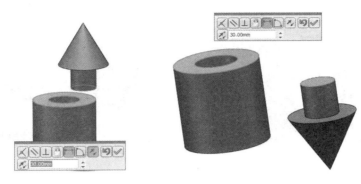

（a）反向对齐　　　　　　　　　（b）同向对齐

图 18-16　距离配合

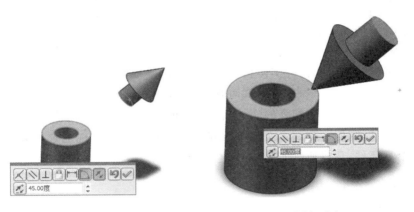

（a）反向对齐　　　　　　　　　（b）同向对齐

图 18-17　角度配合

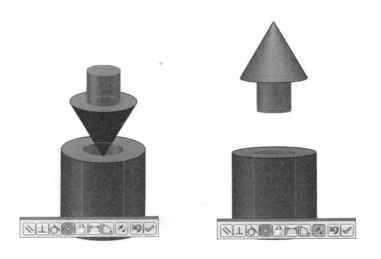

（a）反向对齐　　　　　　　　　（b）同向对齐

图 18-18　同轴心配合

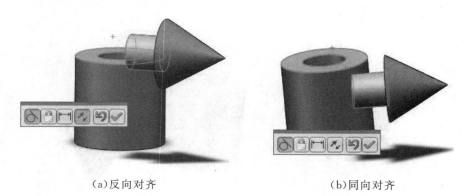

(a)反向对齐   (b)同向对齐

图 18-19   同轴心配合

2)高级配合

高级配合关系是用于建立特定需求的配合关系,如对称配合、宽度配合和限制配合等。单击"配合"属性对话框中的"高级配合"显示高级配合的参数。

(1)对称配合

对称配合强制使两个相似的实体相对于零部件的基准面或平面或者装配体的基准面对称。对称配合中可以使用点、直线、基准面或平面、相等半径的球体和相等半径的圆柱。

如图 18-20 所示,在"要配合的实体" 列表框中选择面 1 与面 2,在"对称基准面"中选择"上视基准面",则面 1 与面 2 关于上视基准面对称。注意对称配合不会相对于对称基准面镜向整个零部件,只将所选实体与另一实体相关联。

图 18-20   对称配合

（2）宽度配合

宽度配合使配合件（标签）位于被配合件（凹槽宽度）的中心，其中凹槽宽度参考可以是两个平行面，两个非平行面；标签参考可以是两个平行面、两个非平行面或一个圆柱或轴。

如图 18－21 所示。其中"宽度选择"下"要配合的实体" 一栏选择基体的前、后两端面，"薄片选择"三角块的前、后两端面。标签可以沿凹槽的中心基准面平移以及绕与中心基准面垂直的轴旋转。跨度配合可以防止标签侧向平移或旋转。

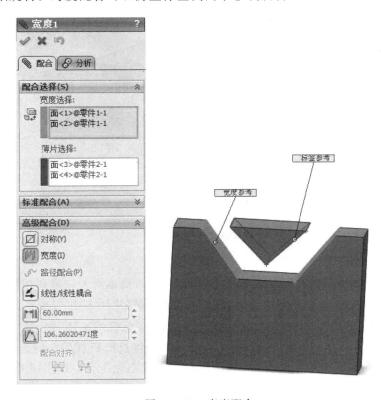

图 18－21　宽度配合

（3）限制配合

限制配合允许零部件在距离配合和角度配合的一定数值范围内移动。需要指定一开始距离或角度以及最大值和最小值。例如添加限制配合：设定三角块和基体的前端面之间的初始距离"距离" 为 5mm，"最大值" 为 15mm，"最小值" 为 －5mm，在"配合选择"下"要配合的实体" 一栏中选择要配合的面及基体的"面 1"和三角块的"面 2"，三角块在水平方向只能在这个范围内移动，如图 18－22 所示。

3）机械配合

机械配合关系用于建立机械零件传动部分的配合关系，如凸轮配合，齿轮配合和螺旋配合等。

单击"装配体"工具栏中的"配合" ，弹出"配合"属性对话框，在"机械配合"选项组下选择配合类型。

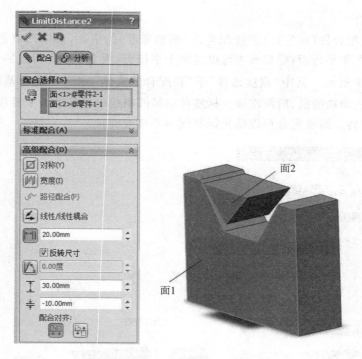

图 18 - 22　限制配合

（1）凸轮

凸轮配合为一相切或重合配合类型，允许将圆柱、基准面或点与一系列相切的拉伸曲面相配合。可从直线、圆弧以及样条曲线制作凸轮的轮廓，只要它们保持相切并形成以闭合的环。

在"机械配合"选项组下选择"凸轮" ⊘ 按钮，激活"要配合的实体"列表框，在图形区域中选择"凸轮面"（右键单击一个面，然后单击"选择相切"，将选择所有的凸轮面），然后激活"凸轮推杆"列表框，在图形区域中选择"推杆前端点"，完成凸轮配合，如图 18 - 23 所示。单击"确定" ✅。这样允许推杆在凸轮旋转时与之保持接触。在设计树中作为"凸轮配合重合"或"凸轮配合相切"。

（2）铰链

铰链配合将两个零部件之间的移动限制在一定的旋转范围内。其效果相当于同时添加同心配合和重合配合。此外还可以限制两个零部件之间的移动角度。建模时，用铰链配合只需一个配合，在运行分析时，反作用力和结果会与铰链配合相关联，而不是与某个特定的同心配合或重合配合相关联。

在"机械配合"选项组下选择"铰链" 🔧 按钮，在"同心轴选择" 🔧 中选择两个圆柱面，如图 18 - 24 所示的"面 1"和"面 2"；在"重合选择" 🔧 中选择重合面，如图 18 - 25 中的"面 3"和"面 4"；勾选"指定角度限制"，在"角度选择" 🔧 中选择平面来限制两个零件之间的旋转角度，如图 18 - 26 中的"面 5"和"面 6"，在"角度" 🔺 中输入"90 度"，在"最大值" ⊥ 中输入"180 度"，在"最小值" ± 中输入"60 度"；单击"确定" ✅。属性对话框和如图 18 - 27 所示。

图 18-23 凸轮配合

图 18-24 同心轴选择面

图 18-25 重合面选择

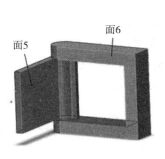

图 18-26 角度面选择

图 18-27 "铰链"属性对话框

（3）齿轮

齿轮配合会强迫两个零部件绕所选轴相对旋转。齿轮配合的有效旋转轴包括圆柱面、圆锥面、轴和线性边线。

在"机械配合"选项组下选择"齿轮" 按钮，激活"要配合的实体"列表框，在图形区域中选择两个齿轮的旋转轴，并在"比率"文本框中输入"20"和"66"（根据分度圆的直径计算传动比），如图 18-28 所示，单击"确定" 。

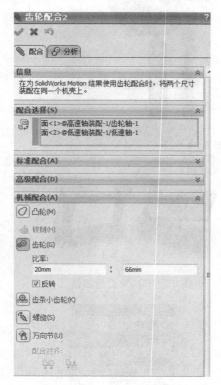

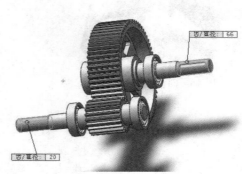

图 18-28　齿轮配合

（4）齿条小齿轮

通过齿轮齿条配合，某个零部件（齿条）的线性平移会引起另一零部件（小齿轮）做圆周旋转，反之亦然。可以配合任何两个零部件以进行此类相对运动。这些零部件不需要有轮齿。

在"机械配合"选项组下选择"齿条小齿轮" ，激活"要配合的实体"列表框，在图形区中选择一条线性移动的边线，激活"小齿轮/齿轮"列表框，在图形区中选择圆柱面、圆形或轴，这里选择齿轮草图中的分度圆。在"小齿轮齿距直径"中显示"60mm"为分度圆直径，若选中"齿条行程/转数"显示"188.5mm"为所选直径与 π 的乘积。如图 18-29 所示，单击"确定" 。

（5）螺旋

螺旋配合将两个零部件约束为同心，还在一个零部件的旋转和另一个零部件的平移之间添加纵倾几何关系。一零部件沿轴方向的平移会根据纵倾几何关系引起另一个零部件的旋转。同样，一个零部件的旋转可引起另一个零部件的平移。

在"机械配合"选项组下选择"螺旋"，激活"要配合的实体"列表框，在图形区中选择螺栓和螺母的配合面，在"螺旋"下设置"圈数"或"距离/圈数"，如图 18-30 所示，单击"确定"。

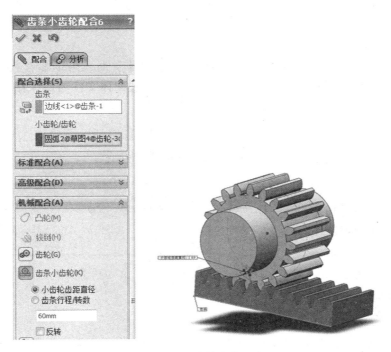

图 18-29　齿轮齿条配合

图 18-30　螺旋配合

四、装配体环境中的零部件操作

在装配体环境下,用户可以对插入的零部件进行修改,也可以进行新零件的设计与建模。

1. 在装配体环境中设计新的零件

用户可以关联装配体生成一个新零件,这样在设计零件时就可以参考其他装配体零部件的几何特征,定位新零件特征草图的位置。新零件在装配体文件内部保存为虚拟零部件,也可以在以后将零部件保存到其自身的零件文件。

具体步骤为:

(1)在装配体环境中,在下拉菜单中选择"插入"—"零部件"—"新零件" 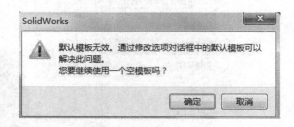 命令,弹出如图 18-31 对话框,单击"确定",在左侧设计树中出现一名为 ⊞ ⟨🖐⟩(固定)[零件1^装配体1]<1> 的零件,此时鼠标变为 ▷↘,在绘图区单击左键,然后在设计树中右键单击 ⊞ ⟨🖐⟩(固定)[零件1^装配体1]<1> ,在快

图 18-31 新零件对话框

捷菜单中选择"重新命名零件",将新零件命名为"连杆"。

(2)在模型树中选择"连杆",单击工具栏中的"编辑零部件" 🗇,此时系统进入连杆零件的编辑状态,按照零件模型的创建方法创建连杆三维模型。创建完成后,单击装配体工具栏的"编辑零部件"图标 🗇,退出零件编辑状态。

(3)单击标准工具栏"保存"图标 🖫,保存文件。

2. 在装配体环境中零部件的修改

在装配体环境中,零件模型间可能会存在数据冲突,有时候需要修改零部件的尺寸或其他内容。由于系统提供参数化的零件模型,在零件环境、装配环境以及工程图环境下数据共享,因此借助装配环境下的"编辑零部件"可以对零件进行修改编辑。

具体步骤:

(1)在设计树中右键单击需要编辑的零部件,在快捷菜单中单击"编辑零部件" 🗇 命令,其他零部件呈现透明状。或者在设计树中右击零件,从快捷菜单中单击"打开零件" 📂 按钮,可以在新打开的零件窗口中进行零件的编辑。

(2)单击该零件前的 ⊞ 符号,选择该零件需要编辑的特征,根据需要对零部件进行编辑。

(3)完成编辑后,单击"装配体"工具栏上的"编辑零部件" 🗇 按钮,结束"编辑零部件"命令。

3. 零部件的复制

当同一个装配体中需要插入多个相同的零件时,如螺栓、螺母等,如果逐个插入零部件,

并且添加相应的配合关系来约束零部件，难免会进行不必要的重复操作和花费很多时间。

按住[Ctrl]键，在图形区域中选择需要复制的零部件，并拖动零件至绘图区域中需要的位置后，释放鼠标，即可实现零部件的复制。此时，在模型树中添加一个相同的零部件，在零部件名后存在一个引用次数的注释，如图18-32所示。

图18-32 零部件的复制

4. 零部件的阵列

利用零部件的阵列功能，可以在装配体中对零件进行阵列，从而快速插入多个相同的零件。有三种阵列方法：线性阵列、圆周阵列和特征驱动阵列。

（1）线性零部件阵列

可以在一个或两个方向在装配体中生成零部件线性阵列。单击"装配体"工具栏中的"线性零部件阵列" ⬚⬚ 命令，弹出"线性阵列"对话框。对话框中的各个参数设置与零件建模中阵列特征的方法一致，这里不再赘述。

（2）圆周零部件阵列

可以在装配体中生成一零部件的圆周阵列。单击"装配体"工具栏中的"圆周零部件阵列" ⬚ 命令，弹出"圆周阵列"对话框。对话框中的各个参数设置与零件建模中阵列特征的方法一致，这里不再赘述。

（3）特征驱动零部件阵列

可以根据一个现有阵列来生成一零部件阵列。单击"装配体"工具栏中的"特征驱动零部件阵列" ⬚ 命令，弹出"特征驱动"属性对话框。如图18-33所示。在"要阵列的零部件" ⬚ 一栏中选择销钉，在"驱动特征" ⬚ 中选择底板中的孔阵列特征，单击"确定" ✓，完成零部件的特征驱动阵列。如图18-33。

5. 零部件的镜向

可以通过镜向现有的零件或子装配体零部件来添加零部件。新零部件可以是源零部件的复制版本或相反方位版本。如果源零部件更改，所镜向的零部件也随之更改。

单击"装配体"工具栏中的"镜向零部件" ⬚⬚ 命令，弹出"镜向零部件"属性对话框。如图18-34所示。在"镜向基准面"中选择镜向面，在"要镜向的零部件"中选择需要镜向的实体，图中销钉，单击"确定" ✓，完成零部件的镜向阵列。如图18-34所示。

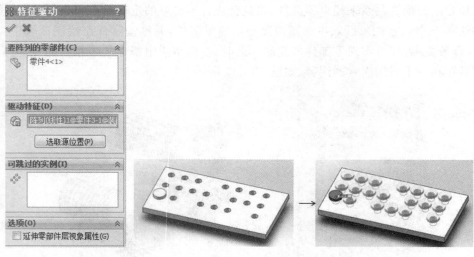

图 18-33 特征驱动零部件阵列

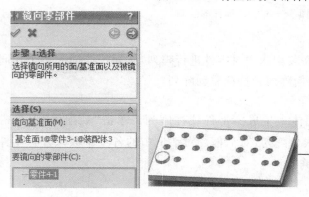

图 18-34 零部件的镜向

6. 编辑零件配合关系

在装配体建模过程中,添加合理的配合关系是建模的关键。完成添加配合关系后,如果要更改零件的自由度或约束关系,可以对已添加的配合关系进行编辑,如删除、修改等。

(1)压缩配合关系

使用压缩零部件可以将零部件从内存中移除,使装入速度、重建模型速度和显示性能均有提高。由于减少了复杂程度,其余的零部件计算速度会更快。

在设计树中右键单击需要压缩的配合关系,在快捷菜单中单击"压缩" 命令。则该配合关系以灰色显示,在装配体中被移除。

在设计树中右键单击需要解除压缩的配合关系,在快捷菜单中单击"解除压缩" 命令,完成解除压缩。

(2)编辑配合关系

对于已添加的配合关系,可以修改其任意参数,包括配合实体、配合关系类型、配合参数等。

在设计树中展开配合组,右键单击需要编辑的配合关系,然后在快捷菜单中单击"编辑特征" 命令。弹出该配合关系对话框图,在对话框中可以对相关参数进行修改,图形区域中相关的几何实体会高亮显示。修改后单击"确定" 。

（3）删除配合关系

删除配合关系同压缩配合关系的效果相同，不同的是前者将配合关系从模型中删除，且不可恢复，单可以重新添加相同的配合关系；后者使压缩的配合关系不参与系统计算，不对模型产生影响，但随时可以恢复其约束作用。

在设计树中，右键单击需要删除的配合关系，在快捷菜单中单击"删除" ✕ 命令；或者选中需要删除的配合关系，按 Delete 键。弹出"确认删除"对话框，单击"确定"按钮，即可删除配合关系。

五、爆炸视图

装配体的爆炸视图是将组成装配体的零部件分开，并按照一定的位置关系进行排列，以便说明在装配时如何组装在一起。装配体可以在正常视图和爆炸视图之间切换。建立爆炸视图后，可以进行编辑，也可以将其生成二维工程图。

（1）单击"装配体"工具栏中的"爆炸视图" 命令，弹出"爆炸视图"对话框，如图 18 - 35，激活"设定" 一栏，在图形区域框选"轴承"，根据需要选择三维坐标系的蓝色箭头，如图 18 - 36，然后以拖拽方式将零部件定位。同样的方法将齿轮、键、轴承等移动到合适的位置，同时在"爆炸步骤"一栏中出现爆炸步骤。单击"确定" ，结果如图 18 - 37。

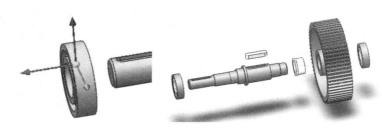

图 18 - 35　"爆炸"对话框　　　图 18 - 36　参考三重轴　　　图 18 - 37　爆炸视图

（2）右键单击装配体设计树中装配体的名称，在弹出的快捷菜单中选择"解除爆炸"命令，装配体切换至正常状态。在弹出的快捷菜单中选择"动画解除爆炸"命令，可以制作爆炸视图动画。

（3）右键单击装配体设计树中装配体的名称，在弹出的快捷菜单中选择"爆炸"命令，装配体切换至爆炸视图状态。

六、干涉检查

在一个复杂的装配体中，用视觉来检查零部件之间是否有干涉的情况是困难的。通过干涉检查，可以发现装配体中零部件之间是否存在干涉；可以检查与一个实体相关的干涉；可以将干涉的真实体积显示为上色体积。

单击"评估"工具栏中的"干涉检查" 命令，在"选项"组中选中"使干涉零件透明"复选框，单击"计算"按钮，在"结果"列表框中会有检查结果，如图 18 - 38 所示。

图 18 - 38 静态干涉检查

七、模型的质量属性分析

在装配体中可以计算整个装配体或者其中部分零部件的质量属性,包括模型的密度、质量、体积、中心、惯性主轴等,并且可以打印、复制计算结果。

单击"评估"工具栏中的"质量属性" ⚖ 按钮,弹出如图18-39所示的"质量属性"对话框,显示所选零部件的质量信息。主轴和质量中心以图形方式显示在模型中。在"输出坐标系"一栏中可以选择坐标系。单击"选项"按钮,弹出"质量/剖面属性选项"对话框,在此可以设定长度、单位以及查看材料属性等,以便用不同的单位来显示质量属性结果,如图18-40所示。单击"打印"按钮,可以打印所显示的质量属性结果。单击"复制"按钮,可以将质量属性结果复制到剪贴板中,以便粘贴到另一个文件中使用。

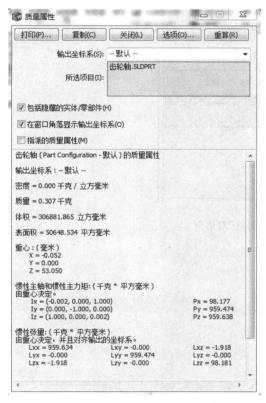

图18-39　"质量属性"对话框

图18-40　"质量/剖面属性选项"对话框

八、模型的测量

模型的测量可以测量距离、角度、曲线长度等。单击"评估"工具栏中的"测量" 🔍 按钮,弹出"测量"命令框,单击 ⌃ 按钮,如图18-41所示,此时在绘图区鼠标变为 🔍。默认处于"显示XYX测量" 🔍 下,可以测量直线距离,面积周长和角度等。在图形区中单击平面,

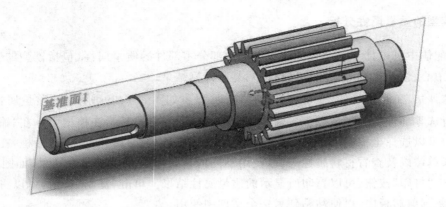

图 18 - 41   在模型中显示主轴和质量中心

则自动测量该平面的面积和周长,如图 18 - 42 所示。

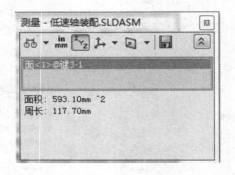

图 18 - 42   "测量"对话框

第19章　万向节的装配

一、学习目标

了解装配的基本概念与基本方法；
熟悉装配环境与工具的使用方法；
熟悉并理解各种装配约束类型；
掌握自底向上的装配设计方法。

二、主要内容

1. 项目分析
1）万向节结构

分析如图 19-1 所示的万向节装配体中各零件之间的装配关系及装配顺序，完成万向节的装配并生成爆炸视图。图 19-1 中为万向节的整体造型和明细栏，图 19-2 为万向节的爆炸视图。

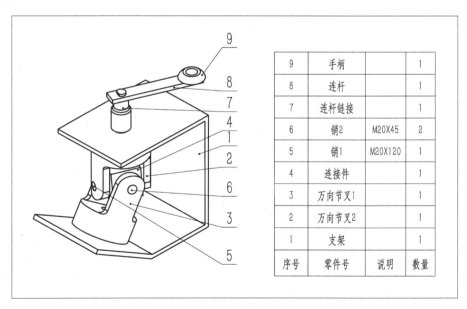

9	手柄		1
8	连杆		1
7	连杆链接		1
6	销2	M20X45	2
5	销1	M20X120	1
4	连接件		1
3	万向节叉1		1
2	万向节叉2		1
1	支架		1
序号	零件号	说明	数量

图 19-1　万向节的整体造型和明细栏

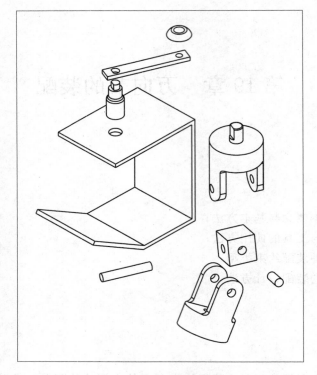

图 19-2　万向节的爆炸视图

2)万向节部分零件图纸

(1)1—支架:支架工程图见图 19-3。

(2)2—万向节叉 2:万向节叉 2 工程图见图 19-4。

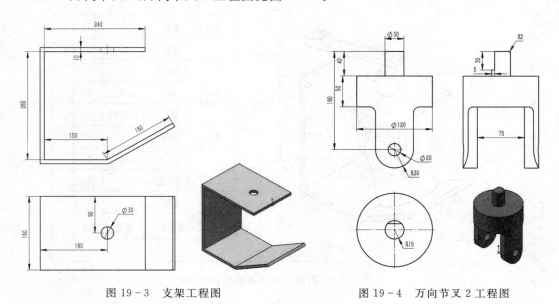

图 19-3　支架工程图　　　　　　　　图 19-4　万向节叉 2 工程图

（3）3—万向节叉 1：万向节叉 1 工程图见图 19-5。

（4）4—连接杆：连接件工程图见图 19-6。

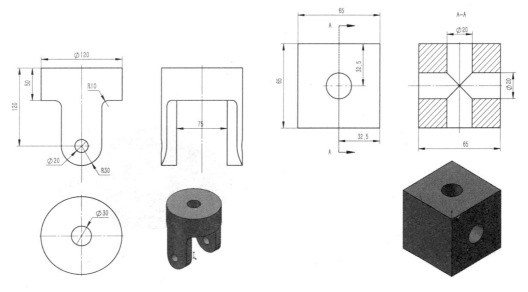

图 19-5　万向节叉 1 工程图　　　　　图 19-6　连接件工程图

（5）7—连杆链接：连杆链接工程图见图 19-7。

（6）8—连杆：连杆工程图见图 19-8。

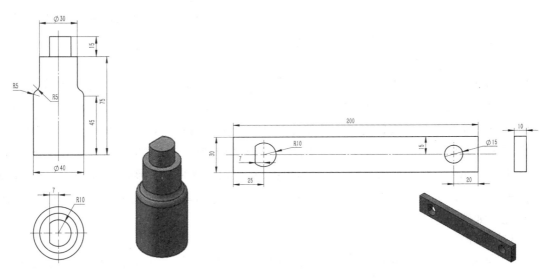

图 19-7　连杆链接工程图　　　　　图 19-8　连杆工程图

（7）9—手柄：手柄工程图见图 19-9。

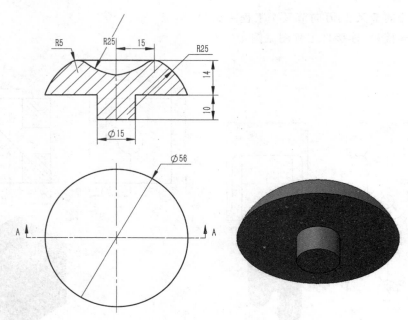

图 19-9　手柄工程图

2. 项目实施

1) 手柄装配

(1) 单击标准工具栏中的"新建"□按钮,弹出"新建 SolidWorks 文件"对话框,选择"装配体",单击"确定"按钮,建立一个装配体文件,进入装配体环境。

(2) 插入连杆链接。单击装配体工具栏内的"插入零部件 ",插入连杆链接,零件出现在绘图区。然后单击 ✔ 按钮,完成第一个零件的装配。

(3) 连杆链接与连杆的装配

① 插入连杆。单击装配体工具栏内的"插入零部件 ",插入连杆,将连杆放置在合适位置。

② 添加约束。单击装配体工具栏的"配合" 按钮,弹出配合对话框,首先激活"配合选择"一栏,在图形区中选择连杆的孔与连杆链接上端的圆柱面,如图 19-10 所示,默认约束关系为"同轴心◎",单击 ✔ 按钮。继续在图形区中选择连杆链接的阶梯面和连杆底面,如图 19-11 所示,约束关系为"重合人",单击 ✔ 按钮。继续在图形区中选择连杆链接的面1 和连杆的面 2,如图 19-12 所示,约束关系为"重合人",单击 ✔ 按钮。完成连杆的装配,装配完后如图 19-13 所示。

(3) 连杆与手柄的装配

① 插入手柄。单击装配体工具栏内的"插入零部件 ",插入手柄,将手柄放置在合适位置。

② 添加约束。单击装配体工具栏的"配合" 按钮,弹出配合对话框,首先激活"配合选择"一栏,在图形区中选择连杆的孔与手柄的圆柱面,如图 19-14 所示,默认约束关系为"同轴心◎",单击 ✔ 按钮。继续在图形区中选择连杆的面 3 和手柄的面 4,如图 19-15 所示,约束关系为"重合人",单击 ✔ 按钮。完成手柄的装配,装配完后如图 19-16 所示。

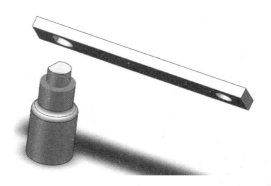

图 19 - 10　同轴心配合面选择

图 19 - 11　面重合配合面选择

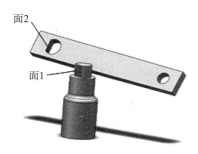

图 19 - 12　面重合配合面选择

图 19 - 13　连杆链接与连杆的配合结果

(4)到此,手柄组件装配全部完成。单击"保存" 🖫 按钮,保存装配体文件。

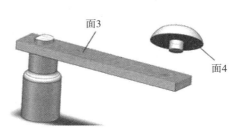

图 19 - 14　同轴心配合面选择

图 19 - 15　面重合配合面选择

图 19 - 16　连杆与手柄的配合结果

2)万向节装配

(1)单击标准工具栏中的"新建" □ 按钮,弹出"新建 SolidWorks 文件"对话框,选择"装配体",单击"确定"按钮,建立一个装配体文件,进入装配体环境。

(2)插入支架。单击装配体工具栏内的"插入零部件 " ",插入支架,零件出现在绘图区。然后单击 ✔ 按钮,完成第一个零件的装配。

(3)支架与万向节叉 2 的装配

① 插入万向节叉 2。单击装配体工具栏内的"插入零部件 ",插入万向节叉 2,将万向节叉 2 放置在合适位置。

② 添加约束。单击装配体工具栏的"配合" ✎ 按钮,弹出配合对话框,首先激活"配合选择"一栏,在图形区中选择支架上面的孔与万向节叉 2 的圆柱面,如图 19 - 17 所示,默认约束关系为"同轴心 ◎",单击 ✔ 按钮。继续在图形区中选择支架面 5 和万向节叉中的面 6,如图 19 - 18 所示,约束关系为"重合 ⋏",单击 ✔ 按钮。完成万向节叉 2 的装配,装配完后如图 19 - 19 所示。

图 19 - 17　同轴心配合面选择

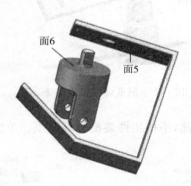

图 19 - 18　面重合配合面选择

图 19 - 19　支架与万向节叉 2 的配合结果

（4）连接件的装配

① 插入连接件。单击装配体工具栏内的"插入零部件 🍫"，插入连接件，将连接件放置在合适位置。

② 添加约束。单击装配体工具栏的"配合 🖉"按钮，弹出配合对话框，首先激活"配合选择"一栏，在图形区中选择万向节叉 2 的孔与连接件的孔，如图 19-20 所示，默认约束关系为"同轴心◎"，单击 ✔ 按钮。单击"高级配合"中的"宽度🔳"按钮，激活"配合选择"下的"要配合的实体 🖳"一栏，在图形区中选择万向节叉 2 的两个内平面；激活"薄片选择"一栏，在图形区中选择连接件的两个侧面，如图 19-21 所示，"宽度"对话框如图 19-22 所示。单击 ✔ 按钮。配合结果如图 19-23 所示。

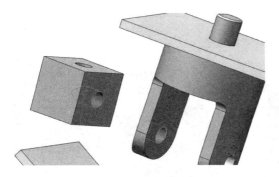

图 19-20　同轴心配合面选择

图 19-21　宽度配合面的选择

图 19-22　"宽度"对话框

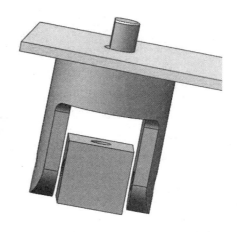

图 19-23　连接件装配效果

（5）万向节叉 1 的装配

① 插入万向节叉 1。单击装配体工具栏内的"插入零部件 ![icon]"，插入万向节叉 1，将万向节叉 1 放置在合适位置。

② 添加约束。单击装配体工具栏的"配合" ![icon] 按钮，弹出配合对话框，首先激活"配合选择"一栏，在图形区中选择万向节叉 1 的孔与连接件的孔，如图 19 - 24 所示，默认约束关系为"同轴心 ![icon]"，单击 ✔ 按钮。单击"高级配合"中的"宽度 ![icon]"按钮，激活"配合选择"下的"要配合的实体 ![icon]"一栏，在图形区中选择万向节叉 2 的两个内平面；激活"薄片选择"一栏，在图形区中选择连接件的两个侧面，如图 19 - 25 所示，"宽度"对话框如图 19 - 26 所示。单击 ✔ 按钮。单击"标准配合"中的"平行 ![icon]"，在图形区中选择万向节 1 的面 7 与支架的面 8，如图 19 - 27 所示，单击 ✔ 按钮。配合结果如图 19 - 28 所示。

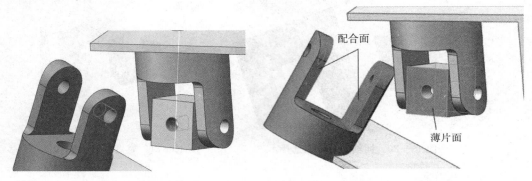

图 19 - 24　同轴心配合面选择　　　　　　图 19 - 25　宽度配合面的选择

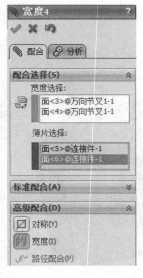

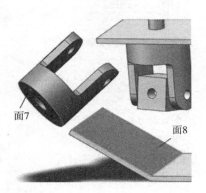

图 19 - 26　"宽度"对话框　　　　图 19 - 27　平行配合面选择

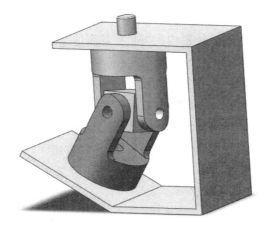

图 19 - 28　万向节叉 1 装配效果

（6）销 1 的装配

① 插入销 1。单击装配体工具栏内的"插入零部件 ⬚"，插入销 1，将销 1 放置在合适位置。

② 添加约束。单击装配体工具栏的"配合" ⬚ 按钮，弹出配合对话框，首先激活"配合选择"一栏，在图形区中选择销 1 的圆柱面与万向节叉 1 的孔，如图 19 - 29 所示，默认约束关系为"同轴心 ◎"，单击 ✔ 按钮。继续在图形区中选择销 1 的端面"面 10"和万向节叉 1 的外端面"面 9"，如图 19 - 30 所示，约束关系为"相切 ◌"，单击 ✔ 按钮。完成销 1 的装配，装配完后如图 19 - 31 所示。

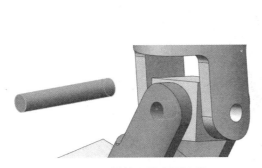

图 19 - 29　同轴心配合面选择

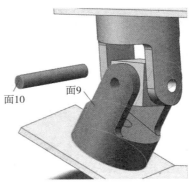

图 19 - 30　相切配合面选择

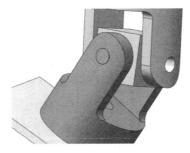

图 19 - 31　销 1 装配效果

(7)销 2 的装配

① 插入销 2。单击装配体工具栏内的"插入零部件 🗝"，插入销 2，将销 2 放置在合适位置。

② 添加约束。单击装配体工具栏的"配合" 🖉 按钮，弹出配合对话框，首先激活"配合选择"一栏，在图形区中选择销 2 的圆柱面与万向节叉 2 的孔，如图 19-32 所示，默认约束关系为"同轴心 ⊚"，单击 ✔ 按钮。继续在图形区中选择销 2 的端面 2 和万向节叉 2 的外端面，如图 19-33 所示，约束关系为"相切 🖉"，单击 ✔ 按钮。

③ 插入第二个销 2。方法同步骤① 和②，在万向节叉 2 的另一端插入销 2。完成 2 个销 2 的装配，装配完后如图 19-34 所示。

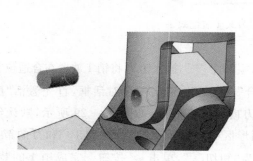
图 19-32　同轴心配合面选择

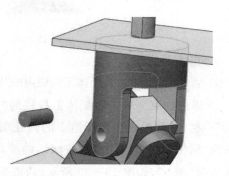
图 19-33　相切配合面选择

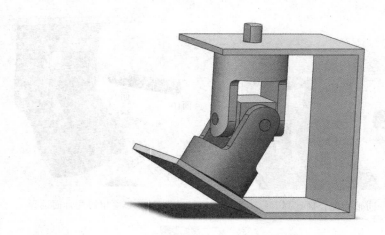
图 19-34　销 2 装配效果

(8)手柄装配体的装配

① 插入手柄装配体。单击装配体工具栏内的"插入零部件 🗝"，插入手柄装配体，将手柄装配体放置在合适位置。

② 添加约束。单击装配体工具栏的"配合" 🖉 按钮，弹出配合对话框，首先激活"配合选择"一栏，在图形区中选择万向节叉 2 的圆柱面与连杆链接的孔，如图 19-35 所示，默认

约束关系为"同轴心◎",单击✔按钮。继续在图形区中选择万向节叉中的面11和连杆链接中的面12,如图19-36所示,约束关系为"平行◥",单击✔按钮。继续在图形区中选择支架的面13和连杆链接中的面14,如图19-37所示,约束关系为"重合人",单击✔按钮。

至此万向节全部完毕,总的装配效果如图19-38所示,单击"保存" 🖫,保存文件。在装配过程中有零件间并没有完全约束,鼠标旋转手柄时,可以观察万向节的运动情况。

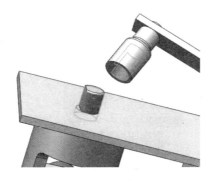

图19-35　同轴心配合面选择

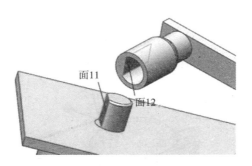

图19-36　平行配合面选择

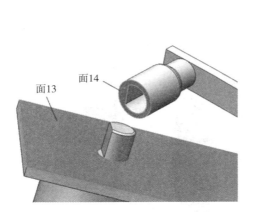

图19-37　重合配合面选择

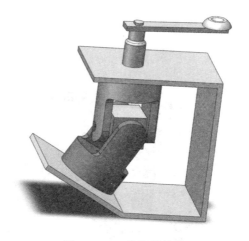

图19-38　总装配效果

3)生成爆炸视图

(1)打开"总装配体",单击"装配"工具栏中的"爆炸视图"按钮 🗂,弹出爆炸视图对话框。先选择手柄,在绘图区显示坐标系,如图19-39所示,选择Y轴设置其爆炸方向,在对话框中设置具体的爆炸距离,或者在图形区中拖动滚动轴承,即按住鼠标左键拖动,到指定位置后松开鼠标。"设定"对话框如图19-40所示,勾选"选择子装配体的零件",若不勾选则爆炸的是手柄装配体。单击"应用"按钮。

(2)爆炸连杆。在图形区中选择连杆,选择Y轴设置其爆炸方向,拖动鼠标移动到一定的位置,松开鼠标,单击"完成"按钮。

(3)爆炸连杆链接。在图形区中选择连杆链接,选择Y轴设置其爆炸方向,拖动鼠标移动到一定的位置,松开鼠标,单击"完成"按钮。效果如图 19 - 41 所示。

(4)按住<Ctrl>键,选择销 2、销 1、万向节叉 1、万向节叉 2 和连接件,选择 X 轴设置其爆炸方向,拖动鼠标移动到一定的位置,松开鼠标,单击"完成"按钮。效果如图 19 - 42 所示。

图 19 - 39　爆炸坐标系　　　　图 19 - 40　"爆炸"属性对话框

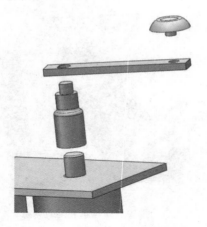

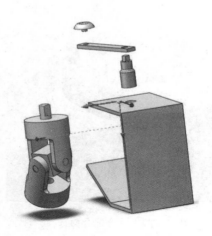

图 19 - 41　手柄部分的爆炸效果　　　图 19 - 42　移出万向节叉部分

(5)爆炸销 2。在图形区中选择销 2,鼠标在坐标系原点处右击,在快捷菜单中选择"对齐到…",如图 19 - 43 所示。然后单击销 2 的端面,则此时坐标系与端面对齐,此时 Z 轴与销的轴线方向对齐。然后选择 Z 轴设置为爆炸方向,拖动鼠标移动到一定的位置,松开鼠标,单击"完成"按钮。用相同的方法对另一个销 2 进行爆炸。

(6)爆炸销 1。在图形区中选择销 1,鼠标在坐标系原点处右击,在快捷菜单中选择"对齐到…",然后单击销 1 的端面,则此时坐标系与端面对齐,此时 Z 轴与销的轴线方向对齐。然后选择 Z 轴设置为爆炸方向,拖动鼠标移动到一定的位置,松开鼠标,单击"完成"按钮。效果如图 19 - 44 所示。

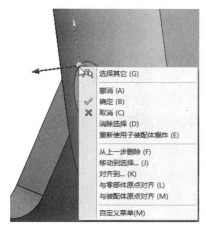

图 19-43　快捷菜单

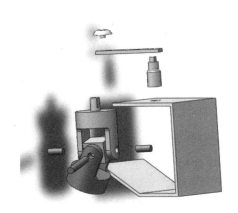

图 19-44　销的爆炸效果

(7)爆炸万向节叉 1。在图形区中选择万向节叉 1,然后选择 Y 轴设置为爆炸方向,向下拖动鼠标移动到一定的位置,松开鼠标,单击"完成"按钮。

(8)爆炸万向节叉 2。在图形区中选择万向节叉 2,然后选择 Y 轴设置为爆炸方向,向上拖动鼠标移动到一定的位置,松开鼠标,单击"完成"按钮。单击 ✔ 按钮。

至此,完成爆炸视图的创建,总装配爆炸视图如图 19-45 所示。

4)解除爆炸。

右键单击装配体"特征设计树"中装配体的名称,弹出快捷命令菜单,如图 19-46 所示,选择"解除爆炸"命令,装配体切换至正常状态。选择"动画解除爆炸"命令,则按照刚刚的装配路径生成爆炸动画。若想回到爆炸状态,再次右键装配体的名称,在命令菜单中选择"爆炸"命令,则切换至爆炸视图状态。

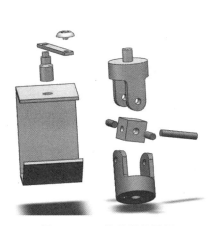

图 19-45　总的爆炸视图

图 19-46　快捷菜单

最后单击"保存" 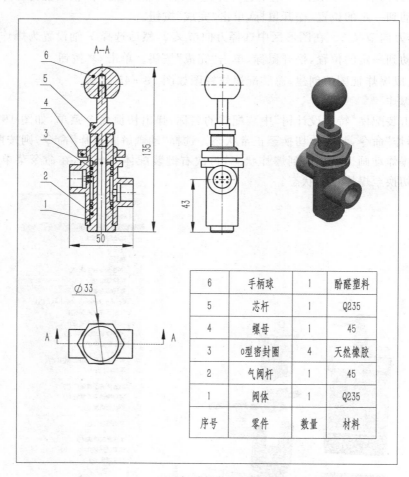 按钮,保存装配体。

3. 项目总结

机械的装配体主要是在各个零件之间添加配合约束关系,通过这些约束关系限制零件的相关自由度,从而模拟真实的配合状态。因此,选择合适的装配约束关系对模拟仿真至关重要。本项目中主要练习了配合方式中的标准配合,如重合、平行、相切、同轴心等,同时用到了高级配合中的宽度。通过本项目的练习熟悉装配的方法以及装配的基本操作。

三、拓展练习

根据气动阀装配体的零件图纸进行三维建模,如图 19 - 47 所示。用白底向上的装配方法进行装配并完成装配爆炸视图的创建。

6	手柄球	1	酚醛塑料
5	芯杆	1	Q235
4	螺母	1	45
3	o型密封圈	4	天然橡胶
2	气阀杆	1	45
1	阀体	1	Q235
序号	零件	数量	材料

(a)气动阀装配图

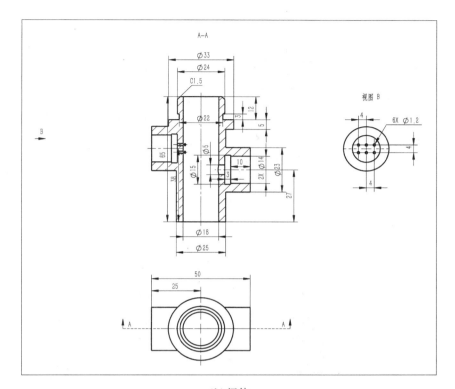

（b）阀体

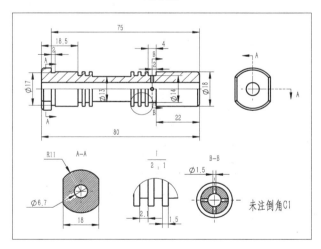

（c）气阀杆

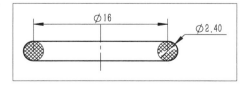

（d）o 型密封圈

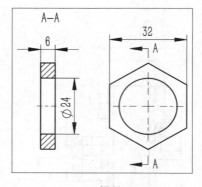

（e）螺母

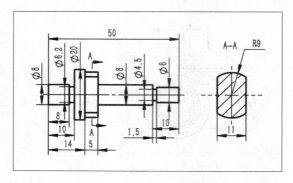

（f）芯杆

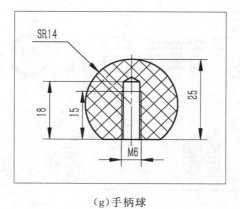

（g）手柄球

图 19-47 气动阀装配图及零件图

第20章 一级圆柱齿轮减速器的装配

一、学习目标

熟悉并理解各种装配约束类型；
掌握自底向上的装配设计方法；
掌握生成装配体爆炸图的方法。

二、主要内容

1. 项目分析

1）减速器结构

分析如图 20-1 所示的减速器装配体中各零件之间的装配关系及装配顺序，完成减速器的装配并生成减速器装配体的爆炸视图。图 20-1 中为单级渐开线直齿圆柱齿轮减速器的爆炸视图，装有小齿轮的轴为高速输入轴，经一对齿轮变速后，装有大齿轮的轴输出低转速。图 20-2 为单级渐开线直齿圆柱齿轮减速器的整体造型和明细栏。

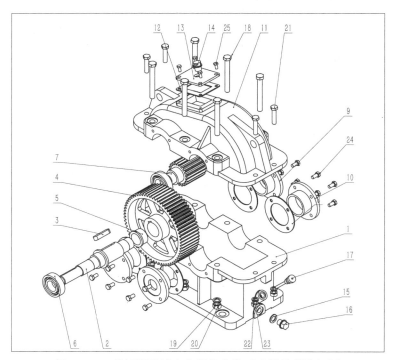

图 20-1 单级渐开线直齿圆柱齿轮减速器的爆炸视图

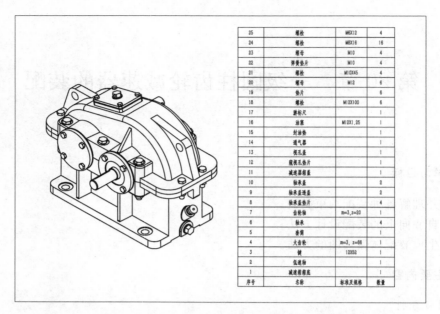

25	螺栓	M6X12	4
24	螺栓	M8X16	16
23	螺母	M10	4
22	弹簧垫片	M10	4
21	螺栓	M10X45	4
20	螺母	M12	6
19	垫片		6
18	螺栓	M12X100	6
17	游标尺		1
16	油塞	M12X1.25	1
15	封油垫		1
14	通气器		1
13	视孔盖		1
12	窥视孔垫片		1
11	减速器箱盖		1
10	轴承盖		2
9	轴承盖通盖		2
8	轴承盖垫片		1
7	齿轮轴	m=3,z=20	1
6	轴承		4
5	套筒		1
4	大齿轮	m=3,z=86	1
3	键	12X52	1
2	低速轴		1
1	减速器箱底		1
序号	名称	标准及规格	数量

图 20-2　单级渐开线直齿圆柱齿轮减速器的整体造型和明细栏。

2)减速器部分零件图纸

(1)1—减速箱箱底:减速箱箱底工程图见图 20-3

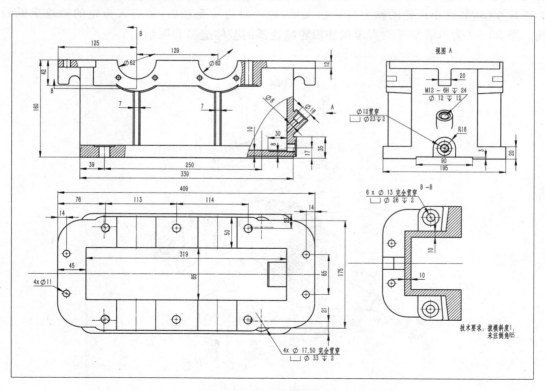

图 20-3　减速器箱底工程图

(2)2—低速轴:见本书项目 5

(3)4—大齿轮:见本书项目 15

(4)5—套筒:套筒工程图见图 20-4

(5)6—滚动轴承:滚动轴承工程图见图 20-5

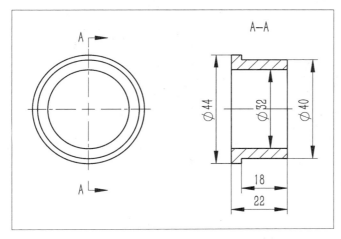

图 20-4 套筒工程图   图 20-5 滚动轴承工程图

(6)7—齿轮轴:齿轮轴工程图见图 20-6

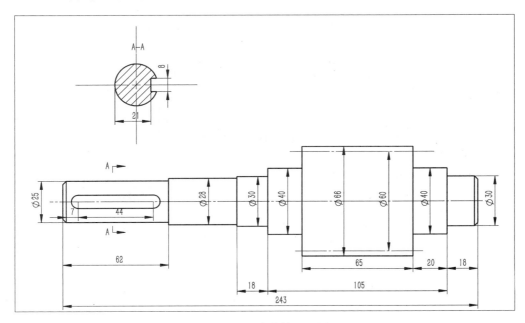

图 20-6 齿轮轴工程图

(7)9—轴承盖透盖:轴承盖透盖工程图见图 20-7

(8)10—轴承盖:轴承盖工程图见图 20-8

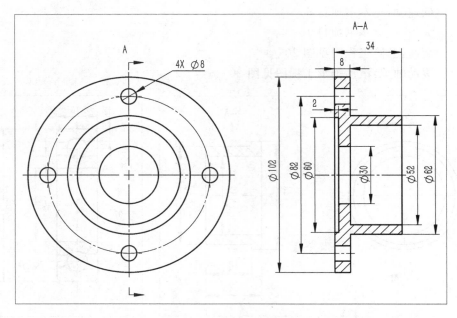

图 20-7 轴承盖透盖工程图

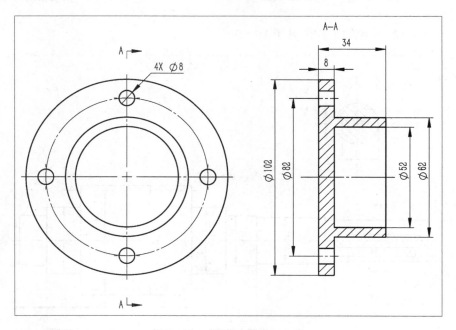

图 20-8 轴承盖闷盖工程图

(9)11—减速器箱盖:见本书项目 14

(10)13—视孔盖:视孔盖工程图见图 20-9

(11)14—通气器:通气器工程图见图 20-10

(12)17—游标尺:游标尺工程图见图 20-11

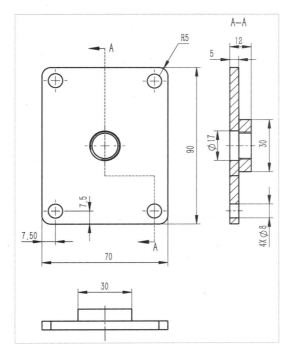

图 20-9　视孔盖工程图

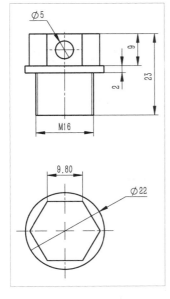

图 20-10　通气器工程图

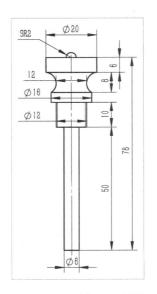

图 20-11　游标尺工程图

2. 项目实施

1）低速轴装配

（1）单击标准工具栏中的"新建" ![按钮] 按钮，弹出"新建 SolidWorks 文件"对话框，选择"装配体",单击"确定"按钮,建立一个装配体文件,进入装配体环境。

(2)插入低速轴。单击装配体工具栏内的"插入零部件 ",插入低速轴,零件出现在绘图区。如图 20-12 所示。然后单击 ✔ 按钮,完成第一个零件的装配。

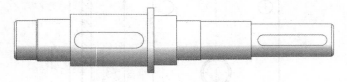

图 20-12　低速轴

(3)低速轴与键的装配

① 插入键。单击装配体工具栏内的"插入零部件 ",插入键,将键放置在合适位置。

② 添加约束。单击装配体工具栏的"配合" 按钮,弹出配合对话框,首先激活"配合选择"一栏,在图形区中选择键的半圆表面与键槽的半圆侧面后,如图 20-13 所示,默认约束关系为"同轴心 ",单击 ✔ 按钮。继续在图形区中选择键的底面和键槽底面,如图 20-14 所示,约束关系为"重合 ",单击 ✔ 按钮。继续在图形区中选择键的侧面和键槽侧面,如图 20-15 所示,约束关系为"重合 ",单击 ✔ 按钮。完成键的装配,装配完后如图 20-16 所示。

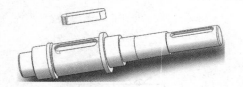

图 20-13　同轴心配合面选择

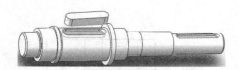

图 20-14　面重合配合面选择

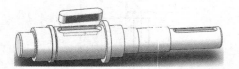

图 20-15　面重合配合面选择

图 20-16　低速轴与键的配合结果

(4)低速轴与大齿轮的装配

① 插入大齿轮。单击装配体工具栏内的"插入零部件 ",插入大齿轮,在图形区的适当位置单击鼠标左键,放置大齿轮。

② 添加约束。单击装配体工具栏的"配合" 按钮,在图形区中选择齿轮上的键槽一侧面和轴上已经装配好的键的侧面,约束关系为"重合 ",如图 20-17 所示。单击 ✔ 按钮。继续在图形区中选择齿轮的内孔与轴的外表面,添加约束关系为"同轴心 "如图 20-18 所示。单击 ✔ 按钮。继续在图形区中选择齿轮孔端面和台阶轴的边界面,约束关系为

"重合 ⚔"，如图 20 - 19，单击 ✔ 按钮。完成大齿轮的装配。

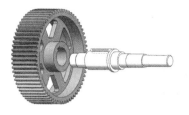

图 20 - 17　面重合配合面选择

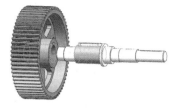

图 20 - 18　同轴心配合面选择

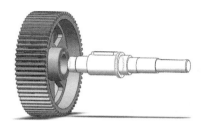

图 20 - 19　面重合配合面选择

（5）低速轴与套筒的装配

① 插入套筒零件。单击装配体工具栏内的"插入零部件 🐾"，插入套筒，将其放置在合适位置。

② 添加约束。单击装配体工具栏的"配合" 🔗 按钮，在图形区中选择轴的外表面与套筒的内表面，添加约束关系为"同轴心 ◎"如图 20 - 20 所示，单击 ✔ 按钮。继续在图形区中选择齿轮孔端面和套筒的端面，约束关系为"重合 ⚔"，如图 20 - 21，单击 ✔ 按钮。完成套筒的装配，装配结果如图 20 - 22 所示。

图 20 - 20　同轴心配合面选择

图 20 - 21　面重合配合面选择

图 20 - 22　低速轴与套筒的配合结果

(6)低速轴与滚动轴承的装配

① 插入滚动轴承。单击装配体工具栏内的"插入零部件🔧",插入滚动轴承,将其放置在合适位置。

② 添加约束。单击装配体工具栏的"配合" 🔖 按钮,在图形区中选择轴的外表面与滚动轴承内圈的内表面,添加约束关系为"同轴心◎"如图 20 - 23 所示,单击 ✔ 按钮。继续在图形区中选择套筒端面和滚动轴承内圈的端面,约束关系为"重合✗",如图 20 - 24,单击 ✔ 按钮。完成右边轴承的装配,装配结果如图 20 - 25 所示。

③ 装配左边滚动轴承。另一边的装配方法与此相同,装配结果如图 20 - 26 所示。

图 20 - 23 同轴心配合面选择

图 20 - 24 面重合配合面选择

图 20 - 25 低速轴与右边轴承的配合结果

图 20 - 26 低速轴与左边轴承的配合结果

(7)到此,低速轴组件装配全部完成。单击"保存"按钮,保存装配体文件。

2)高速轴的装配

(1)新建一装配图,进入装配体环境。

(2)插入齿轮轴。单击装配体工具栏内的"插入零部件🔧",插入齿轮轴,零件出现在绘图区。然后单击 ✔ 按钮,完成第一个零件的装配,如图 20 - 27 所示。

(3)齿轮轴与滚动轴承的装配

① 插入滚动轴承。单击装配体工具栏内的"插入零部件🔧",插入轴承,将其放置在合适位置。

② 添加约束。单击装配体工具栏的"配合" 🔖 按钮,在图形区中选择轴的外表面与滚

动轴承内圈的内表面,添加约束关系为"同轴心 ◎"如图 20 - 28 所示,单击 ✔ 按钮。继续在图形区中选择轴肩边界面和滚动轴承内圈的端面,约束关系为"重合 人",如图 20 - 29,单击 ✔ 按钮。完成右边轴承的装配,装配结果如图 20 - 30 所示。

图 20 - 27　插入齿轮轴

图 20 - 28　同轴心配合面选择

图 20 - 29　面重合配合面选择

图 20 - 30　齿轮轴与右边轴承的配合结果

③ 装配左边滚动轴承。另一边的装配方法与此相同,装配结果如图 20 - 31 所示。

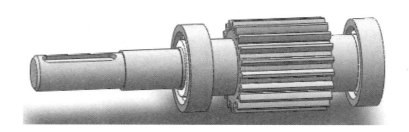

图 20 - 31　齿轮轴与左边轴承的配合结果

3)总装

(1)新建一装配图,进入装配体环境。

(2)插入下箱体。单击装配体工具栏内的"插入零部件 ",插入下箱体,零件出现在绘图区。然后单击 ✔ 按钮,完成第一个零件的装配。

(3)插入低速轴装配体。

① 单击装配体工具栏内的"插入零部件 ",插入刚组装的低速轴装配体,将其放置在合适位置。

② 添加约束。单击装配体工具栏的"配合" ✎ 按钮,在图形区中选择下箱体轴承孔的内圆面与低速轴中滚动轴承的外圆面,添加约束关系为"同轴心 ◎"如图 20 - 32 所示,单击 ✔ 按钮。继续在图形区中选择下箱体的内壁侧面和滚动轴承外圈的端面,如图 20 - 33 所示,约束关系为"距离 ⊢⊣",文本框中输入"10mm",注意方向,若方向不对则选择是否勾选

"反转尺寸"复选框,设置对话框如图 20 - 34,单击 ✔ 按钮。完成低速轴的装配,装配结果如图 20 - 35 所示。

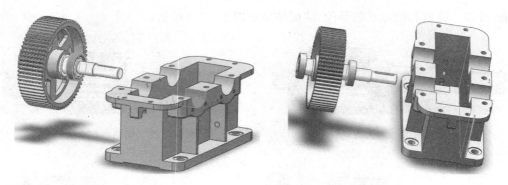

图 20 - 32　同轴心配合面选择　　　　　　　图 20 - 33　面重合配合面选择

图 20 - 34　距离设置

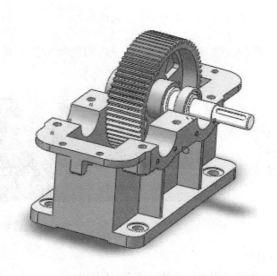

图 20 - 35　低速轴装配结果

(4)插入高速轴装配体

① 单击装配体工具栏内的"插入零部件 ",插入刚组装的高速轴装配体,将其放置在合适位置。

② 添加约束。高速轴的装配与低速轴装配完全相同。单击装配体工具栏的"配合" 按钮,在图形区中选择下箱体轴承孔的内圆面与高速轴中滚动轴承的外圆面,添加约束关系为"同轴心◎"如图 20 - 36 所示,单击 ✔ 按钮。继续在图形区中选择下箱体的内壁侧面和滚动轴承外圈的端面,如图 20 - 37 所示,约束关系为为"距离 ",文本框中输入"10mm",注意方向,若方向不对则选择是否勾选"反转尺寸"复选框,单击 ✔ 按钮。

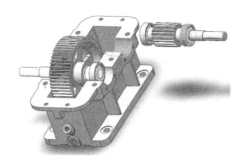

图 20-36　同轴心配合面选择

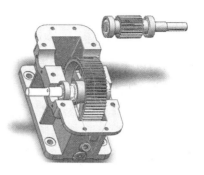

图 20-37　面重合配合面选择

③ 齿轮传动配合。在特征管理器中单击箱底,在弹出的关联快捷菜单中单击"隐藏零部件" 按钮,隐藏箱底。单击标准视图工具栏的"前视"按钮 ,从前视角度观察模型。左键旋转齿轮,旋转到如图 20-38 所示位置。单击装配体工具栏的"配合" 按钮,展开"机械配合"选项,如图 20-39 所示,选中"齿轮"配合,在"要配合的实体"中分别单击高速轴和低速轴的表面,如图 20-40 所示。然后在"比率"数值框中输入齿数"20∶66",勾选"反转"复选框。最后在特征管理器中单击箱底,在弹出的关联快捷菜单中单击"显示零部件" 按钮,显示箱底。

图 20-38　齿轮旋转定位

图 20-39　"齿轮配合"对话框设置

图 20-40　添加齿轮配合约束

(5)插入轴承盖的垫片

① 单击装配体工具栏内的"插入零部件 🐾",插入轴承盖垫片,将其放置在合适位置。

② 添加约束。单击装配体工具栏的"配合" 🔖 按钮,在图形区中选择轴承盖垫片的内圆面与高速轴的外圆面,添加约束关系为"同轴心 ◎"如图 20-41 所示,单击 ✔ 按钮。继续在图形区中选择轴承盖垫片螺纹孔的内表面与箱底上螺纹孔的内表面,添加约束关系为"同轴心 ◎"如图 20-42 所示,将螺纹孔对齐,单击 ✔ 按钮。继续在图形区中选择垫片的表面与下箱体轴孔外面,如图 20-43 所示,约束关系为"重合 ✗",单击 ✔ 按钮。完成垫片的装配。其余三个垫片的装配过程相同,不再详述。

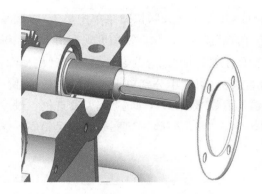 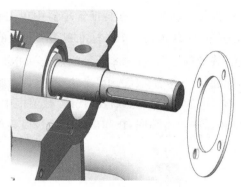

图 20-41　同轴心配合面选择　　　　图 20-42　螺纹孔配合面选择

图 20-43　面重合配合面选择

(6)插入轴承盖透盖

① 单击装配体工具栏内的"插入零部件 🐾",插入轴承盖透盖,将其放置在合适位置。

② 添加约束。轴承盖透盖安装在轴的伸出端,故高速轴和低速轴各需要装配一个透

盖,轴承盖透盖的装配与轴承盖垫片装配完全相同。在图形区中选择轴承盖的内圆面与高速轴的外圆面(或者垫片的内圆面),添加约束关系为"同轴心 ◎"如图 20-44 所示,单击 ✔ 按钮。继续在图形区中选择轴承盖螺纹孔的内表面与垫片上螺纹孔的内表面,添加约束关系为"同轴心 ◎"如图 20-45 所示,将螺纹孔对齐,单击 ✔ 按钮。继续在图形区中选择轴承盖凸台的内表面与垫片的外面,如图 20-46 所示,约束关系为"重合 ⊼",单击 ✔ 按钮。完成高速轴端的轴承盖透盖的装配,低速轴端的轴承盖透盖的装配过程与此相同,这里不再详述,装配结果如图 20-47 所示。

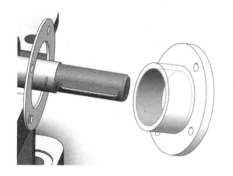

图 20-44　同轴心配合面选择

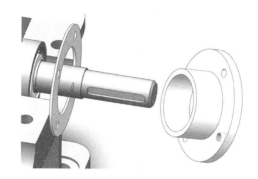

图 20-45　螺纹孔配合面选择

图 20-46　面重合配合面选择

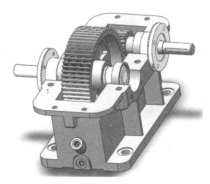

图 20-47　轴承盖透盖的装配结果

(7)插入轴承盖闷盖

① 单击装配体工具栏内的"插入零部件 🔧",插入轴承盖闷盖,将其放置在合适位置。

② 添加约束。轴承盖闷盖安装在轴另一端,高速轴和低速轴各有一个。在图形区中选择轴承盖的内圆面与垫片的内圆面(或者轴的表面),添加约束关系为"同轴心 ◎"如图 20-48 所示,单击 ✔ 按钮。继续在图形区中选择轴承盖螺纹孔的内表面与垫片上螺纹孔的内表面,添加约束关系为"同轴心 ◎"如图 20-49 所示,将螺纹孔对齐,单击 ✔ 按钮。继续在图形区中选择轴承盖凸台的内表面与垫片的外端面,如图 20-50 所示,约束关系为"重合

 ",单击 ✔ 按钮。完成高速轴端的轴承盖闷盖的装配,低速轴端的轴承盖闷盖的装配过程与此相同,这里不再详述,装配结果如图 20 - 51 所示。

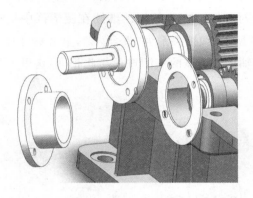

图 20 - 48　同轴心配合面选择

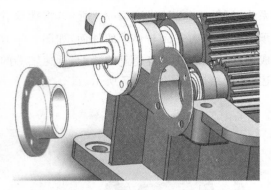

图 20 - 49　螺纹孔配合面选择

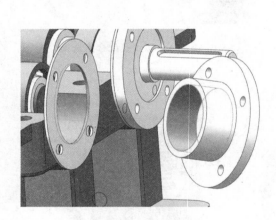

图 20 - 50　面重合配合面选择

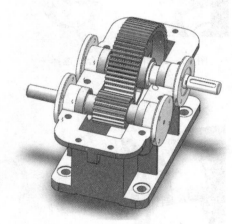

图 20 - 51　轴承盖的装配结果

(8)插入箱盖

① 单击装配体工具栏内的"插入零部件 ",插入箱盖,将其放置在合适位置。

② 添加约束。单击装配体工具栏的"配合 "按钮,在图形区中选择箱盖轴承孔的内圆面与低速轴中滚动轴承的外圆面,添加约束关系为"同轴心 "如图 20 - 52 所示,单击 ✔ 按钮。继续在图形区中选择箱盖轴承旁的螺纹孔与下箱体中的螺纹孔,添加约束关系为"同轴心 "如图 20 - 53 所示,将螺纹孔对齐,单击 ✔ 按钮。在图形区中选择箱盖与箱底的配合面,如图 20 - 54 示,约束关系为"重合 ",单击 ✔ 按钮。在图形区中选择箱盖与箱底的侧,如图 20 - 55 所示,约束关系为"重合 ",单击 ✔ 按钮。装配结果如图 20 - 55 所示。

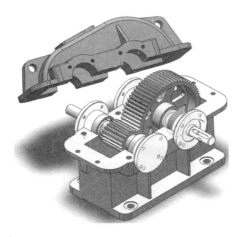

图 20-52 同轴心配合面选择

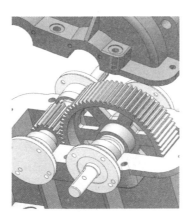

图 40-53 螺纹孔配合面选择

图 20-54 面重合配合面选择

图 20-55 面重合配合面选择

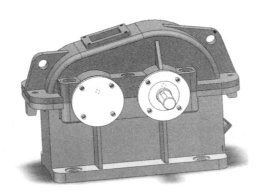

图 20-56 箱盖装配效果

（9）视孔盖组件的装配

① 插入视孔盖垫片并装配。单击装配体工具栏内的"插入零部件 "，插入视孔盖垫片，将其放置在合适位置。单击装配体工具栏的"配合" 按钮，在图形区中选择垫片上通孔的内表面与箱盖上的螺纹孔，添加约束关系为"同轴心 "如图 20-57 所示，将螺纹孔对

齐,单击 ✔ 按钮。在图形区中选择垫片与箱底的配合面,如图 20-58 所示,约束关系为"重合[×]",单击 ✔ 按钮。在图形区中选择垫片的侧面与箱盖上放置视孔盖的凸台的侧面,如图 20-59 所示,约束关系为"重合[×]",单击 ✔ 按钮。

图 20-57　螺纹孔配合面选择

图 20-58　面重合配合面选择

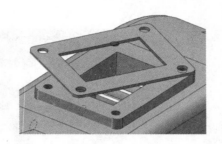
图 20-59　面重合配合面选择

② 插入视孔盖并装配。装配过程与垫片的装配过程相似。单击装配体工具栏内的"插入零部件",插入视孔盖,将其放置在合适位置。单击装配体工具栏的"配合" 按钮,在图形区中选择视孔盖通孔的内表面与垫片上孔的内表面,添加约束关系为"同轴心◎"如图 20-60 所示,将螺纹孔对齐,单击 ✔ 按钮。在图形区中选择视孔盖与垫片的配合面,如图 20-61 所示,约束关系为"重合[×]",单击 ✔ 按钮。在图形区中选择视孔盖的侧面与垫片的侧面,如图 20-62 所示,约束关系为"重合[×]",单击 ✔ 按钮。

图 20-60　螺纹孔配合面选择

图 20-61　面重合配合面选择

图 20 – 62　面重合配合面选择

③ 插入通气器并装配。单击装配体工具栏内的"插入零部件",插入通气器,将其放置在合适位置。单击装配体工具栏的"配合" ✎ 按钮,在图形区中选择通气器螺柱表面与视孔盖孔的内表面,添加约束关系为"同轴心◎"如图 20 – 63 所示,单击 ✔ 按钮。在图形区中选择通气器的下端面和视孔盖的上端面,如图 20 – 64 所示,约束关系为"重合⋏",单击 ✔ 按钮。

至此,完成视孔盖组件的装配,装配结果如图 20 – 65 所示。

图 20 – 63　同轴心配合面选择

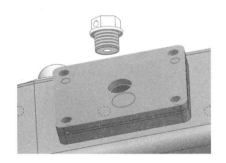

图 20 – 64　面重合配合面选择

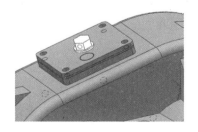

图 20 – 65　视孔盖组件的装配效果

(10)油塞组件的装配

① 插入油封垫并装配。单击装配体工具栏内的"插入零部件 ⚙",插入油封垫,将其放置在合适位置。单击装配体工具栏的"配合" ✎ 按钮,在图形区中选择垫片上通孔的内表面与箱底上螺纹孔的内表面,添加约束关系为"同轴心◎"如图 20 – 66 所示,单击 ✔ 按钮。

在图形区中选择垫片与箱底的配合面,如图 20 - 67 所示,约束关系为"重合 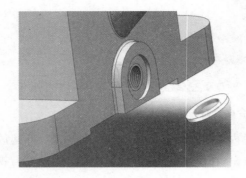",单击 ✅ 按钮。

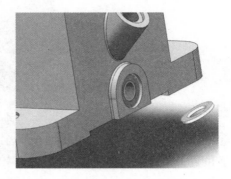

图 20 - 66　同轴心配合面选择　　　　　　图 20 - 67　面重合配合面选择

②插入油塞并装配。单击装配体工具栏内的"插入零部件 🔧",插入油塞,将其放置在合适位置。单击装配体工具栏的"配合" 🔗 按钮,在图形区中选择油塞上螺纹的外表面与箱底上螺纹孔的内表面,添加约束关系为"同轴心 ◎"如图 20 - 68 所示,单击 ✅ 按钮。在图形区中选择油塞与垫片的配合面,如图 20 - 69 所示,约束关系为"重合 ⚒",单击 ✅ 按钮。

至此,完成油塞组件的装配,装配结果如图 20 - 70 所示。

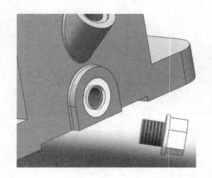

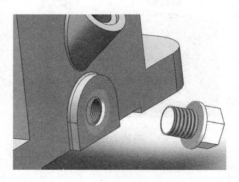

图 20 - 68　同轴心配合面选择　　　　　　图 20 - 69　面重合配合面选择

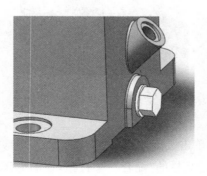

图 20 - 70　视孔盖组件的装配效果

(11)游标尺的装配

单击装配体工具栏内的"插入零部件 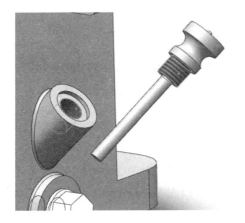"，插入游标尺，将其放置在合适位置。单击装配体工具栏的"配合" 按钮，在图形区中选择游标尺上螺纹的外表面与箱底上放游标尺螺纹孔的内表面，添加约束关系为"同轴心 ⊚"如图 20-71 所示，单击 ✔ 按钮。在图形区中选择游标尺与箱底的配合面，如图 20-72 所示，约束关系为"重合 ✗"，单击 ✔ 按钮。装配结果如图 20-73 所示。

图 20-71　同轴心配合面选择

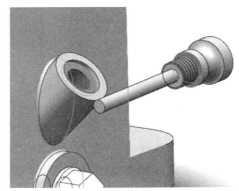

图 20-72　面重合配合面选择

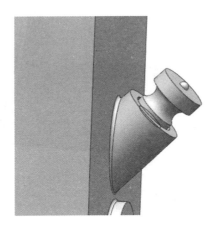

图 20-73　游标尺的装配效果

(12)螺栓组件的装配

① 插入 M12 螺栓并装配。单击装配体工具栏内的"插入零部件 ",插入 M12 的螺栓，将其放置在合适位置。单击装配体工具栏的"配合" 按钮，在图形区中螺栓柱的表面与箱盖上螺纹孔的内表面，添加约束关系为"同轴心 ⊚"如图 20-74 所示，单击 ✔ 按钮。在图形区中选择螺栓与箱盖螺栓孔的配合面，如图 20-75 所示，约束关系为"重合 ✗"，单击 ✔ 按钮。

图 20-74 同轴心配合面选择

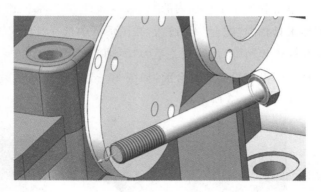

图 20-75 面重合配合面选择

② 插入 M12 弹簧垫片并装配。单击装配体工具栏内的"插入零部件 👋",插入 M12 的弹簧垫片,将其放置在合适位置。单击装配体工具栏的"配合" 🔧 按钮,在图形区中弹簧垫片内孔的表面与螺栓柱的表面,添加约束关系为"同轴心 ◎"如图 20-76 所示,单击 ✔ 按钮。在图形区中选择弹簧垫片的底面与箱底的配合面,如图 20-77 所示,约束关系为"重合 ⏢",单击 ✔ 按钮。

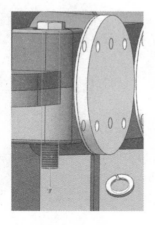

图 20-76 同轴心配合面选择

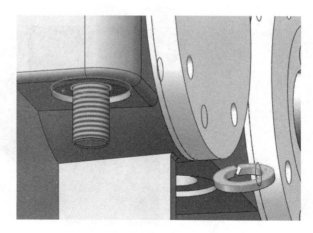

图 20-77 面重合配合面选择

③ 插入 M12 螺母并装配。单击装配体工具栏内的"插入零部件 👋",插入 M12 的螺母,将其放置在合适位置。单击装配体工具栏的"配合" 🔧 按钮,在图形区中螺母内孔的表面与螺栓柱的表面,添加约束关系为"同轴心 ◎"如图 20-78 所示,单击 ✔ 按钮。在图形区中选择螺母的底面与弹簧垫片的底面,如图 20-79 所示,约束关系为"重合 ⏢",单击 ✔ 按钮。

④ 装配其他的 M12 螺栓组件。按住 Ctrl 键,在图形区域中拖动"M12 螺栓""M12 弹簧

垫片""M12 螺母"零件,将其拖动到另外位置,则完成零件和装配关系的复制。得到如图 20 -80 所示装配结果。另一侧的三个螺栓组可以用镜像命令完成。具体操作为:单击"线性零部件阵列"下拉菜单中的"镜像零部件" 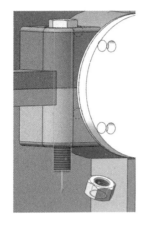,弹出镜像零部件对话框,设置如图 20 - 81 所示,在"要阵列的零部件"中选择刚刚装配好的三对 M12 的螺栓组,在"镜像基准面"中选择镜像面"前视基准面",单击 ✔ 按钮。

图 20 - 78 同轴心配合面选择

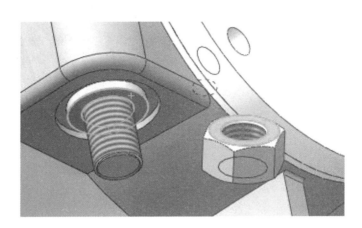

图 20 - 79 面重合配合面选择

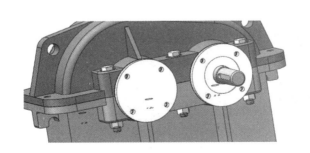

图 20 - 80 M12 螺栓装配效果

图 20 - 81 镜像零部件对话框

⑤ 装配 M10 螺栓组。单击装配体工具栏内的"插入零部件 ",插入 4 个 M10 的螺栓,4 个 M10 弹簧垫片,4 个 M10 的螺母。使用 M12 螺栓组的方法分别将其装配到位。结果如图 20 - 82 所示。

(13)螺钉的装配

① 插入 M8 螺钉并装配。单击装配体工具栏内的"插入零部件 ",插入 M8 的螺钉,将其放置在合适位置。单击装配体工具栏的"配合" 按钮,在图形区中螺钉柱的表面与轴

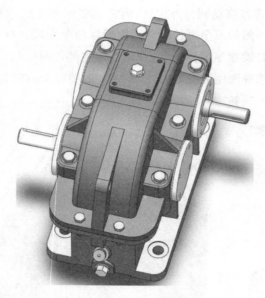

图 20-82　螺栓总装配效果

承盖上螺纹孔的内表面,添加约束关系为"同轴心 ◎"如图 20-83 所示,单击 ✔ 按钮。在图形区中选择螺钉与轴承盖的外端面,如图 20-84 所示,约束关系为"重合 ⋏",单击 ✔ 按钮。

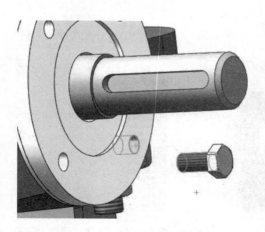

图 20-83　同轴心配合面选择

图 20-84　面重合配合面选择

　　② 插入同一个轴承盖上的 M8 螺钉。同一轴承盖上的四个螺钉沿周向对称,单击"线性零部件阵列"下拉菜单中的"圆周零部件阵列" ,弹出圆周阵列对话框,在"参数"中的对称轴中选择轴承盖上的内圆面或者边线,"角度" 为 360 度,"实例数" 为 4 个,勾选"等间距"。在"要阵列的零部件"中选择 M6 的螺钉,具体设置如图 20-85 所示。

　　③ 装配其他三个轴承盖上 M8 的螺钉。使用前面的方法分别将其他三个轴承盖的螺钉装配到位,结果如图 20-86 所示。

图 20 - 85　圆周阵列对话框

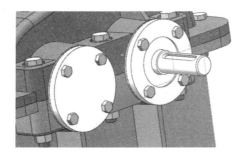

图 20 - 86　M8 螺钉的装配效果

④ 装配视孔盖上 M6 的螺钉。使用 M8 螺钉的安装方法将视孔盖上四个 M6 螺钉装配到位,装配效果如图 20 - 87 所示。

至此一级减速器全部装配完毕,总的装配效果如图 20 - 88 所示,单击"保存" ,保存文件。

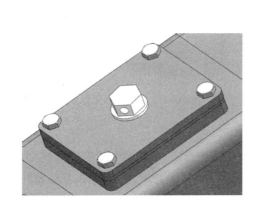

图 20 - 87　M6 螺钉的装配效果

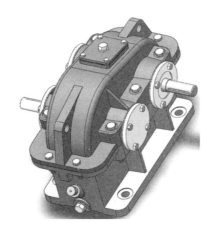

图 20 - 88　总的装配效果

4)生成爆炸视图。

在创建过程中,先创建子装配的爆炸视图,然后创建总体装配的爆炸视图,并添加爆炸直线草图。

(1)低速轴爆炸视图。打开"低速轴装配体",单击"装配"工具栏中的"爆炸视图"按钮 ,弹出爆炸视图对话框,选择右边的滚动轴承,在绘图区显示坐标系,如图 20 - 89 所示,选择 X 轴(轴向方向的坐标轴)设置其爆炸方向,在对话框中设置具体的爆炸距离,或者在图形区中拖动滚动轴承,即按住鼠标左键拖动,到指定位置后松开鼠标。"设定"对话框如图 20 - 90 所示,单击"应用"按钮,在单击"完成"。通过上面相同的操作,分别为"大齿轮"、"套筒"和左边的"滚动轴承"添加 X 轴上的移动,为"键"添加 Z 轴上的移动,效果如图 20 - 91 所示,完成此子装配爆炸视图的创建,保存并退出。

(2)高速轴爆炸视图。打开"高速轴装配体",单击"装配"工具栏中的"爆炸视图"按钮

[图标],弹出爆炸视图对话框。选择右边的滚动轴承,选择 Z 轴(轴向方向的坐标轴)设置其爆炸方向,在对话框中设置具体的爆炸距离。同时选择左边的滚动轴承,选择 Z 轴并设置距离,完成爆炸视图,效果如图 20-92 所示,完成此子装配爆炸视图的创建,保存并退出。

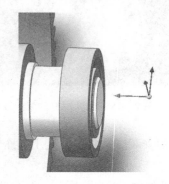

图 20-89　爆炸坐标系　　　　　　图 20-90　"爆炸"对话框

图 20-91　低速轴爆炸效果图　　　　　图 20-92　高速轴爆炸效果图

(3)总装配爆炸视图。

① 打开"总装配体",单击"装配"工具栏中的"爆炸视图"按钮 [图标],弹出爆炸视图对话框。先选择轴承盖上的螺钉,选择 Z 轴(轴向方向的坐标轴)设置其爆炸方向,在对话框中设置具体的爆炸距离。然后选择"轴承盖"和"垫片",选择 Z 轴并设置距离,完成爆炸视图,效果如图 20-93 所示。

② 选择轴承旁"螺母","弹簧垫片"和"螺栓",选择 Y 轴设置其爆炸方向,在对话框中设置具体的爆炸距离。然后选择"箱盖"和"窥视孔组件",选择 Y 轴并设置距离,完成爆炸视图,效果如图 20-94 所示。

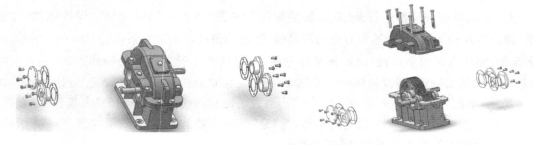

图 20-93　轴承盖爆炸效果图　　　　　图 20-94　箱盖爆炸效果图

③ 选择"低速轴装配体"和"高速轴装配体",先选择 Y 轴设置其爆炸方向,在对话框中设置具体的爆炸距离,效果如图 20-95 所示。然后再次选择"低速轴装配体"和"高速轴装配体",选择 Z 轴并设置爆炸距离。还是选择"低速轴装配体"和"高速轴装配体",单击"爆炸"属性管理器底部的"重新使用子装配体爆炸"按钮,使用此子装配体的爆炸视图,如图 20-96 示,完成爆炸视图,效果如图 20-97 所示。

④ 选择窥视孔组件中的"通气器"和"螺钉",选择 Y 轴设置其爆炸方向,在对话框中设置具体的爆炸距离,然后选择"视孔盖",选择 Y 轴设置其爆炸方向并设置距离,最后选择"垫片",选择 Y 轴设置其爆炸方向并设置距离,效果如图 20-98 所示。

图 20-95　轴爆炸效果图

图 20-96　爆炸对话框

图 20-97　使用子装配体爆炸效果图

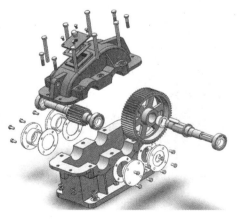

图 20-98　窥视孔组件爆炸效果图

⑤ 选择"游标尺",此时的坐标系不是沿坐标尺的轴线方向,需要转动坐标系,选择坐标系原点右键弹出快捷菜单,如图 20-99 所示,选择"对齐到…",然后单击坐标尺的端面,此时坐标系对齐到该面,此时坐标系与游标尺端面对齐,如图 20-100。选择该坐标系的 Z 轴设置其爆照方向并设置距离,效果如图 20-101 所示。

⑥ 选择"油塞",选择 X 轴设置其爆炸方向,在对话框中设置具体的爆炸距离,然后选择

"垫片",选择 X 轴设置其爆炸方向并设置距离,效果如图 20 - 102 所示。单击 ✔ 按钮。

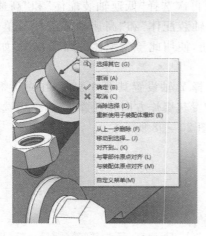

图 20 - 99   快捷菜单

图 20 - 100   移动坐标系

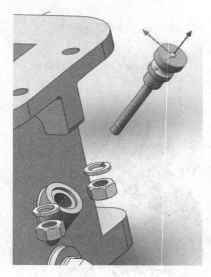

图 20 - 101   游标尺爆炸效果图

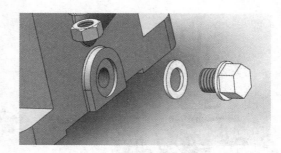

图 20 - 102   油塞爆炸效果图

至此,完成爆炸视图的创建,总装配爆炸视图如图 20 - 103 所示。

(4)解除爆炸。

右键单击装配体"特征设计树"中装配体的名称,弹出快捷命令菜单,如图 20 - 104 所示,选择"解除爆炸"命令,装配体切换至正常状态。选择"动画解除爆炸"命令,则按照刚刚的装配路径生成爆炸动画。若想回到爆炸状态,再次右键装配体的名称,在命令菜单中选择"爆炸"命令,则切换至爆炸视图状态。

最后单击"保存" 💾 按钮,保存装配体。

图 20-103　总装配爆炸效果图　　　　图 20-104　快捷菜单

3. 项目总结

本项目是机械设计中典型项目,通过本项目的练习进一步理解自底向上的装配设计方法,同时熟悉机械配合中齿轮约束的用法。

三、拓展练习

千斤顶的装配关系与各个零件图如图 20-105 所示。

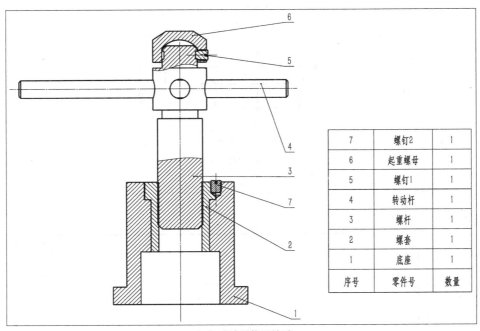

7	螺钉2	1
6	起重螺母	1
5	螺钉1	1
4	转动杆	1
3	螺杆	1
2	螺套	1
1	底座	1
序号	零件号	数量

(a) 千斤顶装配关系

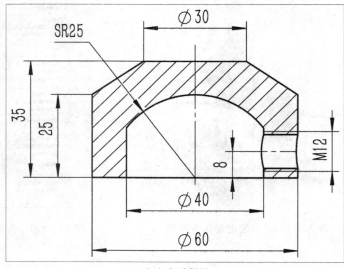

（b）起重螺母

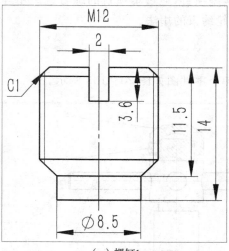

（c）螺钉1

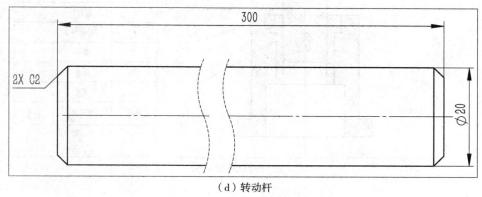

（d）转动杆

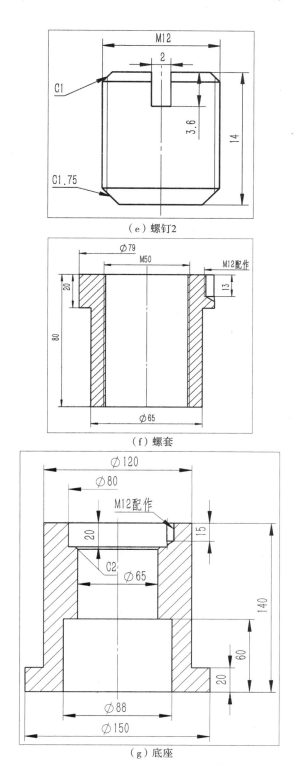

（e）螺钉2

（f）螺套

（g）底座

图 20-105　千斤顶装配图及零件图

第四篇

工程图设计

第 21 章　工程图基础知识

工程图是指以投影原理为基础,用多个视图清晰详尽地表达出设计产品的几何形状、结构以及加工参数的图样。工程图严格遵循国家标准的要求,它实现了设计者与制造者之间的有效沟通,使设计者的设计意图能够简单明了地展现在图样上。SolidWorks 软件可以为三维实体零件和装配体创建二维工程图。零件、装配体和工程图是相互关联的文件,对零件或装配体所做的任何修改会导致工程图文件的相应变更,工程图一般包含有模型建立的几个视图、尺寸、注解、标题栏、材料明细栏等内容。用户要掌握工程图的基本操作,能够快速地绘制出符合国家标准、用于加工制造或装配的工程图样。

一、工程图图纸

工程图包含一个或多个零件或装配体生成的视图,在生成工程图之前,必须先保存与它有关的零件或装配体,可以从零件或装配体文件内生成工程图。工程图文件使用所插入的第一个模型的名称,该名称出现在标题栏中。当保存工程图时,模型名称默认文件名,保存工程图之间可以编辑该名称。

1. 创建工程图文件

创建一个 SolidWorks 工程图文件,单击标准工具栏中的"新建" ☐ 按钮,弹出"新建 SolidWorks 文件"对话框,选择"工程图",如图 21-1 所示,单击"确定"按钮,建立一个装配体文件,进入装配体环境,如图 21-2 所示。

图 21-1　"新建 SolidWorks 文件"对话框 1

图 21-2　工程图环境

或者在"新建 SolidWorks 文件"对话框中选择"高级",弹出"新建 SolidWorks 文件"对话框,如图 21-3 所示。选择"gb-a3"模板,单击"确定"进入装配体环境,则显示图纸模板,如图 21-4 所示。

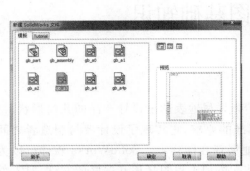

图 21-3 "新建 SolidWorks 文件"对话框 2　　　图 21-4 a3 模板图纸

2. 工程图环境中的工具条

进入工程图环境后,在工具栏中有"视图布局""注解""草图""评估"工具条。

1)视图布局

视图布局的工具条如图 21-5 所示。各按钮的含义从左到右依次为:标准三视图、模型师徒、投影视图、辅助视图、剖面视图、局部视图、断开的剖视图、断裂视图和裁剪视图。主要是生成工程图视图的创建,用来表达部件模型的外部结构及形状。

图 21-5 "视图布局"工具条

2)注解

注解的工具条如图 21-6 所示。标注在工程图中占有重要地位,注解部分主要是完成工程图中的标注,包含尺寸标注,公差标注、表面粗糙度、注释、以及工程图中的零件序号、材料明细表等。

图 21-6 "注解"工具条

3)草图

草图的工具条如图 21-7 所示。用户可以利用草图绘制工具直接绘制工程图,不需要插入参考模型,还可以对绘制的几何实体添加尺寸和几何约束。

图 21-7　"草图"工具条

二、工程图视图

工程图视图是工程图最主要的组成部分,工程图用视图来表达零部件的形状和结构,复杂零件又需要由多个视图来共同表达才能使人看清楚,看明白。在机械制图中,视图被细分为许多种类,有主视图、投影视图、轴测图、剖视图、断裂视图、向视图等。

1. 标准三视图

标准三视图工具能为所显示的零件或装配体同时生成 3 个相关的默认正交视图。

进入装配体环境后,单击"视图布局"工具栏中的"标准三视图"██按钮,弹出"标准三视图"属性对话框,如图 21-8 所示。单击"浏览"弹出浏览对话框,在对话框中选择需要创建工程图的零件图,(如项目 3)单击"打开",得到如图 21-9 所示的标准三视图。

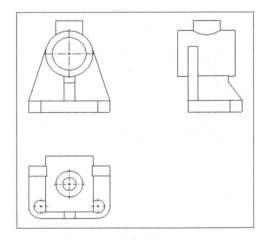

图 21-8　"标准三视图"对话框　　　　　图 21-9　标准三视图

2. 模型视图

如图 21-9 所示的零件三视图,不一定符合工程中常见的表达方式,所以,为了使零件视图的表达更符合习惯,可以自己定义模型的视图。模型视图是从不同视角方位为视图选择方位名称。

1)单击"视图布局"工具栏中的"模型视图"██按钮,弹出"模型视图"属性对话框。单击"浏览"弹出浏览对话框,在对话框中选择需要创建工程图的零件图,(如项目 3)单击"打开",此时"模型视图"对话框如图 21-10 所示。

2)单击"模型视图"对话框中的"下一步"██按钮,得到如图 21-11 所示的图框,在"方向"下的"标准视图"中可以选择视图方向,如前视、左视、右视、俯视以及轴测图等。

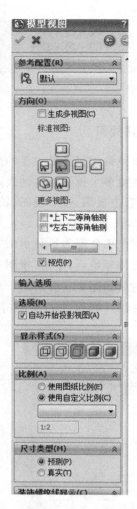

图 21-10 "模型视图"的对话框 1　　　　图 21-11 "模型视图"的对话框 2

3）单击"方向"区域中的"前视"按钮，再勾选"预览"复选框，预览要生成的视图。在"比例"区域中选中"使用自定义比例"单选项，在其下方的列表框中选择"1：1"，如图 20-11所示。

4）将鼠标放在图形区，会出现视图的预览，如图 21-12 所示，选择合适的位置单击，生成主视图。

5）单击"模型视图"窗口中的"确定"按钮，完成操作。

（如果在生成主视图之前，在"选项"区域中选中"自动开始投影视图"复选框，则在生成一个视图后会继续"自动开始投影视图"命令，自动跳出"投影视图"属性对话框，生成其他投影视图。）

3. 投影视图

投影视图包括仰视图、俯视图、右视图、左视图和轴测图。以"模型视图"中得到的视图为主视图,创建其他投影视图。

1)单击"视图布局"工具栏中的"投影视图"按钮,弹出"投影视图"属性对话框。在窗口中出现投影视图的虚线框。由于该视图中只有一个视图,系统默认该视图为投影的父视图。

2)在图形区的主视图右侧单击,生成左视图,在主视图下方单击,生成俯视图,在主视图的右下角单击,生成轴测图。

3)单击"投影视图"对话框中的"确定"按钮,完成操作,得到的图形如图21-13所示。

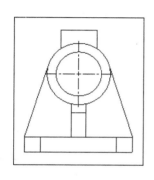

图21-12　主视图预览图

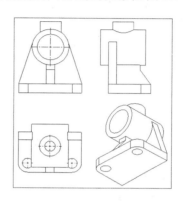

图21-13　创建投影视图

4. 辅助视图

辅助视图类似于投影视图,但它是垂直于现有视图中参考边线的展开视图,该参考线可以是模型的一条边、侧影轮廓线、轴线或草图直线。

1)打开如图21-14所示的工程图文件,此时在工程图中已经有一个主视图。单击"视图布局"工具栏中的"辅助视图"按钮,弹出"投影视图"属性对话框。如图21-15所示。

2)提示"请选择一参考边线来往下继续",选择图21-14所示的边线作为参考边线。

3)在图21-14所示的视图右上侧处单击,生成辅助视图。

4)在"工程图视图"对话框中设置参数,"标号"文本框中输入视图标号"A",其他参数系统默认设置值,如图21-16所示。

5)单击对话框中的"确定"按钮,完成操作,得到的图形如图21-17所示。

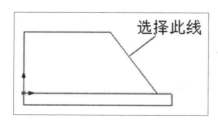

图21-14　"辅助视图"参考边线

图21-15　"辅助视图"对话框

图 21-16 "工程视图"对话框

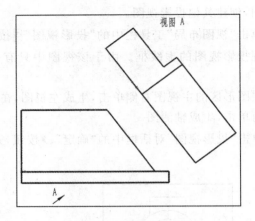

图 21-17 创建辅助视图

5. 全剖视图

全剖视图是用剖切面完全地剖开零件得到的剖视图。

1) 打开如图 21-18 所示的法兰盘工程图文件,此时在工程图中已经有一个主视图。

2) 单击"视图布局"工具栏中的"剖面视图" ⬚ 按钮,弹出"剖面视图"属性对话框。如图 21-19 所示。系统提示"需要在工程图视图上绘制一条线条以生成剖视图",也就是需要绘制一条线条来确定剖切面。

3) 绘制如图 21-18 所示的一条竖直线,移动鼠标,在视图的左侧放置全剖视图。(也可以先用草图工具绘制直线,然后选中直线,单击"剖面视图"。)

4) 在"剖面视图"对话框中设置参数,勾选"反转方向",在"标号" 🔤 文本框中输入视图标号"A",其他参数系统默认设置值,如图 21-20 所示。

5) 单击对话框中的"确定" ✅ 按钮,完成操作,得到的图形如图 21-21 所示。

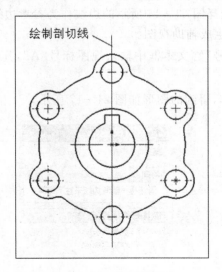

图 21-18 绘制剖切线

图 21-19 "剖面视图"属性对话框

图 21-20 "剖面视图"对话框

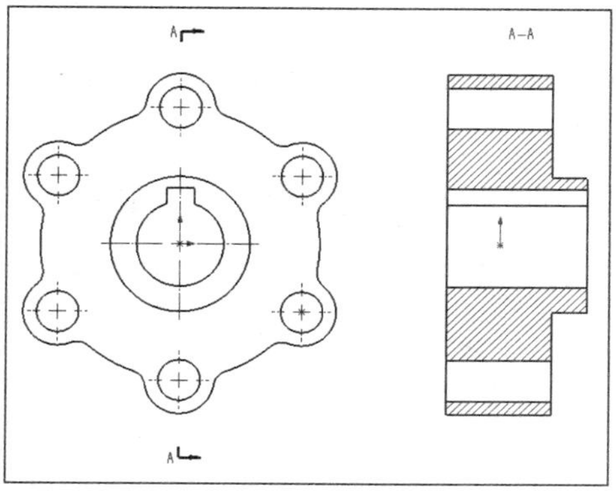

图 21-21 全剖视图

6. 半剖视图

1)打开如图 21-22 所示的工程图文件,此时在工程图中已经有一个投影视图。

2)选择"草图"工具栏中的"直线"命令,绘制如图 21-22 所示的两条垂直直线。

3)先选中竖直线,再选中水平线,(直线选择顺序不同,得到的图形不同)单击"视图布局"工具栏中的"剖面视图" 按钮,在视图上方放置半剖视图。

4)在"剖面视图"对话框中设置参数,勾选"反转方向",在"标号" 文本框中输入视图标号"A",其他参数系统默认设置值。

5)单击对话框中的"确定" 按钮,完成操作,得到的图形如图 21-23 所示。

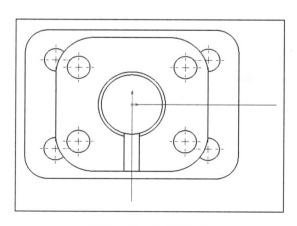

图 21-22 绘制剖切线

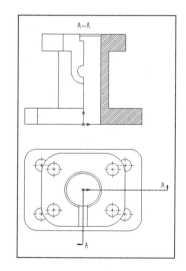

图 21-23 创建半剖视图

7. 阶梯剖视图

1)打开如图 21-24 所示工程图文件,此时在工程图中已经有一个投影视图。

2)选择"草图"工具栏中的"直线"命令,绘制如图 21-24 所示的直线。

3)一次选中绘制的剖切线,单击"视图布局"工具栏中的"剖面视图" 按钮,在视图上方放置剖视图。

4)在"剖面视图"对话框中设置参数,在"标号" 文本框中输入视图标号"A",其他参数系统默认设置值。

5)单击对话框中的"确定" 按钮,完成操作,得到的图形如图 21-25 所示。

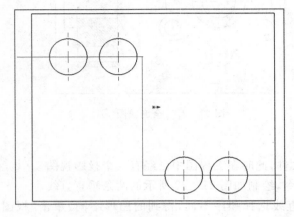
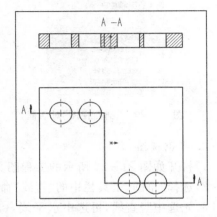

图 21-24　绘制剖切线　　　　　　　　　图 21-25　创建阶梯剖视图

8. 移出剖面

移出剖面也称为"断面图",常用在只需要表达零件端面的场合,这样可以使视图简化,又能使视图所表达的零件结构清晰易懂。

1)打开如图 21-26 所示轴的工程图文件,此时在工程图中已经有一个主视图。

2)选择"草图"工具栏中的"直线"命令,绘制如图 21-26 所示的两条垂直直线。

3)选中绘制的剖切线,单击"视图布局"工具栏中的"剖面视图" 按钮,在视图右侧放置剖视图。

4)在"剖面视图"对话框中设置参数,勾选"反转方向",在"标号" 文本框中输入视图标号"A",在"剖面视图"中勾选"只显示剖面",其他参数系统默认设置值,如图 21-27 所示。

5)单击对话框中的"确定" 按钮,完成操作,得到的图形如图 21-28 所示。

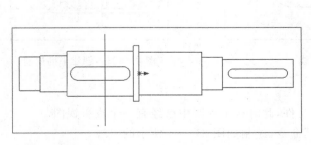

图 21-26　绘制剖切线　　　　　　　　图 21-27　"剖面视图"对话框

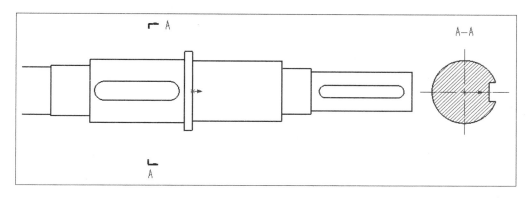

图 21-28 创建断面图

9. 旋转剖视图

利用"旋转剖视图"命令可以很快捷地在工程图中生成旋转剖视图,其操作与创建全剖视图和半剖视图相似。

1)打开如图 21-29 所示工程图文件,此时在工程图中已经有一个投影视图。

2)选择"草图"工具栏中的"直线"命令,绘制如图 21-29 所示的两条直线。

3)选中绘制的剖切线,先选斜线再选竖直线,若反顺序选择,则投影面与斜线平行,读者自行练习。单击"视图布局"工具栏中的"旋转剖视图"按钮,在视图右侧放置剖视图。

4)在"剖面视图"对话框中设置参数,勾选"反转方向",在"标号"文本框中输入视图标号"A",其他参数系统默认设置值。

5)单击对话框中的"确定"按钮,完成操作,得到的图形如图 21-30 所示。

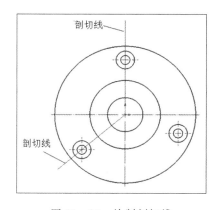

图 21-29 绘制剖切线

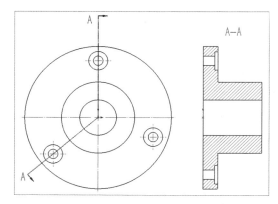

图 21-30 创建旋转剖视图

10. 局部放大图

局部放大图是将零件的部分结构用大于原图所采用的比例画出的图形,根据需要可画出视图、剖视图或断面图,放置时尽量放在被放大部位的附近。

1)打开如图 21-31 所示工程图文件,此时在工程图中已经有一个主视图。

2)选择"草图"工具栏中的"圆"命令,绘制如图 21-31 所示的圆来定义放大范围。

3）选中绘制的圆，单击"视图布局"工具栏中的"局部视图" A 按钮，弹出"局部视图"属性对话框，在绘图区拖动鼠标，选择放置位置。

4）在"局部视图"对话框中设置参数，勾选"反转方向"，在"标号" A 文本框中输入视图标号"A"，在"比例"下勾选"使用自定义比例"，在下拉列表中选择"用户定义"，在文本框中属于比例"5:1"，其他参数系统默认设置值。如图 21-32 所示。

5）单击对话框中的"确定" ✔ 按钮，完成操作，得到的图形如图 21-33 所示。

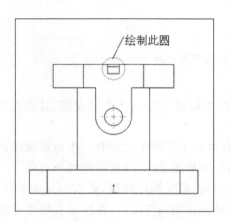

图 21-31　绘制放大范围

图 21-32　"局部视图"对话框

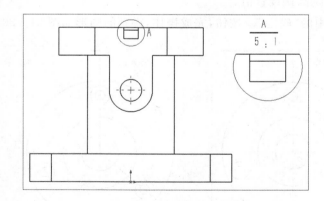

图 21-33　创建局部放大图

11. 局部剖视图

局部剖视图是用剖切面局部地剖开零件或装配体所得的剖视图。在正交视图和轴测图中都可以创建局部剖视图。

1）打开如图 21-34 所示工程图文件，此时在工程图中已经有主视图和俯视图。

2）单击"视图布局"工具栏中的"断开的剖视图" 按钮，弹出"断开的剖视图"属性对话框，如图 21-35 所示。提示信息需要绘制一条闭环样条曲线。

3）绘制剖切范围。绘制图 21-34 所示的样条曲线作为剖切范围，一定要是闭合的，此时"断开的剖视图"对话框如图 21-36 所示。激活对话框中的"深度参考" □ 一栏,单击图 21-34 中的圆作为深度参考,即剖切深度到该圆的中心面。或者在"深度" □ 中输入具体的深度值。

5)单击对话框中的"确定" ✔ 按钮,完成操作,得到的图形如图 21-37 所示。

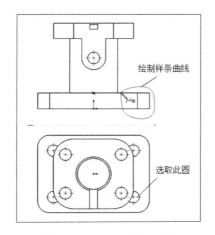

绘制样条曲线

选取此圆

图 21-34　确定剖切范围

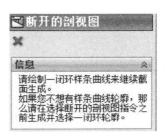

图 21-35　"断开的剖视图"属性对话框 1

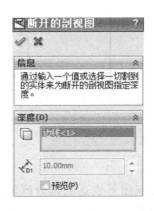

图 21-36　"断开的剖视图"对话框 1

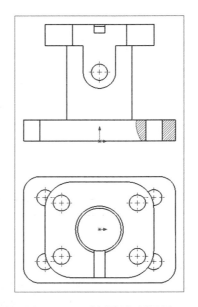

图 21-37　创建局部剖视图

12. 断裂视图

在机械制图中,经常遇到一些细长形的零件,若要反映整个零件的尺寸形状,需要用大幅面的图纸来绘制。为了节省图纸幅面,又可以反映零件形状尺寸,在实际绘图中常采用断裂视图。断裂视图是指从零件视图中删除选定两点之间的视图部分,将余下的两部分合并成一个点折断线的视图。

1)打开如图 21-38 所示轴的工程图文件,此时在工程图中已经有主视图。

2)单击"视图布局"工具栏中的"断裂视图"  按钮,弹出"断裂视图"属性对话框,选择要断裂的视图,此时"断裂视图"对话框如图 21-39 所示。

3)放置两条折断线,如图 21-38 所示。

4)在对话框的"断裂视图设置"下"缝隙大小"文本框中输入 15mm,在"折断线样式"下拉菜单中选择"曲线切断"如图 21-39 所示。

5)单击对话框中的"确定"  按钮,完成操作,得到的图形如图 21-40 所示。

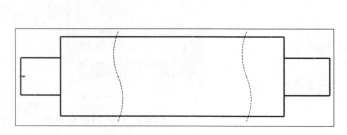

图 21-38 放置折断线

图 21-39 "断裂视图"对话框

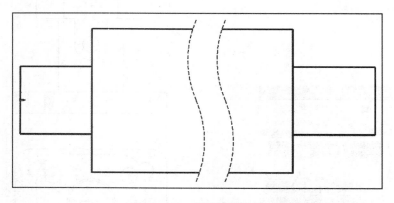

图 21-40 创建断裂视图

13. 裁剪视图

裁剪视图是在现有视图中剪去不必要的部分,使得视图所表达的部分既简练又突出重点,被保留的部分通常用样条曲线或其他封闭的草图轮廓来定义。注意,剪裁视图不能用于爆炸视图、局部视图及其父视图,在裁剪视图中不能创建局部剖视图。

1)打开如图 21-41 所示轴的工程图文件,此时在工程图中已经有主视图。

2)单击"草图"中的"样条曲线"命令,绘制如图 21-41 所示的样条曲线。

3)在图形区中先选中绘制的样条曲线,然后单击"视图布局"工具栏中的"裁剪视图" 按钮,得到的图形如图 21-42 所示。

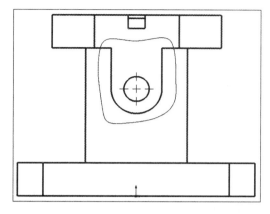

图 21-41 绘制样条曲线

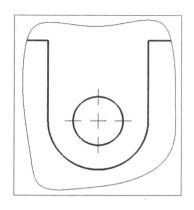

图 21-42 裁剪视图

15. 爆炸视图

为了全面地反映装配体的零件组成,可以通过创建其爆炸视图来达到目的。爆炸视图是一个模型视图,通常使用轴测视图。

1)打开低速轴装配体文件,在设计树上方单击"配置" ![]选项卡,在打开的配置树中右击 ![]低速轴装配 配置,在弹出的快捷菜单中选择"添加配置" ![],系统弹出"添加配置"对话框,在"配置名称"中输入"低速轴爆炸"在"说明"中输入"爆炸视图",其他参数采用系统默认的设置值,单击 ![]按钮。

2)创建如图 21-43 所示的爆炸视图。单击保存。

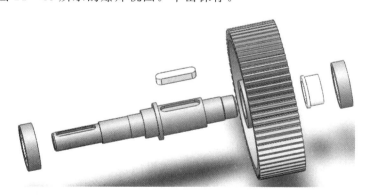

图 21-43 爆炸视图

3)新建一工程图,进入工程图环境。单击"视图布局"工具栏中的"模型视图" ![]按钮,在对话框中选择"等轴测" ![]按钮,在更多视图中选择"上下二等角轴测"。在"参考配置" ![]中选择"低速轴爆炸",然后在图形区中选择合适的位置来放置视图,得到的图形如图 21-44所示。

(若没有添加爆炸配置,则可以右击模型,在菜单中选择"属性"命令,系统弹出"工程视图属性"对话框,如图 21-45 所示,在"视图属性"选项卡的"配置信息"区域中选中"使用命名的配置",勾选"在爆炸状态中显示"复选框,单击"确定"按钮,即可将所选配置设置为当前,显示爆炸视图。)

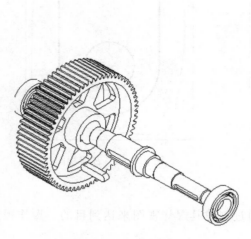

图 21-44 创建爆炸视图

图 21-45 "工程视图"对话框

16. 视图操作

1) 移动视图和锁定视图

在创建完主视图和投影视图后,如果他们在图样中的位置不合适,视图间距太小或太大,用户可根据自己的需要移动视图。具体为将鼠标停在视图的虚线框上,此时鼠标变为 ⊹,按住鼠标左键移动至合适的位置放开鼠标。

在视图移动到合适的位置放好后,为了避免今后因误操作使视图的相对位置发生变化,需对视图进行锁定。右击该视图,在弹出的快捷菜单中选择"锁住视图位置"命令,使其不能被移动。再次右击,在弹出的快捷菜单中选择"解除锁住视图位置"命令,则该视图又可以被移动。

2) 对齐视图

根据"长对正、高平齐、宽相等"的原则(即左、右视图与主视图水平对齐,俯、仰视图与主视图竖直对齐),用户移动投影视图时,只能横向或纵向移动视图。右击需要移动的视图,在弹出的快捷菜单中选择"视图对齐"中的"解除对齐关系",如图 21-46 所示,可移动视图到任意位置。当用户再次右击选择"视图对齐"中的"中心水平对齐",则主视图和左视图水平对齐。

3) 旋转视图

右击要旋转的视图,在弹出的快捷菜单中选择"缩放/平移/旋转"中的"旋转视图" 🔁 命令,如图 21-47 所示;或者在前导视图工具栏中单击 🔁 命令。系统弹出"旋转工程视图"对话框,如图 21-48 所示。在对话框中的"工程视图角度"文本框中输入要旋转的角度值,单击"应用"按钮即可旋转视图,旋转完成后单击"关闭"按钮;也可直接将鼠标移至该视图中,鼠标变为 🔁,按住鼠标左键并移动来旋转视图。

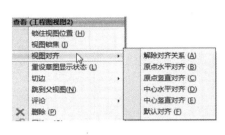

图 21-46　"视图对齐"快捷菜单

图 21-47　"旋转视图"快捷菜单

图 21-48　"旋转工程视图"对话框

4）删除视图

要将某个视图删除，先选中该视图右击，在弹出的快捷菜单中选择"删除"命令，或直接 Delete 键，系统弹出"确认删除"对话框，如图 21-49 所示，单击"是"按钮即可删除该视图。

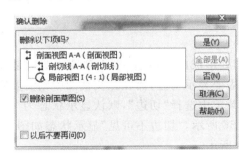

图 21-49　"确认删除"对话框

5）视图的显示模式

和模型一样，工程视图也可以改变显示样式，SolidWorks 提供了五种工程图显示样式，可通过"视图"—"显示"命令中选择显示样式，或者选中视图在弹出的工程视图对话框中设置视图的显示模式。

（1）线框图▦：视图以线框形式显示，所有边线显示为细实线，如图 21-50 所示。

（2）隐藏线可见▣：视图以线框形式显示，可见边线显示为实线，不可见边线显示为虚线，如图 21-51 所示。

（3）取消隐藏线▣：视图以线框形式显示，可见边线显示为实线，不可见边线被隐藏，如图 21-52 所示。

（4）带边线上色▣：视图以上色面的形式显示，显示可见边线，如图 21-53 所示。

（5）上色：视图以上色面的形式显示，隐藏可见边线，如图 21-54 所示。

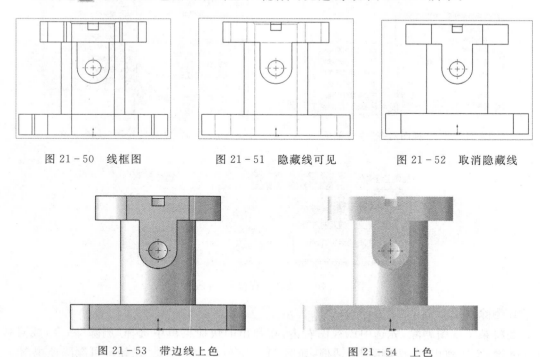

图 21-50 线框图　　　图 21-51 隐藏线可见　　　图 21-52 取消隐藏线

图 21-53 带边线上色　　　　　图 21-54 上色

6）边线的显示和隐藏

（1）切边显示

切边是两个平面在相切处形成的过渡边线，最常见的切边是圆角过渡形成的边线。在工程视图中，一般轴测视图需要显示切边，而在正交视图中则需要隐藏切边。

右击视图，在弹出快捷菜单中选择"切边"，默认显示状态为"切边可见"，如图 21-55 所示，图形显示状态如图 21-56 所示，"切边不可见"显示状态如图 21-57 所示，"带线型显示边线"显示状态如图 21-58 所示。

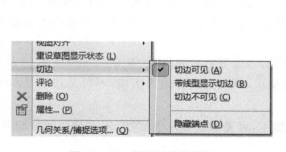

图 21-55 "切边"快捷菜单

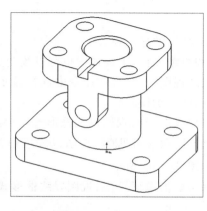

图 21-56 切边可见

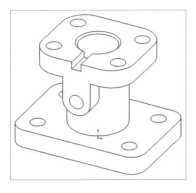

图 21-57　切边不可见

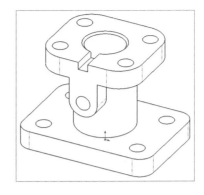

图 21-58　带线型显示边线

（2）隐藏/显示边线

在工程图中，可以通过手动隐藏或显示模型的边线。

右击视图，在弹出的快捷菜单中选择"隐藏/显示边线"，系统弹出"隐藏/显示边线"对话框，在图形区中选择需要隐藏的边线，然后单击 按钮，完成边线的隐藏。结果如图 21-59 所示。

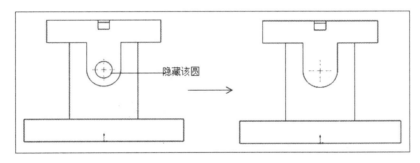

图 21-59　隐藏边线

若要显示出来，则再次右击视图，选择"隐藏/显示边线"命令，在图形区中再次选择隐藏的圆，单击 按钮，完成隐藏边线的显示。

三、工程图的标注

在工程图中，除了包含由模型建立的各类视图外，还有尺寸、注解和材料明细表等标注内容。工程图模块具有方便的尺寸标注功能，也可以根据需要手动标注尺寸。工程图中的尺寸标注与模型是相关联的，而且模型中的尺寸修改会反映到工程图中。在模型中更改尺寸会自动更新到工程图中，在工程图中修改尺寸也会改变模型。

1．尺寸标注

工程图中的尺寸被分为两种类型：模型尺寸和参考尺寸。模型尺寸是存在于系统内部数据库中的尺寸信息，它们来源于零件的三维模型尺寸；参考尺寸是用户根据具体的标注需要手动创建的尺寸。这两种尺寸的标注方法不同，功能和应用也不同。通常先显示出存在于系统内部数据库中的某些重要的尺寸信息，再根据需要手动创建某些尺寸。

1)模型尺寸

模型尺寸是创建零件特征时系统自动生成的尺寸。当在工程图中显示模型尺寸,修改零件模型的尺寸时,工程图的尺寸会更新。由于工程图中的模型尺寸受零件模型驱动,并且也可反过来驱动零件模型,所以这些尺寸也被称为"驱动尺寸"。

(1)选择"注解"工具栏中的"模型项目" 命令,系统弹出"模型项目"对话框。

(2)选取要标注的视图或特征。在"项目/目标"中的"来源"下拉列表中选择"整个模型",并勾选"将项目输入到所有视图"复选框

(3)在"尺寸"中选择"为工程图标注" 按钮,并勾选"消除重复"复选框,其他参数设置接受系统默认。如图 21-60 所示。

(4)单击"确定" 按钮,完成模型项目标注,尺寸如图 21-61 所示。

使用"模型项目"标注尺寸时,尺寸的排列比较凌乱,需要将尺寸重新整理一下,同时在图形区中显示的尺寸一般都是在创建三维模型时的一些标注尺寸。

图 21-60 "模型项目"对话框

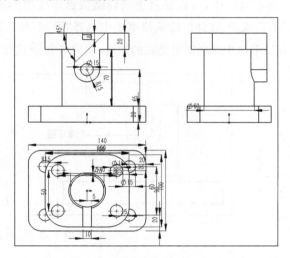

图 21-61 "模型项目"标注尺寸

2)参考尺寸

参考尺寸是通过"标注尺寸"命令在工程图中创建的尺寸。该尺寸的尺寸值不允许被修改,当在零件图环境中修改模型时,参考尺寸也会随之变化。参考尺寸与零件模型具有单向关联性,所以参考尺寸又被称为"从动尺寸"。

(1)自动标注尺寸

自动标注尺寸命令可以一步生成全部的尺寸标注。

① 选择"注解"工具栏中的"智能尺寸" 命令,系统弹出"尺寸"对话框,如图 21-62 所示。

② 选择"自动标注尺寸"选项卡,系统弹出"自动标注尺寸"对话框,如图 21-63 所示。

③ 在要标注尺寸的实体区域中选择"所有视图中实体"单选项,在"水平尺寸"和"竖直尺寸"区域中的"略图"下拉列表中选择"基准"。

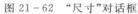

图 21-62 "尺寸"对话框　　　图 21-63 "自动标注尺寸"对话框

④ 选取要标注尺寸的视图。在视图以外、视图虚线框以内的区域单击,选取要选中的视图。单击"确定" ✔ 按钮,如图 21-64 所示,完成操作。

(2)手动标注尺寸

当自动生成尺寸不能全面地表达零件的结构,或在工程图中需要增加一些特定的标注时,就需要手动标注尺寸。

① 选择"注解"工具栏中的"智能尺寸" ◇ 下的黑色三角符号,弹出"标注尺寸"菜单,如图 21-65 所示,该菜单可手动标注尺寸。

② 选择"智能尺寸" ◇ 命令,系统弹出"尺寸"对话框,标注方法同草图中的标注方法相同。

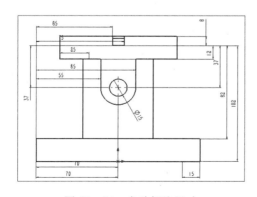

图 21-64 自动标注尺寸　　　　图 21-65 "标注尺寸"菜单

2. 创建中心线与中心符号

在工程图中,中心线和中心符号线不但可以用来标记视图的对称轴线和圆心位置,还可以参照中心线与中心符号线添加注解或标注尺寸。

1)创建中心线

中心线是以点画线标记的工程图中的对称轴。可以在视图中手动添加中心线,也可以在创建视图时自动添加中心线。

(1)单击"注解"工具栏中的"中心线"⊟命令,弹出"中心线"对话框。

(2)选取要添加中心线的两直线,选取图 21-66 所示的两条边线。

(3)单击"确定"✅按钮,完成中心线的创建,如图 21-67 所示。

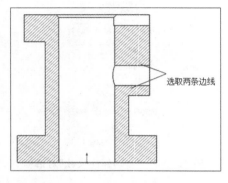

图 21-66 选取两条边线

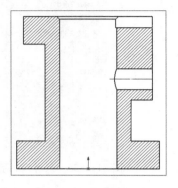

图 21-67 创建中心线

2)创建中心线符号

中心线符号线用来标记视图中圆或圆弧的圆心,可以作为尺寸标注从参考体。

(1)单击"注解"工具栏中的"中心线符号线"⊕命令,弹出"中心线符号线"对话框。

(2)选取要添加中心线的圆弧或圆,选取图 21-68 所示的圆,单击"确定"✅。

(3)在对话框中的"手动插入选项"中的"线性中心线符号"⊞,勾选"连接线"复选框,依次选择图 21-68 底部的四个孔,单击"确定"✅按钮。

(4)在对话框中的"手动插入选项"中的"圆形中心线符号"⊞,勾选"圆周线"、"基体中心线符号"复选框,选择图 21-68 环形阵列上的圆孔,单击出现"相切"符号↺,建立所有阵列实例的中心符号,单击"确定"✅按钮,完成中心线符号的创建,如图 21-69 所示。

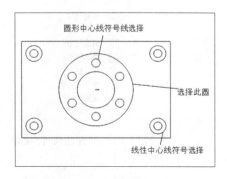

图 21-68 添加中心线符号线前

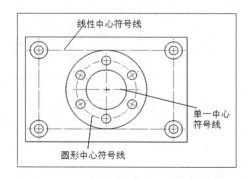

图 21-69 添加中心线符号线后

3. 标注尺寸公差

尺寸公差表示零件尺寸的精准程度,可根据实际情况标注各种形式的尺寸公差。在系统下的工程图模式中,只能在手动标注或在编辑尺寸时才能添加尺寸公差值。在默认情况下,系统只显示尺寸的公称值,可以通过编辑来显示尺寸的公差。

单击"注释"工具栏中的"智能尺寸" ◇ 命令,系统弹出"尺寸"对话框,标注尺寸。在"尺寸"对话框中的"公差/精度"区域中设置参数。在"公差类型" 下拉菜单中选择类型,如图21-70所示。在"单位精度" 下拉菜单中选择精度,即可在尺寸标注中显示公差。下面以"单位精度"选择 .12 来说明各公差类型。

1)"基本"选项:在尺寸文字上添加一个方框来表示基本尺寸,如图21-71所示。

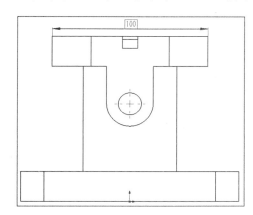

图21-70　公差类型　　　　　　　　　图21-71　"基本"类型

2)"双边"选项:在下拉菜单中选择"双边",则出现"上限""下限"文本框,如图21-72所示,在文本框中输入最大值和最小值,则公差值显示在尺寸值后面,如图21-73所示。

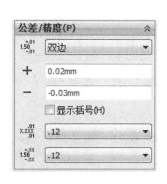

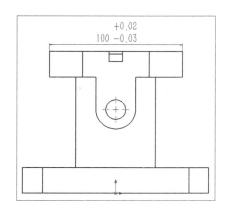

图21-72　"双边"类型尺寸对话框　　　　图21-73　"双边"类型

3)"限制"选项:选取该选项,在"最大变量" ✚ 和"最小变量" ━ 文本框中输入上下偏差,尺寸值分别加上或减去偏差值,来显示尺寸的最大值和最小值,如图21-74所示。

4)"对称"选项:选取该选项,在"最大变量" ➕ 文本框中输入尺寸相等的偏差值,公差文字显示在工程尺寸的后面,如图 21-75 所示。

5)"最大"、"最小"选项:在尺寸值后面添加"最大"、"最小"后缀,如图 21-76、21-77所示。

6)"套合"选项:选取该选项,可使用公差代号来显示尺寸公差,显示公差的方法有三种:以直线显示层叠📐、无直线显示层叠📐 和线性显示📐。若选择"线性显示",在"配合类型"📐 中选择"过渡","孔套合"中选择"H7",在"轴套合"📐 中选择"k6",结果如图 21-78所示。

7)"与公差套合"选项:选取该选项,同时显示公差代号和公差值,如图 21-79 所示

8)"套合(仅对公差)"选项:选取该选项,可以使用公差代号指定公差值,但不显示公差代号。

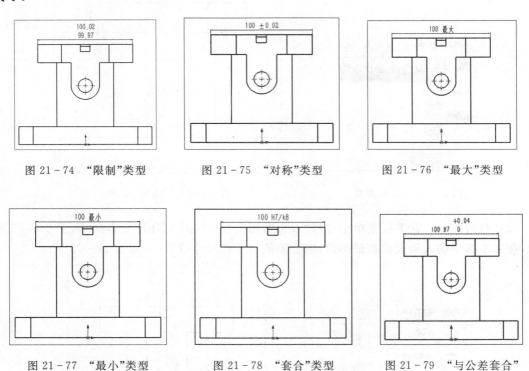

图 21-74 "限制"类型　　　　图 21-75 "对称"类型　　　　图 21-76 "最大"类型

图 21-77 "最小"类型　　　　图 21-78 "套合"类型　　　　图 21-79 "与公差套合"

4. 标注基准

在工程图中,基准标注(基准轴和基准面)常被作为形位公差的参照。基准面一般标注在视图的边线上,基准轴一般标注在中心轴或尺寸上。

(1)单击"注释"工具栏中的"基准特征"📷命令,系统弹出"基准特征"对话框。

(2)在属性对话框中设置参数。在"标号设定" **A** 文本框中输入"A",在"引线"区域中取消勾选"使用文件样式"复选框,单击"方形"□ 按钮来显示出该部分的其他按钮,选择"无引线"📷 和"实三角"⊿ 按钮。如图 21-80 所示。

（3）在图形区中选择边线，然后再选择合适的位置放置。

（4）单击对话框中的  按钮，完成基准面的标注，结果如图 21－81 所示。

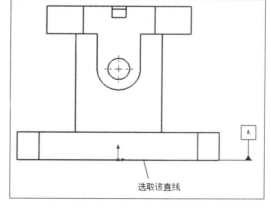

图 21－80　"基准特征"对话框　　　　　图 21－81　标注基准特征符号

5. 标注形位公差

形状公差和位置公差简称为形位公差，用来指定零件的尺寸形状与精确值之间所允许的最大偏差。

（1）单击"注释"工具栏中的"形位公差" 命令，系统弹出"形位公差"对话框，如图 21－82 所示。同时弹出"属性"对话框如图 21－83 所示。

（2）单击符号栏的 下拉按钮，在"符号"对话框中选择形位公差的符号，如选择平行度 //，在"公差 1"中输入公差值为 0.001，在"主要"、"第二"、"第三"文本框中分别输入形位公差的主要、第二、第三基准，如在"主要"中输入"A"。

（3）在"形位公差"对话框中设置引线样式和引线箭头等。在"引线"中选择"带折线" 。

（4）在图形区中选择边线，再选择合适的位置单击以放置形位公差，如图 21－84 所示。若需要添加其他形位公差，可继续添加，单击"确定"按钮。

图 21－82"形位公差"对话框

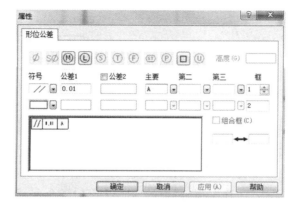

图 21－83　"属性"对话框图

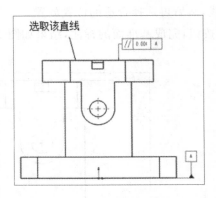

图 21-84　标注"形位公差"

6. 表面粗糙度符号

在机械制造中,任何经过加工后的表面都具有较小间距和峰谷的不同起伏,这种微观的几何形状误差称为表面粗糙度。在软件中,可以插入表面粗糙度符号。

(1)单击"注释"工具栏中的"表面粗糙度符号"√命令,弹出"表面粗糙度"对话框。

(2)在对话框中设置参数。在"符号"中选择"要求切削加工"√,在符号布局中输入粗糙度的值 6.3,如图 21-85 所示。

(3)选取图形区中的边线放置表面粗糙度符号。

(4)单击✔,完成表面粗糙度的标注,如图 21-86 所示。

图 21-85　"表面粗糙度"对话框

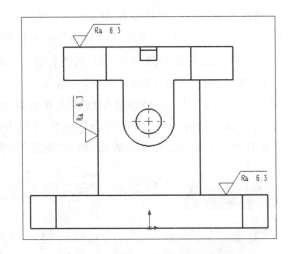

图 21-86　标注"表面粗糙度符号"

7. 孔标注

孔标注可在工程图中使用,如果改变了模型中的一个孔尺寸,则标注将自动更新。孔标注在使用异型孔向导生成孔时,使用异型孔向导信息。

(1)单击"注释"工具栏中的"孔标注"⊔∅命令,在图形区中鼠标变为 。

(2)选取要标注的孔,也就是在图形区中选取图 21-87 中的圆。

（3）然后选择合适的位置来放置孔的信息。结果如图 21-87 所示，图中一个显示为异型孔向导信息，一个为孔信息。

8. 注释标注

在工程图中，除了尺寸标注外，还有相应的文字说明，即技术要求，如工件的热处理要求，表面处理等要求。所以在创建完视图的尺寸标注后，还需要创建相应的注释标注，如图 21-88 所示。

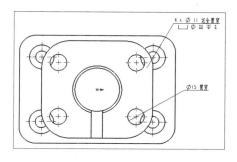

图 21-87　孔标注

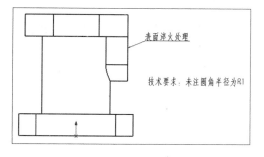

图 21-88　注释标注

（1）单击"注释"工具栏中的"注释" **A** 命令，弹出"注释"对话框。如图 21-89 所示。

（2）在文本框中的"引线"区域选择"无引线" ，然后在图形区的空白处单击，系统弹出"格式化"对话框。在对话框中可以修改文字的字体、大小等信息。如图 24-90 所示。

图 21-89　"注释"对话框

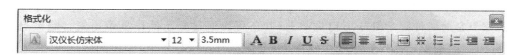

图 21-90　"格式化"对话框

（3）在弹出的"注释"文本框中输入文字信息"未注倒角 2 ✕ 45°"，其中度数的输入，单击

"注释"对话框中的"文字格式"区域中的"添加符号" ⊞ 按钮,弹出"符号"对话框,如图 21 - 91 所示。在"符号图库"下拉菜单中选择"修正符号",在列表框中选择"度数"。

(4)在"注释"对话框中单击 ✅,如图 21 - 92 所示。

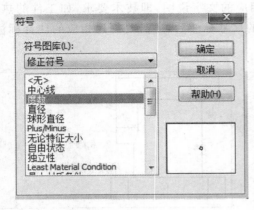

图 21 - 91 "符号"对话框   图 21 - 92 注释

9. 编辑尺寸

系统自动显示的尺寸在工程图中有时会显得杂乱,如尺寸互相遮盖,尺寸间距过松或过密,某个视图上的尺寸太多,出现重复尺寸,这些问题需要通过尺寸的操作工具来解决。

1)移动尺寸

移动尺寸的方法有三种:

(1)拖动要移动的尺寸文本,可在视图内移动尺寸。在拖拽尺寸时,先选中要移动的尺寸,按住鼠标左键不动,移动到合适的位置后松开左键。

(2)按住 Shift 键拖拽要移动的尺寸,可将尺寸移动到另一个视图中。

(3)按住 Ctrl 键拖拽要移动的尺寸,可将尺寸复制到另一个视图中。

2)整理尺寸

整理尺寸及尺寸文本的方法有三种:

(1)拖动尺寸捕捉到推理线整理尺寸。在拖动尺寸的过程中,选中的尺寸在移动过程中会出现黄色的虚线"推理线",可以根据捕捉到的"推理线"对齐尺寸。

(2)拖动尺寸捕捉到网格线整理尺寸。在拖动尺寸的过程中,选中的尺寸在移动过程中便可以捕捉到网格线上,调整好与其他尺寸的位置放置尺寸。

(3)通过"对齐"工具栏整理尺寸。选中需要对齐的尺寸,单击右键,在弹出的快捷菜单中选择"对齐",出现对齐下拉菜单,如图 21 - 93 所示。通过相关操作来对齐尺寸。

3)隐藏显示尺寸

隐藏只是暂时使尺寸处于不可见状态,其还可以通过显示操作显示出来。隐藏尺寸不同于删除尺寸,隐藏的尺寸仍存在于视图中,可根据需要将其显示;如果删除尺寸,尺寸将不能被显示,必须重新标注。

(1)选择需要隐藏的尺寸,右键在弹出的快捷菜单中选择"隐藏"命令则可以将尺寸隐藏。或者单击"视图"—"隐藏/显示注解" ✂,此时鼠标变为 ✎,单击需要隐藏的尺寸,再按

Esc 键即可将其隐藏。

（2）再次单击"视图"－"隐藏/显示注解" ，此时鼠标变为 。已经隐藏的尺寸灰色显示，如图 21-94 所示。选择灰色尺寸，按 Esc 键即可将其显示。

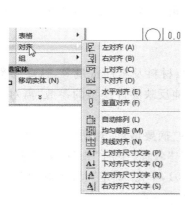

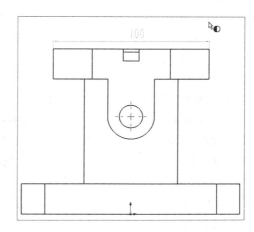

图 21-93　"对齐"下拉菜单　　　　　　　图 21-94　显示隐藏的尺寸

4）删除尺寸

删除尺寸是将创建的多余尺寸删除，不在视图中显示出来。

选择需要删除的尺寸按 Delete 键删除；或者单击"编辑"－"删除" 命令。

5）修改尺寸文字

修改尺寸文字是指修改尺寸的主要值、标注尺寸文字、公差、字体、字体样式等。

（1）选取需要修改的尺寸，如图 21-95 中的"100"尺寸，系统会弹出"尺寸对话框"。

（2）在对话框中重新修改参数，如在"主要值"下勾选"覆盖数值"，在"主要"的文本框中输入"150"。

（3）选取"60"的尺寸，在弹出的对话框中的"标注尺寸文字"一栏中的"＜DIM＞"前单击，再单击插入"标注尺寸文字"区域中的"直径" 按钮，则对话框如图 21-96 所示，单击 ，结果如图 21-97 所示。

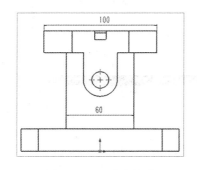

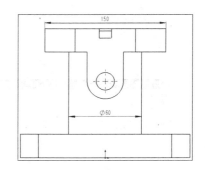

图 21-95　选取尺寸　　　　　图 21-96　"尺寸"对话框　　　　　图 21-97　修改后的尺寸

四、创建零件序号和材料明细表

1. 创建材料明细表

材料明细表，又称为 BOM 表，用于提取装配体工程图中零件或装配体的参数，如零件名称、材料及零件重量，这些参数是和零件模型中的参数相对应的，默认的材料明细表包括"项目名""零件号""说明"和"数量"，可以根据需要编辑材料明细表，并保存为模板重复使用。

1)创建零件模板

在材料明细表中存在大量的模型参数，如零件名称、材料及零件重量等，这些参数是和零件模型的参数相对应的，为了在材料明细表中更清晰地反映零件模型的参数，需对零件模型添加或修改参数，使其与材料明细表中的参数相吻合。

打开零件文件，单击"文件"－"属性"，在系统弹出的"摘要信息"对话框中选择"自定义"选项卡，如图 21-98 所示。修改参数信息，如在 25 行中"名称"中的"数值/文字表达"中输入"底板"，在 26 行的"代号"的"数值/文字表达"中输入 01，单击"确定"，关闭对话框，保存文件。用相同的方法对装配体文件进行参数设置，如图 21-99 所示。

	属性名称	类型	数值 / 文字表达	评估的值
1	Description	文字		
2	Weight	文字	"SW-Mass@零件1.SLDPRT"	1.158
3	Material	文字	"SW-Material@零件1.SLDPRT"	AISI 304
4	质量	文字	"SW-Mass@零件1.SLDPRT"	1.158
5	材料	文字	"SW-Material@零件1.SLDPRT"	AISI 304
6	单重	文字	"SW-Mass@零件1.SLDPRT"	1.158
7	零件号	文字	底板	底板
8	设计	文字		
9	审核	文字		
10	标准审查	文字		
11	工艺审查	文字		
12	批准	文字		
13	日期	文字	2007,12,3	2007,12,3
14	校核	文字		
15	主管设计	文字		
16	校对	文字		
17	审定	文字		
18	阶段标记S	文字		
19	阶段标记A	文字		
20	阶段标记B	文字		
21	替代	文字		
22	图幅	文字		
23	版本	文字		
24	备注	文字		
25	名称	文字	底板	底板
26	代号	文字	"01"	"01"
27	共x张	文字	1	1
28	第x张	文字	1	1
29	<键入新属性>			

图 21-98　零件"自定义"选项卡

图 21-99 装配体"自定义"选项卡

2)创建材料明细表

在创建完零件和装配体后,并添加了相应的参数信息,在创建材料明细表时,显示的信息为前面设定的信息。

(1)新建一工程图,单击"视图布局"中的"模型视图"命令,浏览装配体,选择"轴测图",在更多视图中单击"上下二等角轴测",在图形区中单击放置图形,单击 ✓,得到装配体的轴测图。在模板的标题栏中显示装配体"自定义"选项卡中的参数,如图 21-100 所示。

标记	处数	分区	更改文件号	签名	年 月 日	阶 段 标 记		重量	比例	"装配体"
设计	作者		标准化					2.000	1:1	
校核			工艺			装配体练习				"01"
主管设计			审核							
			批准			共1张 第1张		版本		替代

图 21-100 装配体标题栏

(2)单击“注解”工具栏中的“表格”下拉菜单中的“材料明细表”命令，单击轴测图，弹出“材料明细表”对话框，如图 21－101 所示。单击按钮，在合适的位置单击以放置材料明细表。如图 21－102 所示。

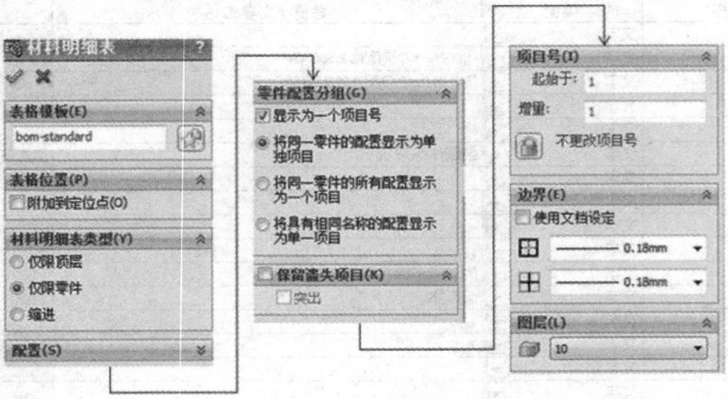

图 21－101 “材料明细表”对话框

项目号	零件号	说明	数量
1	零件1		1
2	零件2		2
3	零件3		2

图 21－102 自动生成的材料明细表

(3)修改列属性。在材料明细表中单击，出现快捷工具栏，如图 21－103 所示。单击“表格标题在上”按钮修改格式，如图 21－104 所示。选择“零件号”一列，然后选择“列属性”命令，弹出“属性”对话框，在“列类型”中选择“自定义属性”，在“属性名称”下拉菜单中选择“名称”，如图 21－105 所示，此时该列显示前面在零件中命名的名称。

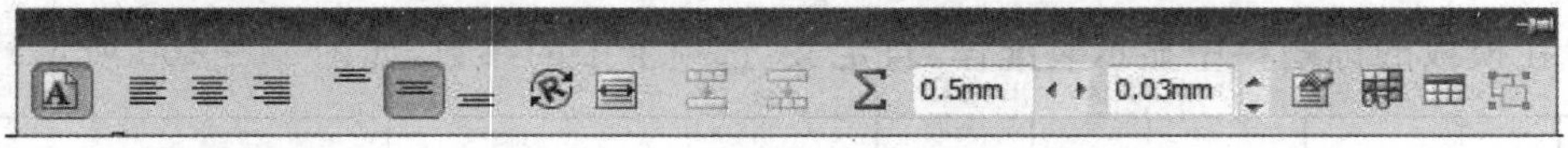

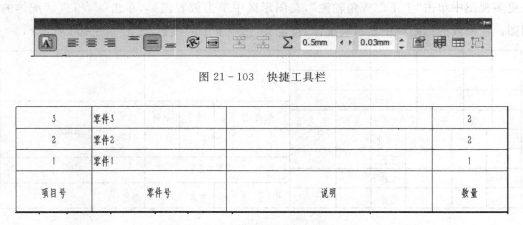

图 21－103 快捷工具栏

3	零件3		2
2	零件2		2
1	零件1		1
项目号	零件号	说明	数量

图 21－104 修改为“表格标题在上”

列类型：
自定义属性
属性名称：
名称

	A	B	C	D
1	3	肋板		2
2	2	侧板		2
3	1	底板		1
4	项目号	名称	说明	数量

图 21-105　修改列属性

　　(4)添加一列。选择 D 列右键，在弹出的快捷菜单中选择"插入"-"左列"，如图 21-106 所示。插入一列，此时自动弹出"列属性"，在"属性名称"中选择"材料"，如图 21-107 所示。

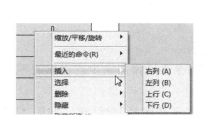

列类型：
自定义属性
属性名称：
材料

D	E
AISI 1020	2
1023 碳钢板 (SS)	2
AISI 304	1
材料	数量

图 21-106　快捷菜单　　　　　　图 21-107　插入材料列

　　(5)移动列。拖动表格中的"说明"列的列标🔽，将"说明"列放置在表格的最右端。如图 21-108 所示。同时通过快捷工具栏还可以调整列宽，行宽等格式，读者自行练习。

3	肋板	AISI 1020	2	
2	侧板	1023 碳钢板 (SS)	2	
1	底板	AISI 304	1	
项目号	名称	材料	数量	说明

图 21-108　移动列

2. 创建零件序号

　　零件序号是在装配体工程图中用来显示与材料明细表相对应的零部件信息。在创建零件号前，需要提前设置好零件序号的参数，在"选项"-"文档属性"-"零件序号"中修改。

（1）自动生成零件序号

单击"注解"工具栏中的"自动零件序号"命令，系统弹出"自动零件序号"对话框，如图 21-109 所示。在"零件序号布局"中的"阵列类型"中选择"布置零件序号到上"，在"零件序号设定"中选择"样式"为"下划线"。单击"确定"，完成零件序号的添加，结果如图 21-110 所示。

图 21-109 "自动零件序号"对话框

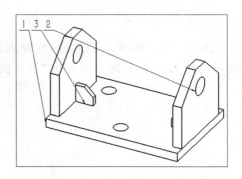

图 21-110 自动添加零件序号

（2）手动添加零件序号

当自动生成零件序号后，可通过"零件序号"命令手动添加缺少或误删的零件序号，也可以为装配体工程图添加完整的零件序号。

单击"注解"—"零件序号"命令，系统弹出"零件序号"对话框。如图 21-111 所示。在"零件序号设定"中选择"样式"为"下划线"。在图形区中选取零件为参考对象，然后在合适的位置来放置零件序号，单击"确定"，完成零件序号的添加，结果如图 21-112 所示。

图 21-111 "零件序号"对话框

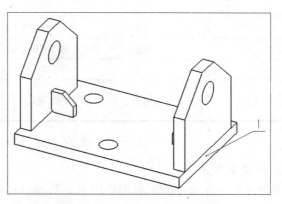

图 21-112 手动添加零件序号

五、图纸格式与模板

工程图图纸是放置和编辑工程图的平台，在默认情况下，系统采用的是一系列国家标准的图纸格式，用户可以通过自定义图纸格式来得到自己需要的工程图模板，将工程图模板中的注释链接到零件或装配体的自定义属性，可在工程图中自动显示零件或装配体的信息。

1. 编辑图纸格式

图纸格式一般包括页面大小和方向、字体、图框和标题栏等。

(1)编辑图纸属性。新建一个工程图文件，在设计树中右击 📄**图纸1**或在图形区空白处右击，在弹出的快捷菜单中选择"属性" 🔳 命令，弹出"图纸属性"对话框，如图 21 - 113 所示。在该对话框中可以设置"比例""投影类型""图纸大小"等。

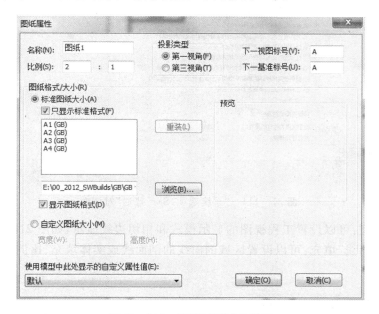

图 21 - 113 "图纸属性"对话框

(2)在设计树中右击 📄**图纸1**，在弹出的快捷菜单中选择"编辑图纸格式"命令，进入编辑图纸格式环境，此时只显示图纸信息，创建的视图、标注等将不可见。此时，可以对图纸中的信息进行编辑，如信息栏中的文字，矩形边框等。修改完成后，单击右上角的 🔲按钮，完成操作。

2. 设置国标的工程图选项

不同的系统选项和文件属性设置将使生成的工程图文件内容不同，因此，在工程图的绘制前首先要进行系统选项和文件属性的相关设置，以及符合工程图设置的一些设计要求，如尺寸文本的方位与字高、尺寸箭头的大小等都有明确的规定。

1)"系统选项"设置

单击"选项" 🔳 按钮，在左侧的菜单中选择"工程图"，弹出"系统选项(S)—对话框"对话框，如图 21 - 114 所示。可在"显示类型"和"区域剖面线/填充"中设置。

图 21-114　"系统选项(S)－普通"对话框

(1)显示类型:可以设置工程视图的显示模式和相切边线显示,如图 21-115 所示。

(2)区域剖面线/填充:可以设置区域剖面线的剖面线或实体填充、比例等,如图 21-116所示。

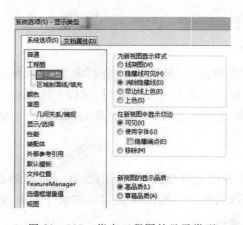

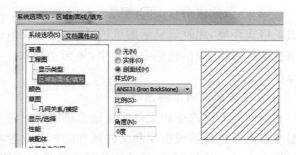

图 21-115　指定工程图的显示类型　　　　图 21-116　指定工程图的区域剖面线/填充

2)"文档属性"设置

单击"选项" 按钮,弹出的对话框中,选择"文档属性"选项卡,弹出"文档属性(D)－绘

图标注"对话框,如图 21-117 所示,在"总绘图标准"中选择"GB"。在这里可以设置尺寸的
样式、单位、线型等。

图 21-117　指定工程图的绘图标准

　　(1)若选择"尺寸",对话框如图 21-118 所示。可以设置尺寸的文字、箭头大小,以及各
种类型尺寸的设置等。

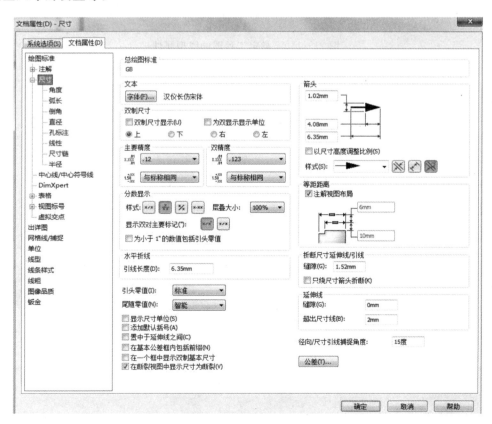

图 21-118　指定工程图的尺寸属性

(2)若选择"线型",则可以设置边线类型、样式等,如图 21 - 119 所示。

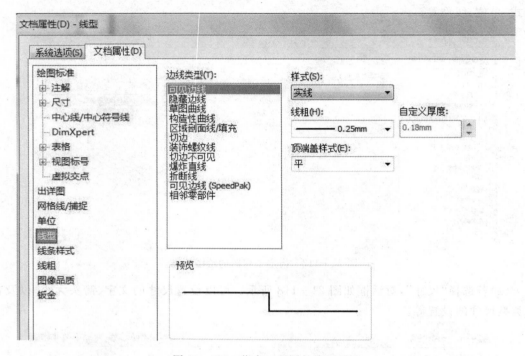

图 21 - 119 指定工程图的线型属性

第 22 章　轴的工程图

一、学习目标

掌握标准视图的建模方法；

掌握尺寸、公差以及各种技术要求的标注方法；

掌握创建工程图的过程和方法。

二、主要内容

1. 项目分析

在 Solidworks 软件中建立如图 22－1 所示轴的工程图。

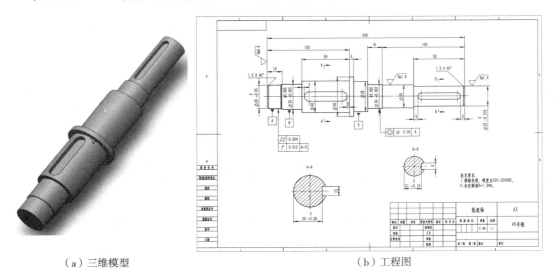

（a）三维模型　　　　　　　　　　　　　　　　　（b）工程图

图 22－1　低速轴

　　在 Solidworks 软件中创建了零件的三维模型后（见项目 5），即可利用该三维模型来创建工程图样。本项目中主要创建三个视图，一个标准视图，两个断面图，其中断面图的创建是难点。首先选择合适的表达方式创建视图，然后标注尺寸、公差和表面粗糙度等。

　　整体思路如图 22－2 所示。

2. 项目实施

1）新建一个工程图

单击"新建"，在弹出的对话框中选择"工程图"，如图 22－3 所示。单击"确定"后进入工程图环境。(或者选择"高级"命令,弹出图 22-4 对话框,可选择图纸大小。)

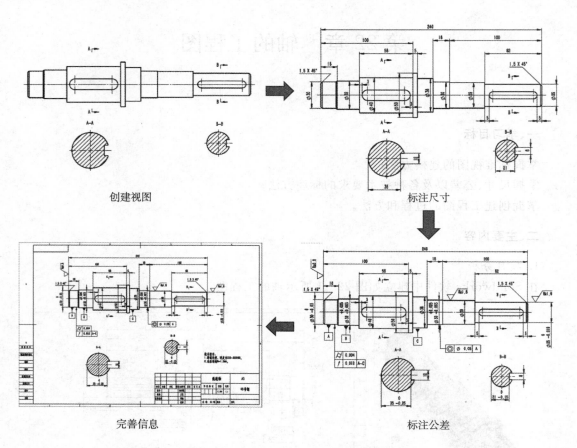

图 22-2　低速轴工程图绘制流程图

图 22-3　"新建 SolidWorks"对话框

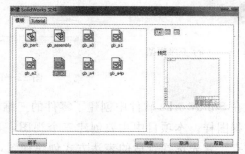

图 22-4　"高级"对话框

2)创建标准视图

(1)进入工程图环境后,系统自动打开"模型视图"对话框,如图 22-5 所示。单击"浏览"按钮,选择项目 5 中创建的"低速轴 .SLDPRT",其他选择默认,及当前选中"前视",如图 22-6 所示。在绘图区中单击鼠标左键来放置标准视图,完成标准视图的创建,如图 22-7 所示。

图 22-5 "模型视图"对话框 图 22-6 "工程图视图"对话框

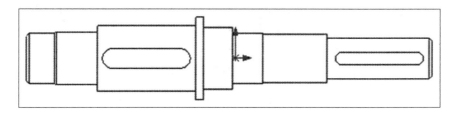

图 22-7 创建标准视图

(2)调整图纸大小。右键单击模型树的"图纸 1"弹出快捷菜单,选择"属性",如图 22-8 所示。弹出"图纸属性"对话框,将"比例"改为 1:1,在标准图纸大小一栏中选择"A3(GB)",如图 22-9 所示,单击"确定"按钮。改变图纸大小后,视图可能不在图纸区,单击左键选中视图,然后将鼠标放在视图边线处出现拖动标识,拖动视图到图纸区。

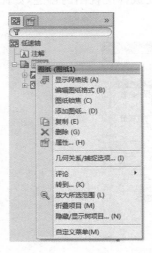

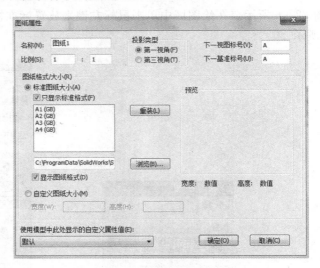

图 22-8　快捷菜单　　　　　　　　　　图 22-9　"图纸属性"对话框

(3)创建断面图 A。单击"草图"工具栏的"直线"  按钮,在与齿轮连接的键槽处绘制一条剖面线,如图 22-10 所示。选中剖面线,然后单击"视图布局"中的"剖面视图" 按钮,此时出现剖视图,单击左键将其放在合适位置,如图 22-11 所示。同时弹出"剖面视图 A—A"对话框,在对话框中设置参数,在 中勾选"反转方向",在"剖面视图"中勾选"只显示切面"复选框,如图 22-12 所示,然后单击 确定。在断面图单击右键弹出快捷菜单,选择"视图对齐"中的"解除对齐关系",如图 22-13 所示。然后拖动断面图,将其放置在合适位置,如图 22-14 所示。

(4)绘制断面图 B。用步骤(3)的方法绘制另一端面图,如图 22-15 所示。

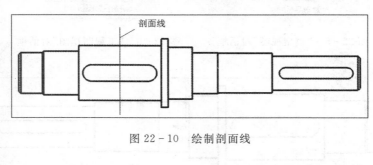

图 22-10　绘制剖面线

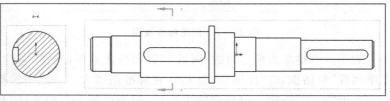

图 22-11　剖面视图

图 22 - 12　"剖面视图"对话框

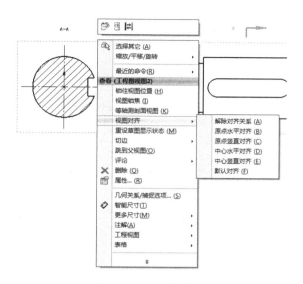

图 22 - 13　快捷菜单

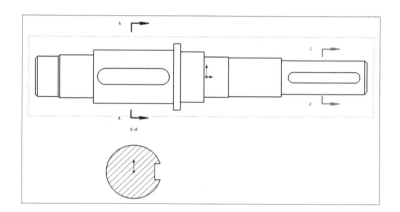

图 22 - 14　移动断面图的位置

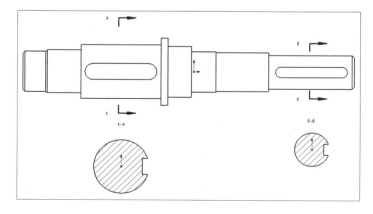

图 22 - 15　断面图 B

（5）插入中心线。单击工具栏中的"注解"中的"中心线符号"按钮 ⊕，然后单击圆弧，自动生成中心线；单击"中心线"按钮 ⊟，为键槽添加中心线，如图 22-16 所示，单击 ✔ 确定。

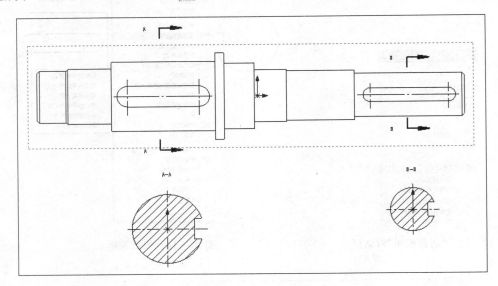

图 22-16　插入中心线

3）标注尺寸。标注尺寸有两种方法，一种是自动标注尺寸，一种是手动标注尺寸。

（1）自动标注尺寸。单击"注解"中的"模型项目" ◈ 按钮，打开"模型项目"对话框，如图 22-17 所示。将"来源"选项设置为"整个模型"，并单击"为工程图标注"按钮 ▦，单击 ✔ 确定，如图 22-18 所示。此时的标注尺寸比较乱，需要调整。左键拖动尺寸标注放置在合适的位置。将断面图中的尺寸移动到主视图中，具体操作为：按住"Shift"键不动，再用鼠标左键按住需要移动的尺寸并拖动至主视图，可见鼠标指针右下角多了一个尺寸符号，松开鼠标左键，即可以将尺寸进行移动。调整后的尺寸标注如图 22-19 所示。

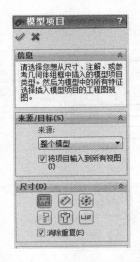

图 22-17　"模型项目"对话框

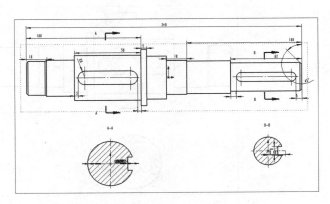

图 22-18　自动标注尺寸

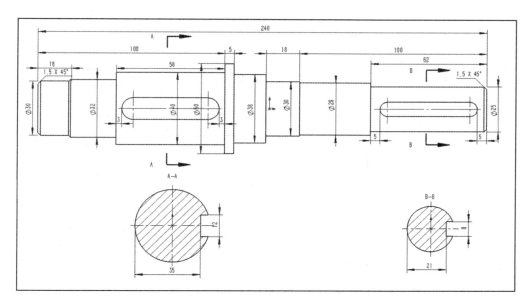

图 22 - 19 调整后的尺寸标注

（2）手动标注尺寸。单击"智能尺寸"按钮 ，标注方法和草绘图形中的标注方法相同，这里不再叙述，格式的修改在快捷工具栏中从选项 中修改。标注结果见图 22 - 19。

4）标注公差

（1）标注尺寸公差。选择一尺寸标注，系统将显示"尺寸"对话框，如图 22 - 20 所示。在"公差/精度"选项区的公差类型下拉菜单中选择公差类型。例如选择断面图 A—A 中 35 的尺寸，设置公差类型为"双边"，" "设置为 0.00， 设置为 0.25，得到的尺寸如图 22 - 21 所示。用相同的方法标注端面图 B—B 中"21"的尺寸公差，以及主视图中 Φ30，Φ32，Φ25 的尺寸公差，得到的效果图如图 22 - 22 所示。

图 22 - 20 "尺寸"对话框

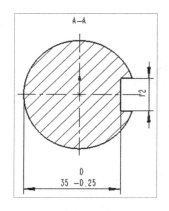

图 22 - 21 尺寸公差

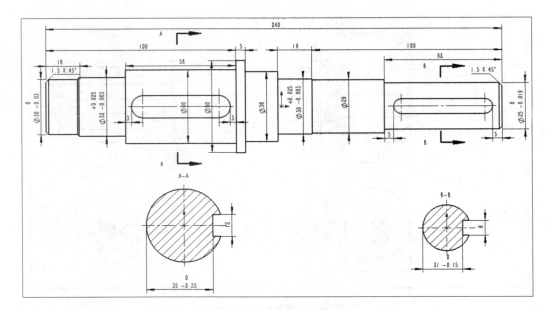

图 22-22　标注尺寸公差

（2）标注基准特征。单击"注解"中的"基准特征" 按钮，弹出"基准特征"对话框，如图 22-23 所示，同时在图形区中出现基准符号，如图 22-24 所示。单击 Φ30 的轴线来放置基准，再次单击左键选择符号的位置完成基准 A 的创建，同时继续标注基准面 B，C，单击 确定。然后在工具栏中的"选项"下选择"文档属性"，然后打开"注解"下拉菜单，选择"基准点"，将"基准特征"中的"显示类型"改为"方形"，如图 22-25 所示，单击确定，得到的效果如图 22-26 所示。

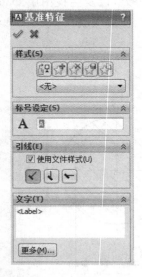

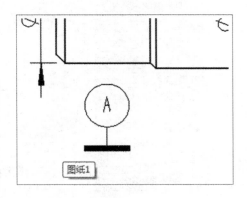

图 22-23　"基准特征"对话框　　　　图 22-24　基准符号

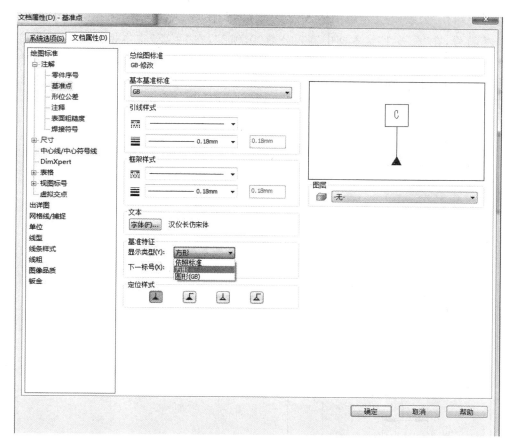

图 22-25 "文档属性"对话框

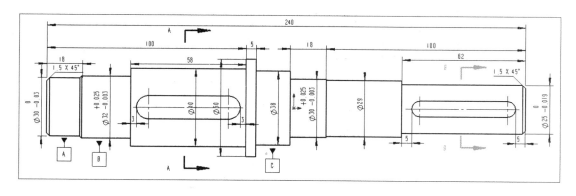

图 22-26 基准标注

（3）标注形位公差。单击"注解"中的"形位公差" 按钮，打开"行为公差"属性管理器，如图 22-27 所示，同时打开"属性"对话框，如图 22-28 所示。在"形位公差"属性管理器的

"引线选项区"中选择"公差的引线样式"。在"属性"对话框的"符号"下拉菜单中选择"圆柱度"〆符号,在"公差 1"文本框中输入公差"0.004",在第二行"符号"下拉菜单中选择"环向跳动"↗符号,在"公差 1"文本框中输入公差"0.012",在"主要"文本框中输入"A－C"。如图 22－28 所示。在视图左侧竖直边线处单击鼠标,再拖动鼠标设置形位公差的放置位置,完成形位公差的创建,如图 22－29 所示。用相同的方法标注同心形位公差,如图 22－30所示。

图 22-27 "形位公差"对话框

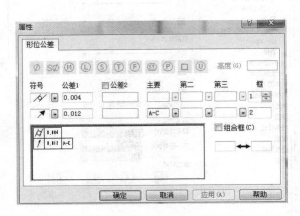

图 22-28 "属性"对话框

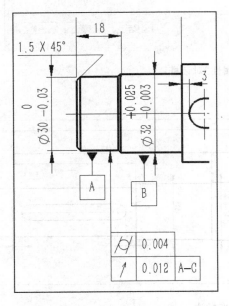

图 22-29 "跳动度"形位公差标注

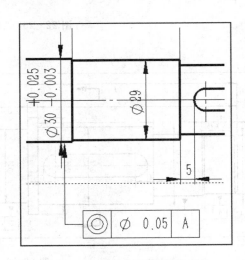

图 22-30 "同心"形位公差标注

5)标注表面粗糙度

单击"注解"中的"表面粗糙度符号"√按钮,打开"表面粗糙度"属性对话框,在"符号"一栏中选择符号格式✓，在符号布局中输入具体数值，如图 22-31 所示，然后在要标注的表面单击鼠标即可完成标注，如图 22-32 所示。

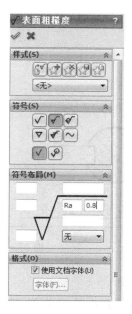

图 22-31　"表面粗糙度"对话框

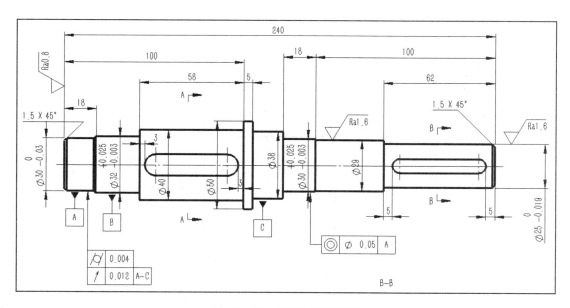

图 22-32　标注表面粗糙度

6）插入技术要求

单击"注解"中的"注释"A按钮，打开"注释"属性对话框，如图 22-33 所示，在图形区的注解位置单击左键，输入技术要求文字，如图 22-34 所示。

图 22-33 "注释"对话框

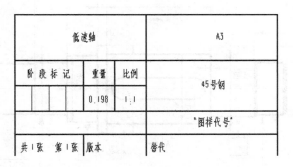

图 22-34 技术要求

技术要求:
1.调制处理，硬度为220-250HBS。
2.未注倒角R=1.5mm。

7)完善工程图

右键单击模型树的"图纸格式 1"弹出快捷菜单,选择"编辑图纸格式",如图 22-35 所示。对表格中的信息进行编辑,完善工程图,如图 22-36 所示。

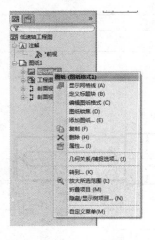

图 22-35 快捷菜单

低速轴			A3
阶段标记	重量	比例	45号钢
	0.198	1:1	
			"图样代号"
共1张　第1张　版本		替代	

图 22-36 输入工程图信息

最终得到的工程图如图 22-1 所示。

3. 项目总结

本项目在工程图模块中完成,工程图最主要的工作就是根据零件表达方法创建、编辑视图以及技术标注。本项目在视图中主要用到了主视图及断面图(利用剖视图创建)的创建方法,以及一些标注方法。在工程图中的尺寸标注有两种标注方法,本项目中主要介绍了自动标注方法,手动标注方法读者可自己完成。

三、项目拓展：

1. 练习 1－轴承座

根据如图 22-37 所示轴承座的图形尺寸要求，完成三维模型的绘制，并创建工程图。

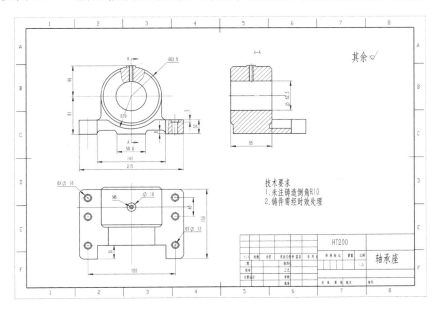

图 22-37　轴承座零件工程图

2. 练习 2－减速箱体

根据如图 22-38 所示减速箱体的图形尺寸要求，完成三维模型的绘制，并创建工程图。

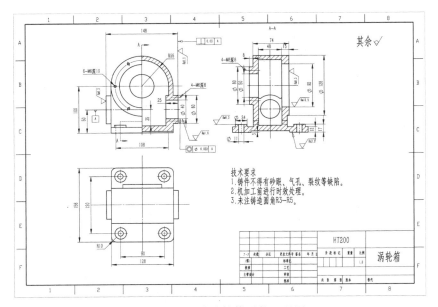

图 22-38　减速箱体零件工程图

第23章　支架的工程图

一、学习目标

掌握投影视图、辅助视图、局部视图和放大视图等的建模方法；
掌握尺寸、形位公差、表面粗糙度等以及各种技术要求的标注方法；
掌握工程图格式设置等操作。

二、主要内容

1. 项目分析

在 Solidworks 软件中建立如图 23-1 所示支架的工程图。

（a）三维模型

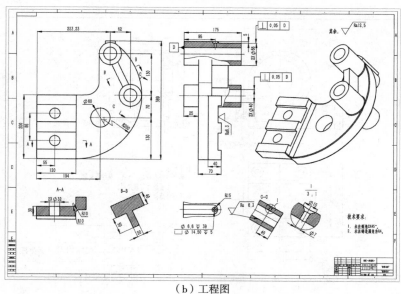

（b）工程图

图 23-1　支架

在 Solidworks 软件中创建了零件的三维模型后，即可利用该三维模型来创建工程图样。本项目是一个综合项目，零件比较复杂，需要多个视图来表达，并且在尺寸标注后，要求运用各种方法来整理尺寸。此外还有基准的创建、形位公差的创建、表面粗糙度符号及中心线符号的标注等。

整体思路见图 23-2 所示。

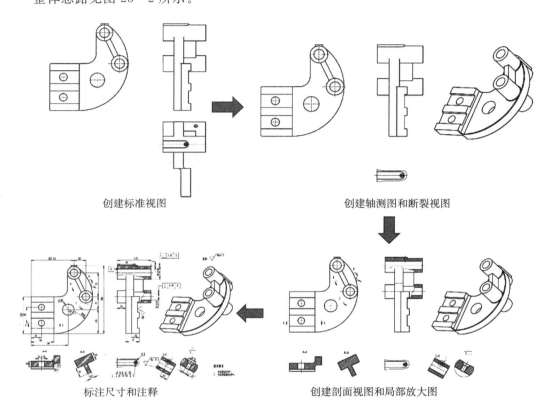

创建标准视图　　　　　　　　　　　创建轴测图和断裂视图

标注尺寸和注释　　　　　　　　　　创建剖面视图和局部放大图

图 23-2　支架工程图创建流程图

2. 项目实施

1）新建一个工程图

单击"新建" ，在弹出的对话框中选择"工程图"，单击"确定"后进入工程图环境。

2）创建标准视图

（1）创建主视图。进入工程图环境后，系统自动打开"模型视图"对话框，单击"浏览"按钮，选择支架零件，在"标准视图"中选择"上视" ，在绘图区中单击鼠标左键来放置标准视图，完成主视图的创建。

（2）创建左视图。此时弹出"投影视图"对话框，移动鼠标创建刚刚模型视图的投影视图，向左移动视图，单击鼠标左键放置，得到投影视图，左视图。单击"投影视图"对话框中的确定 。

（3）创建俯视图。单击"视图布局"工具栏中的"投影视图" 按钮，选择左视图作为父视图，移动鼠标左键生成投影视图，在左视图的正下方移动并单击，生成俯视图。单击"投影视图"对话框中的确定 ，结果如图 23-3 所示。

3)创建轴测视图

（1）打开零件模型。将零件图打开，在零件图环境下，按住鼠标中键将零件旋转至图 23 -4 所示的方位，保存当前视图。

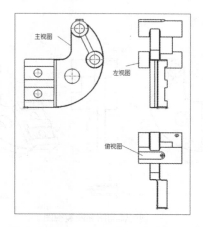

图 23-3　创建三视图

图 23-4　调整零件模型的视图方位

（2）切换到工程图环境中，单击图形区右侧的"视图调色板" ，弹出"视图调色板"对话框，如图 23-5 所示，选择该零件模型，选中"当前"视图，按住鼠标左键将轴测图拖到视图的合适位置，弹出如图 23-6 所示的警告对话框，单击"是"，弹出"工程图视图"对话框，单击 ，结果如图 23-7 所示。

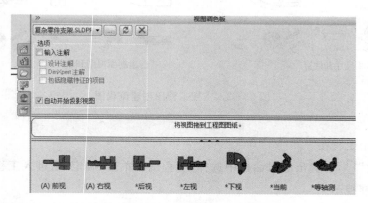

图 23-5　"视图调色板"对话框

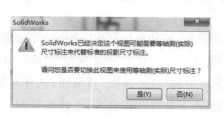

图 23-6　警告对话框

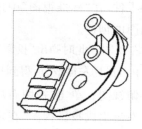

图 23-7　轴测视图

4)裁剪俯视图

(1)绘制裁剪范围。选择"草图"工具栏中的"样条曲线"〜命令,在俯视图中绘制如图23-8所示的封闭轮廓。

(2)在俯视图中选择刚刚绘制的封闭轮廓,单击"视图布局"中的"裁剪视图"📐命令,生成如图23-9所示视图。

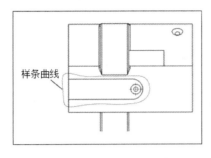
图 23-8　绘制封闭轮廓

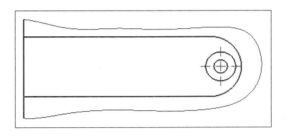
图 23-9　裁剪俯视图

5)创建剖面视图 $A-A$

(1)绘制剖切线。选择"草图"工具栏中的"直线"＼命令,在主视图中绘制如图 23-10所示的直线作为剖切线,该直线过孔的圆心。

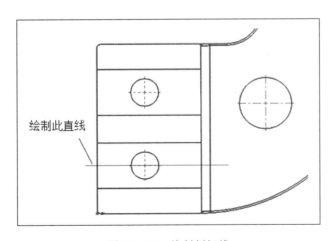
图 23-10　绘制剖切线

(2)先选中刚刚绘制的剖切线,然后单击"视图布局"工具栏中的"剖面视图"⇌命令,弹出提示对话框,如图23-11所示,单击"是"。系统弹出"剖面视图"对话框。

(3)设置参数。在"剖面视图"对话框中,"剖切线"区下的"标号"中输入"A"。

(4)放置视图。在主视图的下方放置剖面视图,在"剖面视图"对话框中单击✓按钮,完成剖面视图的创建,如图 23-12所示。

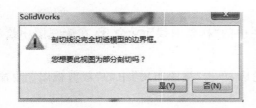

图 23-11　提示对话框

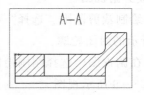

图 23-12　创建剖面视图 $A-A$

6）创建剖面视图 $B-B$

（1）绘制剖切线。选择"草图"工具栏中的"直线"╲命令，在主视图中绘制如图 23-13 所示的直线作为剖切线，约束该直线与相交的直线垂直。

（2）先选中刚刚绘制的剖切线，然后单击"视图布局"工具栏中的"剖面视图"╘命令，弹出提示对话框，单击"是"。系统弹出"剖面视图"对话框。

（3）设置参数。在"剖面视图"对话框中，"剖切线"区下的"标号"╬中输入"B"。在"剖面视图"中选择"只显示切面"复选框，其他默认。如图 23-14 所示。

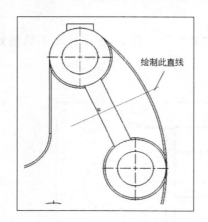

图 23-13　绘制剖切线

图 23-14　"剖面视图"对话框

（4）放置视图。在主视图的斜下方放置剖面视图，在"剖面视图"对话框中单击 ✓ 按钮，完成剖面视图的创建。

（5）移动视图。在图形区中右击剖面视图 $B-B$，在弹出的快捷菜单中选择"视图对齐"—"解除对齐关系"命令，断开剖面视图与主视图的对齐关系，在剖面视图 $A-A$ 的右侧放置该剖面视图。结果如图 23-15 所示。

7）创建剖面视图 $C-C$

（1）绘制剖切线。选择"草图"工具栏中的"直线"╲命令，在主视图中绘制如图 23-16 所示的直线作为剖切线，约束该直线与圆心重合，并与水平线成 60 度角。选择刚刚的 60°尺寸右击在快捷菜单中选择"隐藏"命令，将该尺寸隐藏。

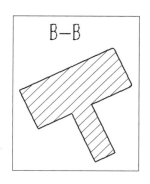

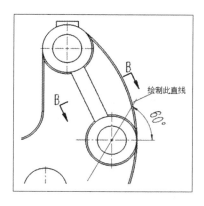

图 23-15 创建剖面视图 $B-B$ 　　　　　图 23-16 绘制剖切线

（2）先选中刚刚绘制的剖切线，然后单击"视图布局"中的"剖面视图" 命令，弹出提示对话框，单击"是"。系统弹出"剖面视图"对话框。

（3）设置参数。在"剖面视图"对话框中，"剖切线"区下的"标号" 中输入"C"，其他默认。

（4）放置视图。在主视图的斜下方放置剖面视图，在"剖面视图"对话框中单击 按钮，完成剖面视图的创建。

（5）移动视图。在图形区中右击剖面视图 $C-C$，在弹出的快捷菜单中选择"视图对齐"—"解除对齐关系"命令，断开剖面视图与主视图的对齐关系，在裁剪视图的右侧放置该剖面视图。结果如图 23-17 所示。

8）隐藏切边

在图形区右击主视图，在弹出的快捷菜单中选择"切边"—"切边不可见"命令，隐藏主视图的切边；用同样的方法隐藏左视图的切边，轴测图除外。得到的图形如图 23-18 所示。

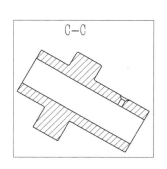

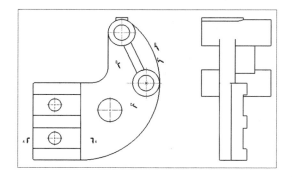

图 23-17 创建剖面视图 $C-C$ 　　　　　图 23-18 隐藏切边

9）剪裁剖面视图 $C-C$

（1）绘制裁剪范围。选择"草图"工具栏中的"样条曲线" 命令，在 $C-C$ 剖视图中绘制如图 23-19 所示的封闭轮廓线。

（2）在 $C-C$ 剖视图中选择刚刚绘制的封闭轮廓，单击"视图布局"中的"裁剪视图" 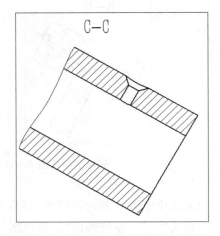命令，生成如图 23-20 所示视图。

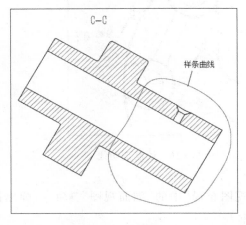

图 23-19　绘制封闭轮廓

图 23-20　裁剪剖面视图 $C-C$

10）创建局部放大视图 I

（1）单击"视图布局"工具栏中的"局部视图" 命令，系统弹出"局部视图"对话框，如图 23-21 所示。提示绘制一个圆来继续生成视图。

（2）绘制范围。绘制一个圆作为放大范围，如图 23-22 所示。此时系统弹出"局部对话框"。

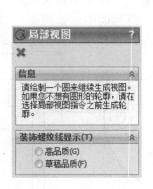

图 23-21　"局部视图"对话框（一）

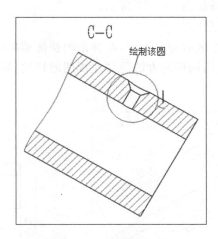

图 23-22　绘制放大范围

（3）在对话框中设置参数。在"局部视图图标"下的"样式" 中选择"带引线"选项；在文本框中输入文本"I"，在"比例"区域的下拉列表中选取"用户定义"选项，在文本框中设置比例为"3∶1"其他参数采用系统默认设置，具体如图 23-23 所示。

（4）放置视图。在父视图的右侧放置局部放大视图。

（5）单击对话框框中的 按钮，完成局部放大视图 I 的创建，结果如图 23-24 所示。

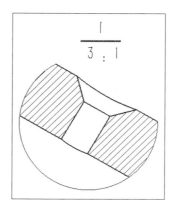

图 23-23 "局部视图"对话框（二）　　　图 23-24 创建局部放大视图 I

11）创建局部剖视图（一）

（1）单击"视图布局"工具栏中的"断开的剖视图" 命令，系统弹出"断开的剖视图"对话框，如图 23-25 所示。提示绘制一个闭环样条曲线来继续截面生成。

（2）绘制剖切范围。在左视图中绘制封闭轮廓，如图 23-26 所示，系统弹出"断开的剖视图"对话框，如图 23-27 所示。

（3）定义视图参数。在图形区捕捉并选取图 23-26 中的边线为深度参考。

（4）在对话框中单击 按钮，结果如图 23-28 所示。

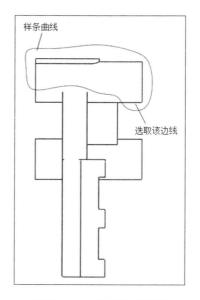

图 23-25 "断开的剖视图"对话框　　　图 23-26 绘制剖切范围

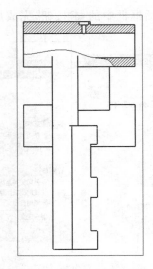

图 23-27 "断开的剖视图"对话框　　　图 23-28 创建局部剖视图(一)

12)创建局部剖视图(二)

(1)单击"视图布局"工具栏中的"断开的剖视图" 命令,系统弹出"断开的剖视图"对话框,如图 23-25 所示。提示绘制一个闭环样条曲线来继续生成截面。

2)绘制剖切范围。在左视图中绘制封闭轮廓,如图 23-29 所示,系统弹出"断开的剖视图"对话框。

(3)定义视图参数。在图形区捕捉并选取图 23-29 中的边线为深度参考。

(4)在对话框中单击 按钮,结果如图 23-30 所示。

13)标注中心线

(1)单击"注解"工具栏中的"中心线" 命令,系统弹出"中心线"对话框。在"自动插入"中勾选"选择视图"复选框,如图 23-31 所示。

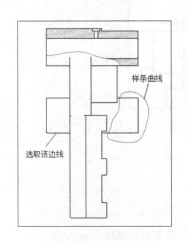
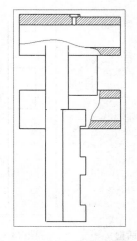
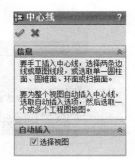

图 23-29 剖切范围　　　图 23-30 创建局部剖视图(二)　　　图 23-31 "中心线"对话框

（2）在图形区依次单击左视图、剖视图 A－A、俯视图、剖视图 C－C 和局部放大视图 I 的空白区域,在各视图中自动生成中心线。

（3）如果需要,删除多余的中心线,或者通过拖动中心线的控制点来延长,结果如图 23－32 所示。

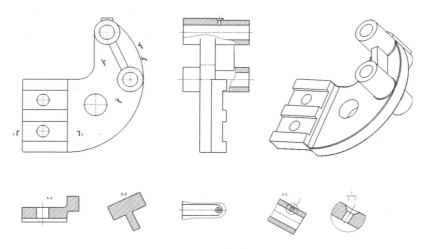

图 23－32　绘制中心线

14）标注主视图尺寸

（1）标注尺寸。单击"注解"中的"智能尺寸" ◈ 命令,在图形区的主视图中添加如图 23－33 所示的尺寸标注。

（2）编辑尺寸。选择"尺寸 1",然后在弹出的"尺寸"对话框中单击"引线"选项卡,激活"自定义文字位置"选项卡,单击"折断引线,文字水平"按钮 ◙ ,调整尺寸的位置。选择"尺寸 2",然后在弹出的"尺寸"对话框中单击"引线"选项卡,在"尺寸界线/引线显示"区域中单击"尺寸线打折" ◙ 按钮,并调整尺寸的位置,结果如图 23－34 所示。

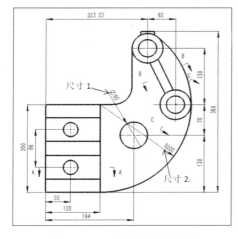

图 23－33　标注主视图尺寸

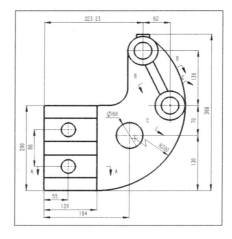

图 23－34　编辑尺寸

15)标注左视图尺寸

(1)标注尺寸。单击"注解"中的"智能尺寸" ◇ 命令,在图形区的左视图中添加如图23-35所示的尺寸标注。

(2)编辑尺寸。在左视图中单击图23-35所示的"尺寸1",然后在弹出的"尺寸"对话框"标注尺寸文字"区域的文本框中,将光标切换到文本"<MOD-DIAM><DIM>"之前,然后输入"2 ×",对话框如图23-36所示,完成"尺寸1"的编辑;用同样的方法在"尺寸2"中添加"2 ×"调整尺寸的位置,结果如图23-37所示。

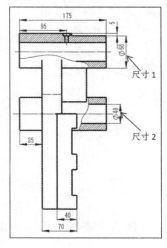

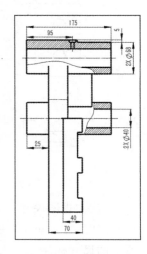

图23-35　标注主视图尺寸　　图23-36　"尺寸"对话框　　图23-37　编辑尺寸

16)标注剖面视图 $A-A$

(1)标注尺寸。单击"注解"中的"智能尺寸" ◇ 命令,在图形区的剖面视图 $A-A$ 中添加如图23-38所示的尺寸标注。

(2)编辑尺寸。在视图中单击"直径32"的尺寸,在弹出的"尺寸"对话框"标注尺寸文字"区域的文本框中,将光标切换到文本"<MOD-DIAM><DIM>"之前,然后输入"2 ×",调整尺寸的位置和箭头;单击"R10"的两个尺寸,然后在弹出的"尺寸"对话框中单击"引线"选项卡,激活"自定义文字位置"选项卡,单击"折断引线,文字水平"按钮 ⊘ ,调整尺寸的位置。结果如图23-39所示。

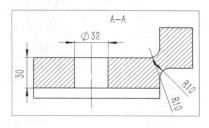
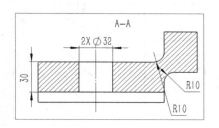

图23-38　标注剖面视图 A—A 尺寸　　　　图23-39　编辑尺寸

17)标注剖面视图 $B-B$

单击"注解"中的"智能尺寸"命令,在图形区的剖面视图 $B-B$ 中添加如图 23-40 所示的尺寸标注。

18)标注俯视图(裁剪视图)

(1)标注尺寸。单击"注解"中的"智能尺寸"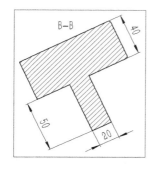命令,在图形区的俯视图中添加如图 23-41 所示的"$R15$"的尺寸。

(2)孔标注。单击"注解"中的"孔标注"命令,选取俯视图中孔的外边线,在合适的位置放置尺寸文本,结果如图 23-41 所示。

图 23-40　标注剖面视图 B-B 尺寸

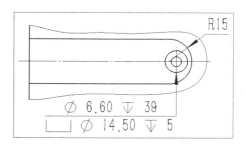

图 23-41　标注俯视图

19)标注剖视图 $C-C$ 和放大视图

单击"注解"中的"智能尺寸"命令,在图形区的剖面视图 $C-C$ 和放大视图中添加尺寸标注,并添加相应的直径符号,结果如图 23-42 所示。

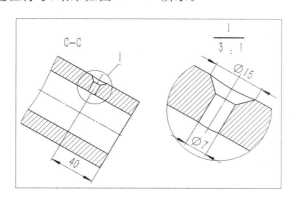

图 23-42　标注剖视图 $C-C$ 和放大视图尺寸

20)标注基准

(1)单击"注解"工具栏中的"基准特征"命令,系统弹出"基准特征"对话框。

(2)设置基准参数。在对话框中的"标号设定"区域的文本框中输入字母"D"。在"引线"区域中取消勾选"使用文本样式"复选框,并单击按钮,如图 23-43 所示。在左视图中选取如图 23-44 所示的边线,然后在该边线的左侧放置基准符号,如图 23-45 所示,在对话框中单击按钮,完成基准的标注。

图 23-43 "基准特征"对话框

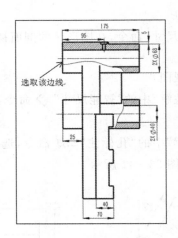

图 23-44 选取边线

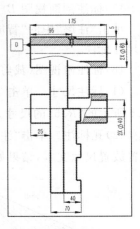

图 23-45 标注基准

21)标注形位公差

(1)单击"注解"工具栏中的"形位公差"⊞ 命令,系统弹出"形位公差"对话框的同时,弹出"属性"对话框。

(2)设置形位公差参数。在"属性"对话框中的"符号"旁边的 ▪ 符号,在弹出的选项对话框中选择"垂直度"⊥ 选项,在"公差 1"的文本框中输入公差值 0.05,在"主要"文本框中输入字母"D",如图 23-46 所示。

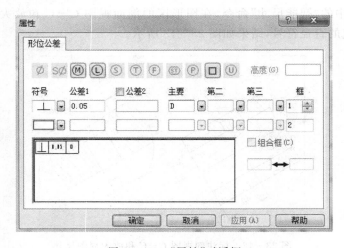

图 23-46 "属性"对话框

(3)设置引线样式并放置形位公差。在"形位公差"对话框"引线"区域中依次单击"引线"☑ 按钮和"折弯引线"☑ 按钮,并在其下的下拉菜单中选择第二种实心箭头————,如图 23-47 所示。在图形区中分别选取"2×Φ68"和"2×Φ40"的尺寸界线,在该边线的右侧放置形位公差符号,最后在"属性"对话框中单击"确定"按钮,完成形位公差的标注。

(4)在图形区选取形位公差符号,分别拖动其框体至图 23-48 所示的位置。

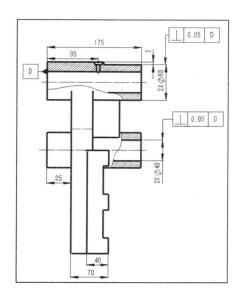

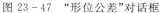

图 23-47　"形位公差"对话框　　　　　图 23-48　标注形位公差

22)标注表面粗糙度

(1)单击"注解"工具栏中的"表面粗糙度符号"√命令,弹出"表面粗糙度"对话框。

(2)设置参数。在对话框中的"符号"区域中单击√按钮,在"符号布局"区域的文本框中输入 $Ra6.3$,其他参数系统默认,如图 23-49 所示。

(3)放置表面粗糙度符号。在左视图中依次选择如图 23-50 所示的两条边线,结果如图 23-51 所示。

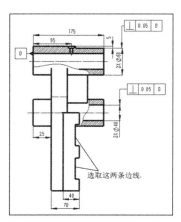

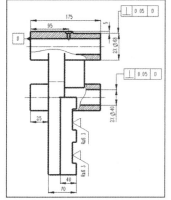

图 23-49　"表面粗糙度"对话框　　　图 23-50　选取边线　　　图 23-51　标注表面粗糙度

(4)在"引线"区域中单击"引线"√按钮和"折弯引线"√按钮,如图 23-52 所示,在剖视图 $C-C$ 中选取图 23-53 的边线,在合适的位置放置粗糙度符号,结果如图 23-54 所示,按 Esc 键,完成表面粗糙度的标注。

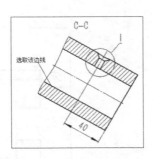

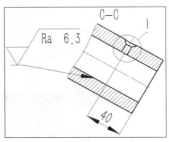

图 23-52 "折线"设置　　　图 23-53 选取边线　　　图 23-54 标注表面粗糙度

23）添加注释

（1）单击"注解"工具栏中的"注释" **A** 命令，系统弹出"注释"对话框。

（2）放置注释。在图纸的左下方空白处单击来放置注释，并在弹出的文本框中输入文字"技术要求"，然后将其选中，在图 23-55 所示的"格式化"对话框中将字高设置为"26"。

图 23-55 "格式化"对话框

（3）继续输入文字第一行输入"未注倒角 2×45"，在"注释"对话框中"文字格式"区域中单击"添加符号" ，弹出"符号"对话框，在"修正符号"下选择"度数"，如图 23-56 所示，单击"确定"，添加度数符号。第二行输入文字"未注铸造圆角 R4."。在格式化中设置这两行文字高度为"20"，依次单击"左对齐" 和"数字" 按钮，在"注释"对话框中单击 按钮。

（4）通过鼠标拖动调整注释的位置，结果如图 23-57 所示。

图 23-56 "符号"对话框　　　图 23-57 添加注释

24）添加其他注解

（1）单击"注解"工具栏中的"注释" **A** 命令，系统弹出"注释"对话框。

（2）放置注释。在图纸的右上角空白处单击来放置注释，并在弹出的文本框中输入文字"其余:"，然后将其选中，在图 23-55 所示的"格式化"对话框中将字高设置为"26"。

（3）在"注释"对话框中"文字格式"区域中单击"插入表面粗糙度符号" ，弹出"表面粗糙度"对话框，在"符号"区域选择 ，在"符号布局"区域输入 Ra12.5，如图 23-58 所示。单击对话框中的 按钮。单击"注释"对话框中的 按钮，完成注解。结果如图 23-59 所示。

图 23-58 "表面粗糙度"对话框　　　　图 23-59 添加其他标注

最终得到的工程图如图 23-1(b)所示。

3. 项目总结

本项目的零件比较复杂,需要很多视图才能表述清楚。该项目不仅综合了主视图、投影视图、辅助视图、局部视图和放大视图等视图的创建,而且在尺寸标注后要求来整理尺寸,同时再次练习了基准、形位公差、表面粗糙度的创建,以及如何在注释中添加符号等。

三、项目拓展

1. 练习 1—拨叉工程图

根据如图 23-60 所示的图形尺寸要求,完成三维模型的绘制,并创建工程图。

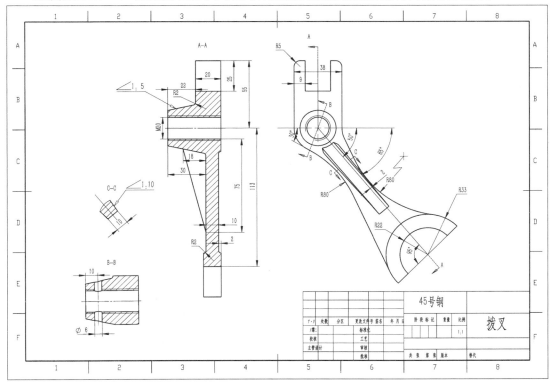

图 23-60 拨叉工程图

2. 练习 2

根据如图 23-61 所示的图形尺寸要求,完成三维模型的绘制,并创建如下视图。

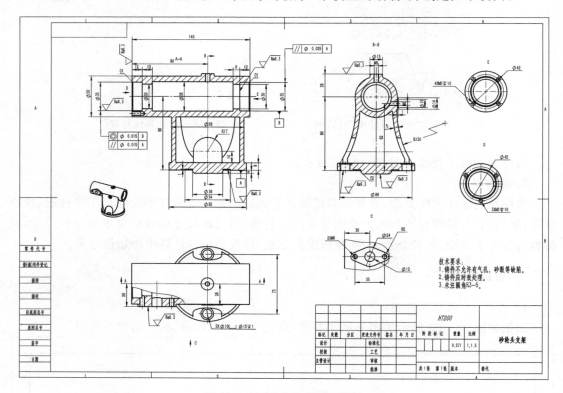

图 23-61 砂轮头支架工程图

第五篇

曲面设计

第 24 章　曲面的基础知识

曲面建模是产品设计的基础和关键,单纯的实体造型特征已经满足不了产品造型的需要,而曲线曲面特征就可以解决这一问题。

曲线是构成曲面的基本要素,在绘制许多造型复杂的零件时,要经常用到曲线工具。而曲面是一种零厚度的几何体。曲面有助于丰富实体的造型功能。曲面比实体更加灵活。

一、创建曲线

三维曲线的引入使 SolidWorks 的三维草图绘制能力显著提高。可以通过三维操作命令,绘制各种三维曲线,也可以通过三维样条曲线,控制三维空间中的任何一点,从而直接控制空间草图的形状。三维草图绘制通常用于创建管路设计和线缆设计,以及作为其他复杂的三维模型的扫描路径(例如本书中的项目 12)。

1. 绘制三维草图

可以直接在基准面上或者在三维空间的任意点绘制三维草图实体,绘制的三维草图可以作为扫描路径、扫描的引导线,也可以作为放样路径、放样中心线等。

具体步骤为:

(1)将视图调整为"等轴测"$\bigcirc$视图,这使坐标 X、Y 和 Z 三个方向均可见。

(2)单击"草图"工具栏中的"3D 草图"命令,进入三维草图绘制状态。

(3)选择绘制工具,单击"草图"工具栏中需要绘制的草图工具,如"直线"命令,开始绘制三维空间直线,此时在绘图区域中出现空间控标,如图 24-1 所示。

(4)绘制草图。以原点为起点绘制草图,基准面控标提示基准面为 XY,如图 24-1。方向由鼠标拖动决定,,图 24-2 为在 XY 基准面上绘制草图。

　　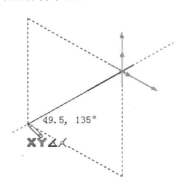

图 24-1　控标显示　　　　　　图 24-2　在 XY 基准面绘制草图

(5)按 Tab 键来切换基准面,依次为 *XY*、*YZ*、*ZX* 基准面。图 24-3 所示为在 *YZ* 基准面上绘制的草图。按 Tab 键依次绘制其他基准面上的草图,绘制完三维草图,如图 24-4 所示。

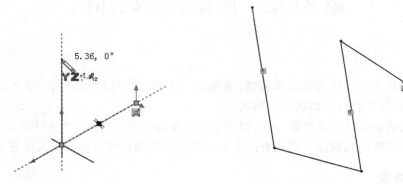

图 24-3 在 *YZ* 基准面上绘制草图   图 24-4 绘制三维草图

(6)单击 退出草绘环境,在模型树中显示 (-) 3D草图4 图样。

2. 投影曲线

投影曲线是将曲线沿其所在平面的法向投影到指定曲面上而生成的曲线。单击"曲线"工具栏上的"投影曲线" 命令,弹出"投影曲线"属性对话框,如图 24-5 所示。有两种方式生成,一种方式是"面上草图",即将绘制的曲线投影到模型面上来生成一条三维曲线。另一种方式是"草图上的草图",首先在两个相交的基准面上分别绘制草图,此时系统会将每一个草图沿所在平面的垂直方向投影得到一个曲面,最后这两个曲面在空间中相交来生成一条三维曲线。

1)"面上草图"创建投影曲线

单击"曲线"工具栏上的"投影曲线" 命令,在弹出"投影曲线"属性对话框中选择"面上草图"选项,如图 24-6 所示。激活"要投影的草图" 列表框,在图形区选择图 24-7 中的"草图",激活"投影面" 列表框,在图形区中选择图 24-7 中的"面 1",单击 按钮,生成投影曲线,如图 24-8 所示。

图 24-5 "投影曲线"属性对话框   图 24-6 "面上草图"对话框

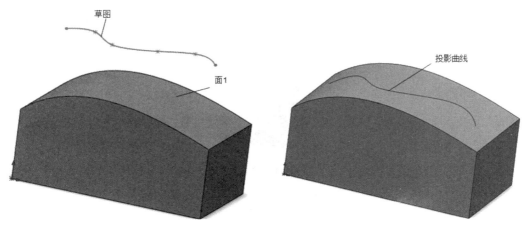

图 24 - 7　选择草图和投影面　　　　　图 24 - 8　生成投影曲线

2)"草图上的草图"创建投影曲线

单击"曲线"工具栏上的"投影曲线"⬚命令,在弹出"投影曲线"属性对话框中选择"草图上的草图"选项,如图 24 - 5 所示。激活"要投影的一些草图"列表框,选择图 24 - 9 所示的"草图 1"和"草图 2",单击✅按钮,生成投影曲线,如图 24 - 10 所示。

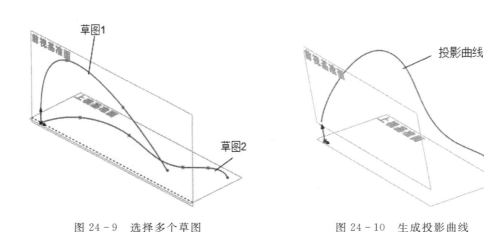

图 24 - 9　选择多个草图　　　　　图 24 - 10　生成投影曲线

3. 组合曲线

组合曲线是将连续的曲线、草图或模型的边线组合为单一的曲线。组合后的曲线可以作为扫描或放样的路径、中心线或引导线。生成组合曲线时,所选择的曲线必须是连续的,而且生成的组合曲线可以是开环的,也可以是闭环的。

单击"曲线"工具栏上的"组合曲线"◥命令,弹出"组合曲线"属性对话框,如图 24 - 11 所示,激活"要连接的草图、边线以及曲线"列表框,在图形区中选择如图 24 - 12 所示的"边线",单击对话框中的✅按钮,生成组合曲线,如图 24 - 13 所示。

图 24 - 11　"组合曲线"对话框　　　图 24 - 12　选择边线　　　图 24 - 13　组合曲线

4. 分割线

"分割线"工具将草图投影到曲面或平面上,它可以将所选的面分割为多个分离的面,从而可以选择操作其中一个分离面,也可将草图投影到曲面实体生成分割线。

单击"曲线"工具栏上的"分割线"命令,弹出"分割线"属性对话框,如图 24 - 14 所示。分割类型有轮廓、投影和交叉点三种。轮廓是在一个圆柱形零件上生成一条分割线;投影是将草图投影到曲面上,形成以投影曲线创建的分割线特征;交叉点是以交叉实体、曲面、面、基准面或曲面样条曲线分割面。

1)使用"轮廓"建立分割线

在"分割线"对话框中的"分割类型"中选择"投影",激活"拔模方向"列表框,选择图 24 - 15 所示的基准面 1;激活"要分割的面"🗀列表框,选择 24 - 15 所示的"面 1",单击对话框中的✅按钮,生成分割线如图 24 - 16 所示。(注意分割面不能是平面,否则系统会提示错误。)

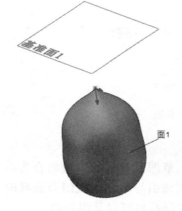

图 24 - 14　"分割线"对话框　　　图 24 - 15　选择面　　　图 24 - 16　生成分割线

2)使用"投影"建立分割线

在"分割线"对话框中的"分割类型"中选择"投影",此时的对话框如图 24 - 17 所示。激活"要投影的草图" 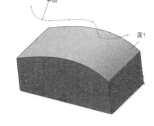 列表框,选择图 24 - 18 所示的"草图";激活"要分割的面" 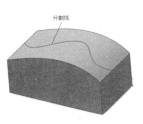 列表框,选择图 24 - 18 所示的"面 1",单击对话框中的 ✔ 按钮,生成分割线如图 24 - 19 所示。(注意草图在投影面上的投影必须穿过要投影的面,否则系统会提示错误。)

图 24 - 17　"分割线"对话框　　图 24 - 18　选择参数　　图 24 - 19　生成分割线

3)使用"交叉点"建立分割线

在"分割线"对话框中的"分割类型"中选择"交叉点",此时的对话框如图 24 - 20 所示。激活"分割实体/面/基准面" 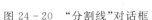 列表框,在设计树中选择"前视基准面"和"右视基准面",激活"要分割的面/实体"  列表框,在图形区中选择如图 24 - 21 所示的球面,单击对话框中的 ✔ 按钮,生成分割线如图 24 - 22 所示。

图 24 - 20　"分割线"对话框　　图 24 - 21　生成分割线前　　图 24 - 22　生成分割线

5. 螺旋线和涡状线

通过螺旋线/涡状线命令生成的曲线可以作为一个路径或引导曲线使用在扫描的特征上,或者作为放样特征的引导曲线。在创建之前,必须要绘制一个圆或选取包含单一圆的草图来定义螺旋线的端面。

　　首先在"上视基准面"上绘制一个直径为 30 的圆。选择刚刚绘制的圆,单击"曲线"工具栏中的"螺旋线/涡状线"❸命令,弹出"螺旋线/涡状线"属性对话框,如图 24 - 23 所示。螺旋线有恒定螺距和可变螺距两种参数。

　　1)"恒定螺距"创建螺旋线

　　在对话框中"参数"中选择"恒定螺距"。"定义方式"中有"螺距和圈数"、"高度和圈数"和"高度和螺距"三种。选择"螺距和圈数",在"螺距"文本框中输入"15mm",在"圈数"文本框中输入"6",在"起始角度"文本框中输入"0.00 度",选择"顺时针",如图 24 - 23 所示,图形区如图 24 - 24 所示,单击 ✔ 按钮,生成螺旋线,如图 24 - 25 所示。

 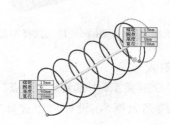 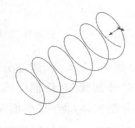

　　图 24 - 23　"螺旋线/涡状线"对话框　　　图 24 - 24　图形区　　　图 24 - 25　生成螺旋线

　　2)"可变螺距"创建螺旋线

　　在对话框中"参数"中选择"可变螺距"。"定义方式"选择"螺距和圈数",在"区域参数"列表框中输入如图 24 - 26 所示的参数,在"起始角度"文本框中输入"180 度",选择"顺时针"选项。图形区如图 24 - 27 所示,单击 ✔ 按钮,生成可变螺旋线,如图 24 - 28 所示。

 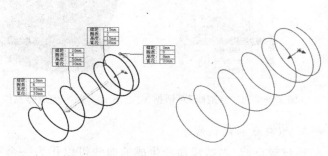

　　图 24 - 26　"螺旋线/涡状线"对话框　　　图 24 - 27　图形区　　　图 24 - 28　生成螺旋线

3)"涡状线"创建螺旋线

在对话框中的"定义方式"下拉列表中选择"涡状线"选项,在"螺距"文本框中输入"15mm",在"圈数"文本框中输入"6",在"起始角度"文本框中输入"0 度",选择"顺时针"选项,如图 24-29 所示,单击  按钮,生成涡状线,如图 24-30 所示。

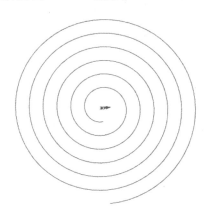

图 24-29 "螺旋线/涡状线"对话框　　　　图 24-30 生成涡状线

6. 通过参考点的曲线

通过参考点的曲线是指利用模型的顶点或草图中的点,来生成一个或者多个平面上点的曲线。

单击"曲线"工具栏中的"通过参考点的曲线"命令,弹出"通过参考点的曲线"属性对话框,如图 24-31 所示,在图形区中选择模型端点,得到如图 24-32 所示的曲线,若勾选"闭环曲线"复选框,得到如图 24-33 所示曲线。

也可以利用草图中的点创建曲线,读者可自行练习。

图 24-31 "通过参考点的曲线"对话框　　图 24-32 生成曲线　　图 24-33 闭环曲线

7. 通过 XYZ 点的曲线

通过 XYZ 点的曲线是根据系统坐标系,分别给定曲线上若干点的三维坐标值,系统通过对这些点进行平滑过渡而形成的曲线。

1)手工输入创建通过 XYZ 点的曲线

单击"曲线"工具栏中的"通过 XYZ 点的曲线"命令,弹出"曲线文件"对话框,如图 24-34 所示。双击 X、Y、Z 坐标列各单元格并在每个单元格中输入一个点坐标,在最后一行的单元格中双击,系统会自动增加一个新行,继续输入坐标,如图 24-35 所示。双击数据值,可以对数据进行局部修改,单击"保存"保存数据文件,修改文件名。单击"确定"按钮,生成曲线如图 24 - 36 所示。

2)导入坐标文件生成曲线

单击"曲线"工具栏中的"通过 XYZ 点的曲线" 命令,弹出"曲线文件"对话框,单击"浏览"按钮,系统弹出"打开"按钮,查找刚刚保存的文件,如图 24 - 37 所示。插入文件后,文件名称显示在"曲线文件"对话框中,并且在视图区域中可以预览显示效果。双击可修改坐标值。

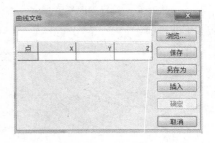

图 24 - 34 "曲线文件"对话框

图 24 - 35 设置"曲线文件"对话框

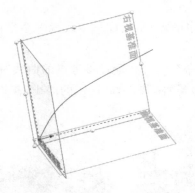

图 24 - 36 通过 XYZ 的曲线

图 24 - 37 "打开"对话框

二、创建曲面

曲面是一种可用来生成实体特征的几何体,它用来描述相连的零厚度几何体,如单一曲面、缝合曲面、裁剪和圆角的曲面等。生成曲面和生成实体特征的很多方法都有相同之处,如拉伸、旋转、扫描及放样等。

在工具栏处右击,在弹出的快捷菜单中勾选"曲面",则在工具栏中显示"曲面"工具栏,如图 24 - 38 所示。

图 24 - 38 "曲面"工具栏

拉伸曲面、旋转曲面、扫描曲面和放样曲面的造型方法与特征实体中的方法相似，这里不再赘述。

1．边界曲面

边界曲面特征可用于生成在两个方向（曲面所有边）相切或曲率连续的曲面。在大多数情况下，边界曲面生成的曲面比放样曲面生成的曲面质量高。

单击"曲面"工具栏中的"边界曲面" ❖ 命令，弹出"边界－曲面"属性对话框，如图 24－39 所示。在"方向 1"区域的列表框中选择曲线草图，即图 24－40 中的"草图 1"和"草图 2"，其他参数设置默认，单击 ✅ 按钮，即可生成边界曲面，如图 24－41 所示。

图 24－39　边界－曲面对话框　　图 24－40　生成曲面前　　图 24－41　生成边界曲面

2．自由形特征

自由形特征用于修改曲面或实体的面。每次只能修改一个面，该面可以有任意条边线。可以通过生成控制曲线和控制点，然后通过推拉控制点来修改面，对变形进行直接的交互控制。自由形特征与圆顶特征类似，都是针对模型表面进行变形操作，但是具有更多的控制选项。自由形特征通过展开、约束或拉紧所选曲面在模型上生成一个变形曲面。变形曲面灵活可变像一层膜。

（1）单击"曲面"工具栏中的"自由形" 🦆 命令，弹出"自由形"属性对话框，如图 24－42 所示。

（2）激活对话框中的"面设置"区域中的"要变形的面" ⬜ 列表框，在图形区中选择图 24－43 中的"面 1"。此时图形区中出现"连续性"标注，单击可以设定连续性标注，以修改之前控制修改面与原始面之间的关系，选择"接触"如图 24－44 所示。

"连续性"标注有接触、相切、曲率、可移动和可移动/相切五种类型。"接触"沿原始边界保持接触，不保持相切和曲率。"相切"沿原始边界保持相切。例如，如果面原来与边界相遇时的角度为 10°，则修改之后也会保持该角度。"曲率"保持原始边界的曲率。例如，如果面原来沿边界的曲率普通半径为 10 米，则在修改之后会保持相同的半径。"可移动"原始边界可以移动，但不会保持原始相切，可以使用控制点拖动和修改边界，就像修改面一样。"可移动/相切"原始边界可以移动，并且会保持其与原始面平行的原始相切。可以使用控制点拖动和修改它,就像修改面一样,选择边界控标或控点以进行拖动。

图 24-42 "自由形"对话框

图 24-43 选择变形面

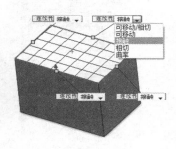

图 24-44 "连续性"标注

（3）添加控制曲线。在对话框中的"控制曲线"区域"控制类型"选择"通过点",单击"添加曲线"按钮,在图形区中面的中间区域单击添加一条控制曲线。

（4）添加控制点。在对话框中的"控制点"区域单击"控制点"按钮,在图形区中刚刚添加的控制曲线上添加控制点,如图 24-45 所示。

（5）用鼠标拖动控制点来调整表面形状,如图 24-46 所示。

（6）可以加入透明度、斑马条纹等来调整显示,不会影响模型本身的任何元素,单击对话框中的 ✅ 按钮,结果如图 24-47 所示。

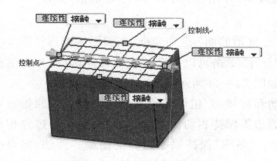

图 24-45 添加控制曲线和控制点

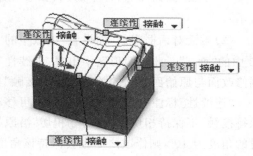

图 24-46 拖动控制点

图 24 - 47　自由形特征

3. 平面区域

生成平面区域可以通过草图中生成有边界的平面区域,也可以在零件中生成一组闭环边界的平面区域。可以选择非相交闭合草图、一组闭合边线、多条共有平面分型线来创建平面。

单击"曲面"工具栏中的"平面区域" 命令,弹出"平面"属性对话框,如图 24 - 48 所示。选择图 24 - 49 所示的草图,单击对话框中的 按钮,生成的平面区域如图 24 - 50 所示。

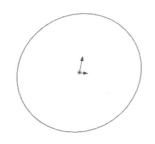

图 24 - 48　"平面"对话框　　　图 24 - 49　"平面区域"草图　　　图 24 - 50　平面区域

4. 等距曲面

等距曲面是对已经存在的曲面(不论是模型的轮廓面还是生成的曲面),都可以像等距曲线一样生成等距曲面。

单击"曲面"工具栏中的"等距曲面" 命令,弹出"等距曲面"属性对话框,如图 24 - 51 所示。激活"要等距的曲面或面" 列表框,在图形区中单击图 24 - 52 中的"面 1",在"等距距离"文本框中输入 10mm,单击 按钮反战等距方向,单击 按钮,完成等距曲面的生成,如图 24 - 53 所示。(等距曲面也可以生成一个距离为 0 的等距曲面,用于生成一个独立的轮廓面。)

图 24-51 "等距曲面"对话框　　图 24-52 选择等距曲面　　图 24-53 生成等距曲面

5. 直纹曲面

直纹曲面是指生成从选定边线以指定方向延伸的曲面。

(1)单击"曲面"工具栏中的"直纹曲面" 命令,弹出"直纹曲面"属性对话框,如图 24-54 所示。

(2)设置参数。在"类型"选项组中选择"正交于曲面"。

"类型"选项有相切于曲面、正交于曲面、锥削到向量、垂直于向量和扫略五种。"相切于曲面"直纹曲面与共享一边线的曲面相切。"正交于曲面"直纹曲面与共享一边线的曲面正交。"锥削到向量"直纹曲面锥削到所指定的向量。"垂直于向量"直纹曲面与所指定的向量垂直。"扫略"直纹曲面通过使用所选边线为引导曲线来生成一扫描曲面而创建。

(3)在"距离/方向"区域中的"距离"文本框中输入 30mm,激活"边线选择"区域"边线"列表框,选取图 24-55 所示的"边线 1"和"边线 2",取消"裁剪和缝合"复选框,以手工裁剪和缝合曲面,勾选"连接曲面"复选框。单击 按钮,生成的曲面如图 24-56 所示。

图 24-54 "直纹曲面"对话框　　图 24-55 选择边线　　图 24-56 生成曲面

6. 延展曲面

延展曲面工具可以通过沿所选平面方向延展实体或曲面的边线来生成曲面。

单击"插入"—"曲面"—"延展曲面" 命令,弹出"延展曲面"属性对话框,如图 24 – 57 所示。激活"延展方向参考"列表框,选择"上视基准面";激活"要延展的边线" 列表框,选择图 24 – 58 所示的"边线 1",勾选"沿切面延伸"复选框,延展距离 文本框中输入 20mm,单击 按钮,生成延展曲面,如图 24 – 59 所示。

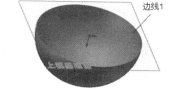

图 24 – 57　"延展曲面"对话框　　　图 24 – 58　选择边线　　　图 24 – 59　生成延展曲面

三、编辑曲面

复杂和不规则的实体模型,通常是由曲线和曲面组成的,所以曲线和曲面是三维曲面实体模型建模的基础。在创建曲面后还可以对曲面进行编辑,如延伸、裁剪、缝合等。

1. 延伸曲面

延伸曲面可以在现有曲面的边缘,沿着切线方向,以直线或随曲面的弧度产生附加的曲面。

(1)单击"曲面"工具栏中的"延伸曲面" 命令,弹出"延伸曲面"属性对话框,如图 24 – 60 所示。

(2)激活"拉伸的边线/面"区域的 类表框,在图形区中选择需要延伸的曲面,选如图 24 – 61 所示的面。

(3)在"终止条件"栏的按钮组中选择"距离",在"距离" 文本框中输入"20mm"。

"终止条件"栏有三种类型,"距离"指定延伸曲面的距离;"成形到某一面"延伸曲面到图形区域中选择的面;"成形到某一点"延伸曲面到图形区域中选择的某一点。

(4)在"延伸类型"区域的按钮组中选择"同一曲面"。

"延伸类型"有两种,"同一曲面"沿曲面的几何体延伸曲面;"线性"沿边线相切于原来曲面来延伸曲面。

(5)单击 按钮,完成曲面的延伸,结果如图 24 – 62 所示。

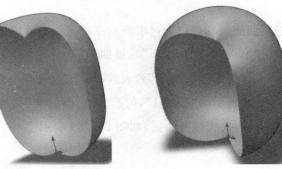

图 24-60　"延伸曲面"对话框　　　图 24-61　延伸曲面前　　　图 24-62　延伸曲面

2. 剪裁曲面

剪裁曲面指采用布尔运算的方法在一个曲面与另一曲面、基准面或草图交叉处修剪曲面,或者将曲面与其他曲面联合使用作为互相修剪的工具。

(1)单击"曲面"工具栏中的"剪裁曲面" 命令,弹出"剪裁曲面"属性对话框,如图 24-63 所示。

(2)"剪裁类型"选择"标准"。

剪裁曲面有两种方式,第一种是"标准"剪裁,以线性图元修剪曲面;此时使用曲面作为剪裁工具,在曲面相交处剪裁曲面;第二种是"相互"剪裁,是两个曲面互相剪裁。使用曲面本身来剪裁多个曲面。

(3)激活"选择"区域中的"剪裁工具"的"剪裁曲面、基准面、或草图" 列表框,选择图形区中选择图 24-64 中的"面 1",选择"保留选择",激活"保留部分" 列表框,在图形区中选择图 24-64 中的"保留部分"。

(4)在"曲面分割选项"选择"自然"。

"曲面分割选项"选项组有三种类型。"分割所有"复选框,若勾选,显示视图中曲面的所有分割;"自然"边界边线随曲线形状变化;"线性"边界边线随剪裁点的线性方向变化。

(5)单击 按钮,完成曲面的剪裁,结果如图 24-65 所示。

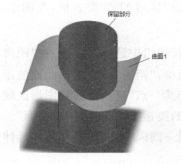

图 24-63　"剪裁曲面"对话框　　　图 24-64　"选择"选项　　　图 24-65　剪裁曲面

　　3. 填充曲面

　　填充曲面是指在现有模型边线、草图或者曲线定义的边界内构成带任何边数的曲面修补。

　　(1)单击"曲面"工具栏中的"填充曲面" 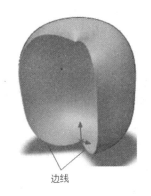 命令，弹出"填充曲面"属性对话框，如图24-66所示。

　　(2)激活"修补边界"区域的"修补边界" 列表框，在图形区中图24-67所示的边线。("交替面"按钮只在实体模型上生成修补时使用，可为修补的曲率控制反转边界面。)

　　(3)在"曲率控制"中的选择"相切"。

　　"曲率控制"有三种类型。"接触"在所选边界内生成曲面；"相切"在所选边界内生成曲面，但保持修补边线的相切；"曲率"在与相邻曲面交界的边界边线上生成与所选曲面的曲率相配套的曲面。

　　(4)其他参数默认，单击 ✓ 按钮，完成曲面的填充，结果如图24-68所示。

边线

图24-66　"填充曲面"对话框　　　　图24-67　选择修补边界　　　　图24-68　填充曲面

　　4. 缝合曲面

　　缝合曲面是将相连的两个或多个面和曲面连接成一体。缝合曲面需要注意，曲面的边线必须相邻且不重叠；要缝合的曲面不必处于同一基准面上；空间曲面经过旋转、拉伸和圆角等操作后可以自动缝合。

　　单击"曲面"工具栏中的"缝合曲面" 命令，弹出"缝合曲面"属性对话框，如图24-69所示。激活"选择"中"要缝合的曲面和面" 列表框，选择图24-68所示填充曲面中的两个曲面。其他参数默认，单击 ✓ 按钮，完成曲面的缝合，结果如图24-70所示。缝合后的曲面外观没有任何变化，但是多个曲面已经可以作为一个实体来选择和操作。(若勾选"尝试形成实体"复选框，则闭合的曲面生成一实体模型，如图24-71所示，为了方便查看内部情况,选择剖视显示。)

图 24-69　"缝合曲面"对话框　　　图 24-70　缝合曲面　　　图 24-71　尝试形成实体

5.替换面

替换面是指以新曲面实体来替换曲面或者实体中的面。替换曲面实体不必与旧的面具有相同的边界。在替换面时,原来实体中的相邻面自动延伸并剪裁到替换曲面实体。

(1)单击"曲面"工具栏中的"替换面"　命令,弹出"替换面"属性对话框,如图 24-72 所示。

(2)激活"替换的目标面"　列表框,在图形区中选择图 24-73 所示的"面 2";激活"替换曲面"　列表框,在图形区中选择图 24-73 所示的"面 1"。

(3)单击　按钮,生成替换面,结果如图 24-74 所示。

(4)隐藏替换的目标面。右键单击曲面 1,在快捷菜单中选择"隐藏"命令,结果如图 24-75 所示。

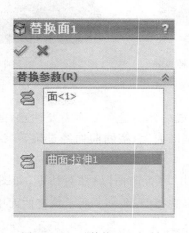

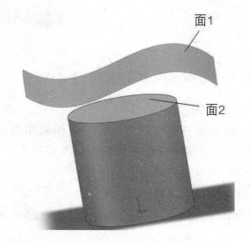

图 24-72　"替换面"对话框　　　　　图 24-73　选择替换参数

图 24-74　生成替换面　　　　　　　　　图 24-75　隐藏目标面

6. 删除面

删除面可以从曲面实体中删除一个面,并能对实体中端面进行删除和自动修补。

(1)单击"曲面"工具栏中的"删除面" ⊗ 命令,弹出"删除面"属性对话框,如图 24-76 所示。

(2)激活"要删除的面" ▢ 列表框,在图形区中选择图 24-77 所示的"面 1"。

(3)在"选项"区域中选择"删除"按钮。

"选项"有三种方式。"删除"从曲面实体删除面,或从实体中删除一个或多个面来生成曲面;"删除并修补"从曲面实体或实体中删除一个面,并自动对实体进行修补和剪裁;"删除并填补"删除面并生成单一面,将任何缝隙填补起来。

(4)单击 ✅ 按钮,完成曲面的删除,结果如图 24-78 所示。

图 24-76　"删除面"对话框　　　　图 24-77　删除曲面前　　　　图 24-78　删除曲面

7. 加厚

曲面加厚命令可以将开放的曲面加厚转化为实体特征。

(1)单击"曲面"工具栏中的"加厚" ▣ 命令,弹出"加厚"属性对话框,如图 24-79 所示。

（2）激活"要加厚的曲面" 🔶 列表框，选择图 24-78 所示的删除后的曲面。

（3）"厚度"选择"加厚两侧" ☰ ，在"厚度" ⤢ 文本框中输入"5mm"。

（4）单击 ✅ 按钮，完成曲面的加厚，如图 24-80 所示。

图 24-79　"加厚"对话框　　　　　　　　　图 24-80　加厚曲面

8. 加厚切除

加厚切除可以加厚一个曲面来切除实体并生成多实体零件。

（1）单击"曲面"工具栏中的"加厚切除" 🗐 命令，弹出"切除-加厚"属性对话框，如图 24-81 所示。

（2）激活"要加厚的曲面" 🔶 列表框，选择图 24-82 中"面1"。

（3）"厚度"选择"加厚两侧" ☰ ，在"厚度" ⤢ 文本框中输入"5mm"。

（4）单击 ✅ 按钮，弹出"要保留的实体"对话框，选择"所有实体"，如图 24-83 所示，单击"确定"，完成加厚切除，结果如图 24-84 所示。

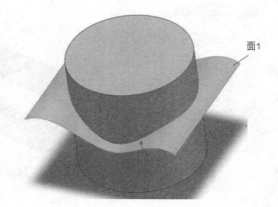

图 24-81　"切除-加厚"对话框　　　　　　　图 24-82　加厚切除前

图 24-83 "要保留的实体"对话框　　　　　　图 24-84 加厚切除效果

9. 使用曲面切除

使用曲面切除可以利用曲面来生成对实体的切除。

(1)单击"曲面"工具栏中的"使用曲面切除" 🗟 命令,弹出"使用曲面切除"属性对话框。如图 24-85 所示。

(2)在图形区中选择图 24-82 所示的"面 1"。图形区域中箭头指示实体切除的方向,如图 24-86 所示。可以单击 ⚒ 改变切除方向。

(3)单击 ✓ 按钮,完成实体的切除,如图 24-87 所示。

图 24-85 "使用曲面切除"对话框　　图 24-86 确定切除方向　　图 24-87 切除效果

第 25 章 塑料焊接器

一、学习目标

掌握曲面建模的创建方法；

掌握曲面拉伸、曲面旋转、曲面放样等特征的创建方法；

掌握删除曲面、缝合曲面、加厚曲面等编辑曲面的使用方法。

二、主要内容

1. 项目分析

在 Solidworks 软件中建立塑料焊接件的三维模型，其模型如图 25 - 1(a)。工程图及部分尺寸见图 25 - 1(b)。

（a）三维视图

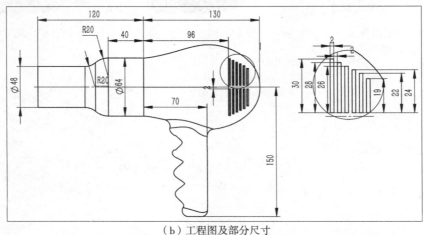

（b）工程图及部分尺寸

图 25 - 1 塑料焊接件三维模型及工程图

该项目由主体、手柄和进风口部分组成。主体部分可以通过旋转曲面特征得到,但是手柄部分和进风口的外形是不规则的,需要根据样条曲线勾勒出轮廓,所以需要使用曲面的建模工具。各个曲面之间要互相剪裁缝合才能成一个完整的面,才能加厚成一个实体。该项目的难点在于手柄部分的创建,要保证曲面间的相切过渡,建模过程为:

(1)通过旋转曲面命令创建主体部分;

(2)通过边界曲面命令创建手柄部分;

(3)通过分割曲线命令在曲面上创建进风口部分;

(4)通过缝合曲面和加厚曲面来生成实体。

建模整体思路见图 25-2。

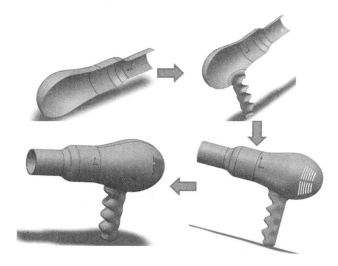

图 25-2 塑料焊接件建模流程图

2. 项目实施

1)绘制主体部分

(1)绘制草图。新建一"零件"图。单击"前视基准面",在弹出的关联菜单中单击"草图绘制" 按钮,绘制主体的草绘图形,草图如图 25-3 所示,单击确定 按钮退出草绘。

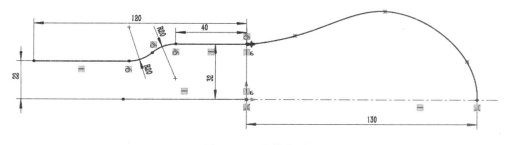

图 25-3 主体草图

(2)旋转曲面。单击"曲面"工具栏的"旋转曲面" 命令,弹出"曲面-旋转"属性对话框,如图 25-4 所示。激活"旋转轴" 列表框,在图形区中选择草图中的水平中心线,其他设置参考图 25-4,单击"确定" ✓ 按钮,结果如图 25-5 所示。

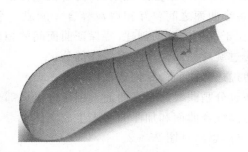

图 25-4 "曲面—旋转"对话框　　　　图 25-5 旋转曲面

2)绘制手柄部分

(1)绘制草图(一)。单击"前视基准面",在弹出的关联菜单中单击"草图绘制" ⊑ 按钮,进入草绘环境,单击正视于 ↥ 按钮,绘制如图 25-6 所示的直线草图,单击确定 ⇥ 按钮退出草绘。

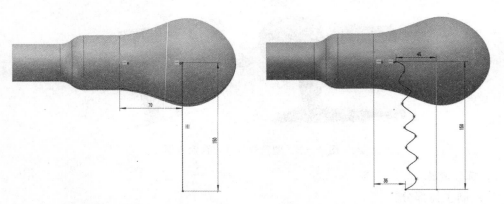

图 25-6 绘制草图(一)　　　　　　　图 25-7 绘制草图(二)

(2)绘制草图(二)。单击"前视基准面",在弹出的关联菜单中单击"草图绘制" ⊑ 按钮,进入草绘环境,单击正视于 ↥ 按钮,绘制如图 25-7 所示的样条曲线,单击确定 ⇥ 按钮退出草绘。

(3)绘制草图(三)。单击"上视基准面",在弹出的关联菜单中单击"草图绘制" ⊑ 按钮,进入草绘环境,单击"正视于" ↥ 按钮,绘制如图 25-8 所示的圆弧,单击确定 ⇥ 按钮退出草绘。

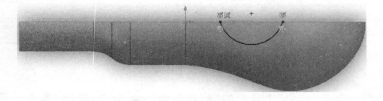

图 25-8 绘制草图(三)

（4）创建基准面1。单击"参考几何体" <img_1> 中的"基准面" <img_1> 命令，弹出"基准面"对话框，进行参数设置，如图25-9所示。激活"第一参考"列表框，在设计树中选择"上视基准面"，选择关系为"平行" <img_1>；激活"第二参考"列表框，在图形区中选择直线的端点，关系为"重合" <img_1>，单击"确定" <img_1>，得到的基准面如图25-10所示中的"基准面1"。

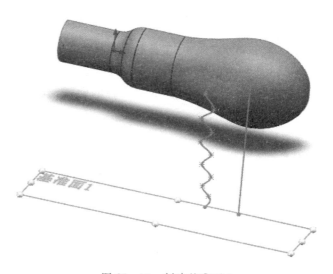

图 25-9　"基准面"对话框　　　　　　　　　　图 25-10　创建基准面1

（5）绘制草图（四）。单击"基准面1"，在弹出的关联菜单中单击"草图绘制" <img_2> 按钮，进入草绘环境，单击"正视于" <img_2> 按钮，绘制如图25-11所示的圆弧，单击确定 <img_2> 按钮退出草绘。此时四个草图的关系状态如图25-12所示。

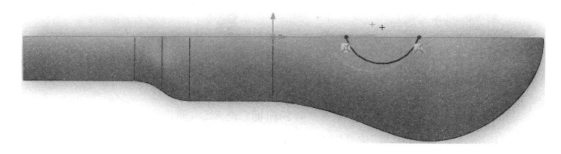

图 25-11　绘制草图（四）

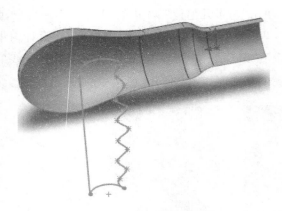

图 25 - 12　草图的三维状态

（6）边界曲面。单击"曲面"工具栏的"边界曲面" 命令，弹出"边界－曲面"属性对话框，如图 25 - 13 所示。激活"方向 1"列表框，选择草图（一）直线和草图（二）样条曲线；激活"方向 2"列表框，选择草图（三）和草图（四）的圆弧，其他设置默认，单击"确定" 按钮，结果如图 25 - 14 所示。

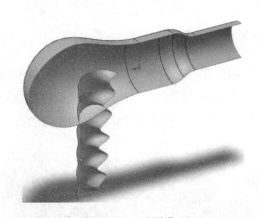

图 25 - 13　"边界－曲面"对话框　　　　　　　　图 25 - 14　边界曲面

（7）剪裁曲面。单击"曲面"工具栏的"剪裁曲面" 命令，弹出"剪裁曲面"属性对话框，如图 25 - 15 所示。"剪裁类型"选择"相互"，激活"选择"区域的"剪裁曲面" 列表框，在图形区中选择旋转曲面和边界曲面，选择"移除选择"单选按钮，选择图 25 - 16 所示的两个曲面为移除面，单击对话框中的"确定" 按钮，结果如图 25 - 17 所示。

图 25 - 15　"剪裁曲面"对话框　　　　图 25 - 16　移除面　　　　　图 25 - 17　剪裁曲面

（8）绘制草图。单击"基准面 1"在弹出的关联菜单中单击"草图绘制" 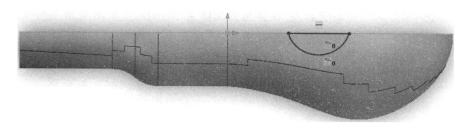按钮，进入草绘环境，单击"正视于" 按钮，单击"草图"工具栏中的"转换实体引用" 命令，将草图（四）的图形转换过来，同时绘制一条直线，如图 25 - 18 所示，单击确定 按钮退出草绘。

图 25 - 18　绘制草图

（9）平面曲面。单击"曲面"工具栏中的"平面区域" 命令，弹出"平面"属性对话框，如图 25 - 19 所示。激活"边界实体"区域的"交界实体" 列表框，在图形区中选择刚刚绘制的草图为边界，单击对话框中的"确定" 按钮，结果如图 25 - 20 所示。

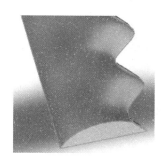

图 25 - 19　"平面"对话框　　　　　　图 25 - 20　创建平面

（10）创建基准面 2。单击"参考几何体" ⬙ 中的"基准面" ⬙ 命令，弹出"基准面"对话框，进行参数设置，如图 25-21 所示。激活"第一参考"列表框，在设计树中选择"右视基准面"，在"距离" ⬙ 文本框中输入"50mm"。单击"确定" ✓，得到的基准面如图 25-22 中的基准面 2 所示。

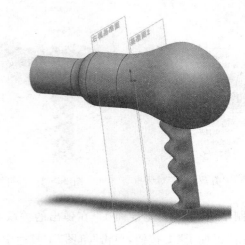

图 25-21 "基准面"对话框   图 25-22 创建基准面 2

（11）绘制草图。单击"基准面 2"在弹出的关联菜单中单击"草图绘制" ⬙ 按钮，进入草绘环境，单击"正视于" ⬙ 按钮，绘制如图 25-23 所示的矩形草图，单击确定 ⬙ 按钮退出草绘。

（12）分割线。单击"曲线"下拉菜单中的"分割线" ⬙ 命令，弹出"分割线"属性对话框，如图 25-24 所示。"分割类型"选择"投影"，激活"选择"区域的"要投影的草图" ⬙ 列表框，选择刚刚绘制的矩形草图，激活"要分割的面" ⬙ 列表框，选择剪裁后的边界曲面为分割的面，勾选"单向"复选框，单击"确定" ✓ 按钮，生成分割线，如图 25-25 所示。

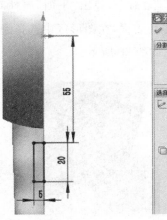

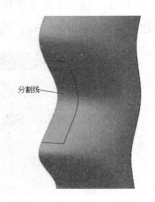

图 25-23 绘制草图   图 25-24 "分割线"对话框   图 25-25 创建分割面

（13）删除面。单击"曲面"工具栏中的"删除面"📎命令，弹出"删除面"属性对话框，如图 25-26 所示。激活"要删除的面"▢列表框，在图形区中选择分割面作为要删除的面，选择"删除"单选按钮，单击对话框中的"确定"✓按钮，结果如图 25-27 所示。

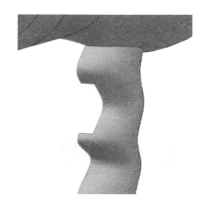

图 25-26　"删除面"对话框　　　　　　　图 25-27　删除面

（14）缝合曲面。单击"曲面"工具栏中的"缝合曲面"📎命令，弹出"缝合曲面"属性对话框，如图 25-28 所示。激活"要缝合的曲面和面"📎列表框，选择旋转曲面和平面曲面，单击对话框中的"确定"✓按钮。

（15）曲面圆角。单击"曲面"工具栏中的"圆角"📎命令，弹出"圆角"属性对话框，如图 25-29 所示。"圆角类型"选择"等半径"，"圆角项目"中的"半径"📎文本框中输入"10mm"。激活"边线、面、特征和环"▢列表框，选择旋转曲面和边界曲面的交线，单击对话框中的"确定"✓按钮。重复"圆角"命令，选择边界曲面与平面曲面的交线，输入半径为 5，结果如图 25-30 所示。

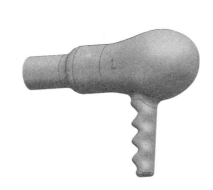

图 25-28　"缝合曲面"对话框　　　图 25-29　"圆角"对话框　　　图 25-30　曲面圆角

3)绘制进风口部分

(1)绘制草图。单击"前视基准面",在弹出的关联菜单中单击"草图绘制" 按钮,进入草绘环境,单击"正视于" 按钮,绘制如图 25-31 所示的草图,单击确定 按钮退出草绘。

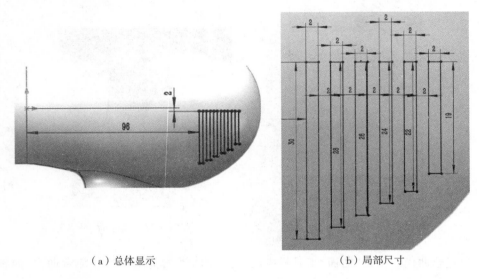

（a）总体显示　　　　　　　　　　　（b）局部尺寸

图 25-31　草图

(2)分割线。单击"曲线"下拉菜单中的"分割线" 命令,弹出"分割线"属性对话框,如图 25-32 所示。"分割类型"选择"投影",激活"选择"区域的"要投影的草图" 列表框,选择刚刚绘制的草图,激活"要分割的面" 列表框,选择旋转曲面为分割的面,勾选"单向"和"反向"复选框,单击"确定" 按钮,生成分割线,如图 25-33 所示。

图 25-32　"分割线"对话框　　　　　图 25-33　分割线

(3)镜向分割面。单击"特征"工具栏中的"镜向"命令,弹出"镜向"属性对话框,如图 25-34 所示。激活"镜向面/基准面"□列表框,选择"上视基准面",激活"要镜向的特征"□列表框,在图形区中选择上面的分割面为要镜向的特征。单击"确定"✔按钮,结果如图 25-35 所示。

图 25-34 "镜向"对话框

图 25-35 镜向分割面

(4)删除面。单击"曲面"工具栏中的"删除面"⊗命令,弹出"删除面"属性对话框,如图 25-36 所示。激活"要删除的面"□列表框,在图形区中选择分割面作为要删除的面,选择"删除"单选按钮,单击对话框中的"确定"✔按钮,结果如图 25-37 所示。

图 25-36 "删除面"对话框

图 25-37 删除面

4)创建实体

(1)镜向曲面。单击"特征"工具栏中的"镜向"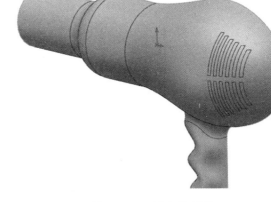命令,弹出"镜向"属性对话框,如图 25-38 所示。激活"镜向面/基准面"□列表框,选择"前视基准面",激活"要镜向的实体"□列表框,在图形区中选择视图中所有曲面为要镜向的实体。单击"确定"✔按钮,结果如图 25-

39 所示。

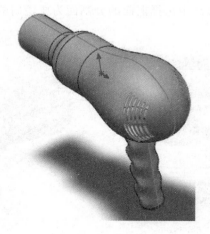

图 25-38 "镜向"对话框　　　　　　图 25-39 镜向实体

（2）缝合曲面。单击"曲面"工具栏中的"缝合曲面" 命令，弹出"缝合曲面"属性对话框，如图 25-40 所示。激活"要缝合的曲面和面" 列表框，选择视图中的所有曲面，单击对话框中的"确定" 按钮。

（3）加厚曲面。单击"曲面"工具栏中的"加厚" 命令，弹出"加厚"属性对话框，如图 25-41 所示。激活"要加厚的曲面" 列表框，在图形区中选择所有曲面，选择"加厚侧面 2" 选项，在"厚度"文本框中输入"2mm"，单击对话框中的"确定" 按钮，完成实体的创建，如图 25-42 所示。

图 25-40 "缝合曲面"对话框　　　图 25-41 "加厚"对话框

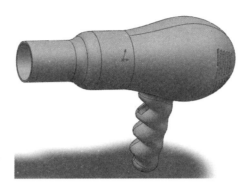

图 25-42　加厚曲面

3. 项目总结

通过本项目可以看出,除了几种基本曲面创建工具外,还有一些其他的常用曲面创建工具如边界曲面、平面区域等。制作比较复杂的曲面模型,不仅要使用各种曲面创建工具,还要应用各种曲面编辑工具,如缝合曲面、裁剪曲面等。

三、项目拓展:根据图纸,绘制图 25-43～25-44 所示实体模型

1. 节能灯

说明:节能灯螺口螺纹直径 $\varphi26$,螺距 6,圈数约 3.5 圈,螺纹牙型为 R1.5 圆弧;灯管:灯管螺旋线直径为 $\varphi40$,节距为 12,圈数为 3 圈,灯管直径 $\varphi7$,其余尺寸参阅图 25-43。

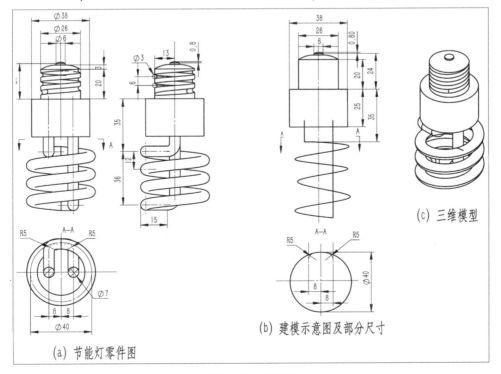

图 25-43　节能灯

2. 吊钩

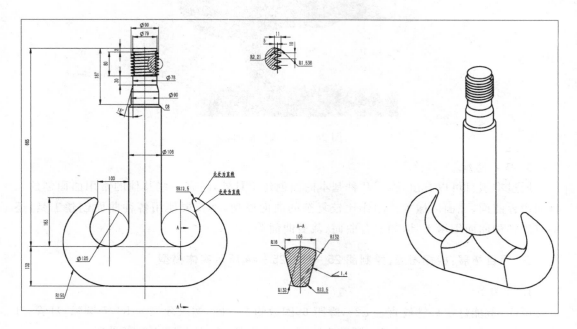

图 25 - 44　吊钩

参 考 文 献

[1] 鲍仲辅 . SolidWorks 项目教程[M]. 北京:机械工业出版社,2016

[2] 王伟,张秀梅 . SolidWorks2016 工程应用[M]. 武汉:华中科技大学出版社,2017

[3] 姜海军,刘伟 . SolidWorks2016 项目教程[M]. 北京:电子工业出版社,2017

[4] 姜海军,SolidWorks 项目教程[M]. 上海:复旦大学出版社,2010

[5] 段建中,冯利,郝魁 . SolidWorks 初学者实战教程[M]. 北京:电子工业出版社,2009

[6] 北京兆迪科技有限公司 . SolidWorks 快速入门教程[M]. 北京:中国水利水电出版社,2014

[7] 张锁怀,李亿平,党新安 . SolidWorks 零件设计实例详解[M]. 北京:人民邮电出版社,2004

[8] 曹茹,商跃进等 . SolidWorks2014 三维设计及应用教程[M]. 北京:机械工业出版社,2014

[9] 邱龙辉,史俊友,胡海明,叶琳 . SolidWorks 三维机械设计实例教程[M]. 北京:化学工业出版社,2007

[10] 北京兆迪科技有限公司 . SolidWorks 工程图教程(2014 版)[M]. 北京:中国水利水电出版社,2014

[11] 胡仁喜,刘昌丽等 . SolidWorks2013 曲面造型从入门到精通[M]. 北京:机械工业出版社,2013

[12] 杨家军 . 机械原理(第 2 版)[M]. 武汉:华中科技大学出版社,2014

[13] 唐增宝,常建娥 . 机械设计课程设计(第 4 版)[M]. 武汉:华中科技大学出版社,2012

图书在版编目(CIP)数据

SolidWorks 项目应用教程/孟超莹,吴中纬主编.—合肥:合肥工业大学出版社,2019.8
(2022.1 重印)

ISBN 978 - 7 - 5650 - 4703 - 9

Ⅰ.①S⋯　Ⅱ.①孟⋯②吴⋯　Ⅲ.①软件—教程②机械设计—计算机辅助设计—应用软件—教材　Ⅳ.①TM56②TN773

中国版本图书馆 CIP 数据核字(2019)第 198881 号

SolidWorks 项目应用教程

孟超莹　吴中纬　主编　　　　　　　责任编辑　马成勋

出　版	合肥工业大学出版社	版　次	2019 年 8 月第 1 版
地　址	合肥市屯溪路 193 号	印　次	2022 年 1 月第 2 次印刷
邮　编	230009	开　本	787 毫米×1092 毫米　1/16
电　话	理工编辑部:0551 - 62903200	印　张	25
	市场营销部:0551 - 62903198	字　数	588 千字
网　址	www.hfutpress.com.cn	印　刷	安徽联众印刷有限公司
E-mail	hfutpress@163.com	发　行	全国新华书店

ISBN 978 - 7 - 5650 - 4703 - 9　　　　　　　　定价:55.00 元

如果有影响阅读的印装质量问题,请与出版社市场营销部联系调换。